AF464799

ZOOLOGIE AGRICOLE DU DÉPARTEMENT DE LA MEUSE

Étude des animaux utiles et nuisibles à l'agriculture

PAR

ALEXANDRE LAURENT
VÉTÉRINAIRE DÉPARTEMENTAL
COMMANDEUR DU MÉRITE AGRICOLE, OFFICIER D'ACADÉMIE

BAR-LE-DUC
CONTANT-LAGUERRE, Libraire-Éditeur
36, rue Rousseau, 36

G. Philbert

1904

ZOOLOGIE AGRICOLE

DU

DÉPARTEMENT DE LA MEUSE

IMPRIMERIE
CONTANT-LAGUERRE
BAR-LE-DUC

ZOOLOGIE
AGRICOLE
DU DÉPARTEMENT
DE LA
MEUSE
Étude des animaux
utiles et nuisibles
à l'agriculture
PAR
ALEXANDRE LAURENT
VÉTÉRINAIRE DÉPARTEMENTAL
COMMANDEUR DU MÉRITE AGRICOLE, OFFICIER D'ACADÉMIE
BAR-LE-DUC
CONTANT-LAGUERRE, Libraire-Éditeur
36, rue Rousseau, 36
1904
G. PHILBERT.

A LA MÉMOIRE

DE MON PÈRE ET DE MA MÈRE

Je dédie en outre ce modeste travail à Messieurs

ABEL COMBARIEU,

ancien Préfet de la Meuse,
Secrétaire général civil de la Présidence de la République,

et

HENRI BUISSON,

Préfet de la Meuse,

Comme témoignage de reconnaissance
pour la constante sympathie dont ils m'ont honoré.

LAURENT.

Bar-le-Duc, Juin 1904.

Le livre que je publie aujourd'hui n'a aucune prétention.

Écrit au courant de la plume, c'est le résumé d'un petit cours de zoologie que je fis, pendant six années consécutives, de 1882 à 1888, c'est-à-dire jusqu'au jour où furent suspendus les Cours d'adultes dans les Écoles communales de Bar-le-Duc.

En faisant gratuitement ce cours aux adultes, j'avais pour but de leur faire connaître les animaux utiles et les animaux nuisibles qui vivent pour se reproduire ou passent dans notre département.

J'ai condensé ce cours et l'ai publié dans le journal le *Cultivateur de la Meuse*, grâce à l'obligeance de M. Contant-Laguerre (ce dont je le remercie sincèrement), dans le but d'être utile aux Cultivateurs.

Ai-je réussi? Je le souhaite, tout en réclamant beaucoup d'indulgence.

A. L.

ZOOLOGIE AGRICOLE

DU

DÉPARTEMENT DE LA MEUSE

Étude des animaux utiles et nuisibles à l'agriculture, qui vivent, séjournent pour s'y reproduire, ou passent dans le département de la Meuse.

AVANT-PROPOS

L'étude que j'entreprends est l'histoire des animaux qui vivent ou passent dans nos régions, après s'y être accouplés et reproduits.

C'est un ouvrage utile que je désire faire et je dirai, presque nécessaire aux cultivateurs et à leurs enfants, parce qu'ils y trouveront décrites les mœurs et la façon de vivre des animaux qui sont utiles ou nuisibles à l'agriculture.

La zoologie étant une science assez aride, j'essayerai de la rendre intéressante par quelques anecdotes piquantes et inédites recueillies près de nos grands chasseurs et des personnes qui ont essayé de croiser les animaux sauvages avec nos animaux domestiques, tel Louis Poirson qui a créé le chien-loup, en accouplant un loup avec une chienne terrier.

PRÉFACE

Après Aristote et plus près de nous après Linné, Cuvier étant celui qui fit la meilleure et la plus claire nomenclature des animaux, nous suivrons sa méthode.

Je serai aussi obligé, pour mieux faire comprendre le but de cet ouvrage, de remonter un peu haut, c'est pourquoi, je décrirai sommairement les principes généraux de la zoologie et les grandes familles qu'elle comprend.

Ainsi, à l'exemple de Cuvier, je diviserai les animaux en 4 grands embranchements qui sont :

1er Embranchement.

Les animaux *vertébrés*.

2e Embranchement.

Les animaux *mollusques*.

3e Embranchement.

Les animaux *articulés*.

4e Embranchement.

Les animaux *rayonnés* ou *zoophytes*.

Les vertébrés étant les principaux habitants de notre département avec quelques articulés, nous ne décrirons dans cet embranchement que les principaux.

Nous ne citerons que les noms des principaux mollusques qui sont utiles ou nuisibles à l'agriculture.

Quant aux rayonnés ou zoophytes qui n'existent pas dans notre pays ou s'ils existent, ne sont visibles qu'au microscope ou à l'autopsie de l'homme et de certains animaux, nous ne les décrirons pas, nous ne ferons que les signaler et indiquer le lieu où ils vivent.

Enfin, pour être aussi complet que possible, nous indiquerons par une étoile en tête des noms, les animaux qui se trouvent au musée du Café des Oiseaux de Bar et au musée de Verdun. Nous voulons simplement faire un petit ouvrage de zoologie de l'Est de la France au point de vue agricole surtout.

Nous désirons réclamer l'indulgence de plus forts que nous ; car nous voulons avant tout, être utile à notre pays et aux agriculteurs.

A. LAURENT.

Bar-le-Duc, le 1er février 1902.

ZOOLOGIE

Considérations générales.

Son utilité. — La zoologie (de *zoon*, animal + *logos*, discours, traité) est, comme l'indique son étimologie, la science, la connaissance des animaux. C'est la branche la plus intéressante de l'histoire naturelle. La *zoologie agricole*, nous apprend surtout à connaître les animaux utiles et nuisibles (sauvages ou domestiques) à l'agriculture.

D'autre part, la zoologie est la science sans limites; elle recule sans cesse ses bornes. Avec les progrès, elle progresse; avec les découvertes de mondes nouveaux, elle nous montre des êtres nouveaux, tous plus ou moins utiles, c'est donc une science toujours d'actualité.

Or qu'est-ce qu'un animal? C'est un individu capable de se mouvoir, de sentir, de se nourrir, de se reproduire, le tout volontairement.

Il diffère du végétal et du minéral, par deux caractères bien saillants : la faculté de *sentir* et de se *mouvoir*.

La faculté qu'ont les animaux de sentir, leur vient d'un système particulier dit *système nerveux*, qui soumet à son empire presque toutes les autres fonctions du corps. Les animaux se meuvent volontairement quoique organisés d'une façon assez complexe. Cette organisation est cependant telle, que tous les appareils locomoteurs sont soumis, d'une manière passive, à l'action de ce mouvement actif donné par la volonté. Nous trouvons donc, comme organes indirects du mouvement, le *squelette*, et comme partie directe de la locomotion, le *cerveau* qui commande.

Les animaux sont en nombre infini dans la nature. Ils se présentent à nous sous les espèces les plus variées, différents soit par leurs forme, caractère, nuance, volume, nourriture, etc., etc.

C'est ce nombre si considérable qui a fait reconnaître l'utilité d'un classement méthodique permettant de les reconnaître dans leurs apparences si diversifiées.

Ainsi que nous le disions plus haut, après Aristote et Linné, Cuvier fut le novateur de la zoologie. Lui seul s'est basé sur des caractères fondamentaux puisés sur les différences anatomiques et physiologiques.

Cuvier a donc créé quatre grandes divisions primaires qu'il nomme *embranchements* et qui sont :

1er	Embranchement :	animaux	*vertébrés.*
2e	—	—	*mollusques.*
3e	—	—	*articulés.*
4e	—	—	*rayonnés* ou *zoophytes.*

Ces grands embranchements ont été divisés chacun en *classes;* les classes en *ordres;* les ordres en *sous-ordres* ou en *familles;* celles-ci en *genres;* les genres en *espèces* et enfin les espèces en *variétés* ou *races.*

Nous donnerons successivement les divisions établies dans chacun de ces grands embranchements du règne animal; mais ne voulant faire que l'étude des animaux de notre région et surtout l'étude et l'histoire des plus connus en agriculture, nous nous bornerons à décrire les autres très sommairement dans des tableaux synoptiques, pour chacun des embranchements, pour chacun des ordres, des sous-ordres et des familles, avec leurs genres et leurs espèces.

Nous allons donc commencer par le tableau général synoptique des animaux, tel que l'a dressé Cuvier.

Il comprendra les embranchements et leurs divisions en classes.

Classification générale des animaux *d'après* Cuvier

EMBRANCHEMENTS					ORDRES
1° *Vertébrés*	à sang chaud	vivipares			Mammifères.
		ovipares			Oiseaux.
	à sang froid	respiration pulmonaire			Reptiles.
		idem branchiales			Poissons.
2° *Mollusques*	tête distincte	entourée de tentacules			Céphalopodes.
		entourée de tentacules	expansions latérales en forme de nageoire		Ostéropodes.
			disque à la partie inférieure du corps		Gastéropodes.
	tête non distincte	pas de tentacules			Acéphales.
		tentacules charnues			Branchiopodes.
3° *Articulés* ou *Annelés*	pas de membres				Annélides.
	membres	plus de six	respiration branchiale	pas de coquille	Crustacés.
				une coquille	Cirrhipodes.
			respiration trachéenne	huit pattes	Arachnides.
				plus de huit pattes	Myriapodes.
		au nombre de six			Insectes.
4° *Rayonnés* ou *Zoophytes*	peau molle				Echinodermes.
	peau dure	visibles à l'œil nu	libres		Acaléphes.
			agrégés		Polypes.
		microscopiques			Infusoires.

PREMIER EMBRANCHEMENT

VERTÉBRÉS

Considérations générales.

Les animaux appartenant à cet embranchement, en tête duquel se trouve l'homme, ont le corps symétrique, un double système nerveux : l'un cérébro-spinal, l'autre ganglionnaire. Le premier est placé au-dessus de l'appareil digestif, enfermé dans un canal divisé en deux parties bien distinctes : l'une formant une cavité immobile, fermée de toute part et antérieure; l'autre postérieure formée d'un nombre variable de pièces mobiles sur toute la longueur. Tout cet étui osseux ou cartilagineux renferme un cerveau à deux lobes, un encéphale, *un cervelet*, qui fait suite et la *moelle allongée ou épinière*.

L'autre système ganglionnaire est destiné aux différents viscères. Ceux-ci communiquent largement entre eux.

Les vertébrés ont en outre cinq sens : la vue, l'ouïe, l'odorat, le goût et le toucher; tous localisés excepté le toucher qui, s'il n'est pas localisé d'une manière spéciale, est cependant toujours plus parfait aux doigts que partout ailleurs. Ils ont tous un squelette composé d'un axe principal, ou vertébral, et d'appareils locomoteurs qui servent à la progression : ces derniers subissent des transformations, dans les divisions de cet embranchement; c'est ainsi que chez les poissons, les membres antérieurs sont transformés en nageoires et chez les oiseaux en ailes.

L'*appareil circulatoire*, par un *cœur* musculaire double à deux lobes, possédant un système artériel et veineux, ainsi qu'un appareil lymphatique.

Les *appareils respiratoires* sont, chez les individus-types, formés par un poumon double. Chez ceux de ces animaux qui vivent dans l'eau, ces organes sont extérieurs ; ils prennent le nom de branchies et viennent se mettre en rapport avec l'oxygène de l'eau. La respiration peut être aussi simple ou double. Elle est simple dans le cas le plus ordinaire ; double, quand il s'effectue une sorte de respiration cutanée dans l'épaisseur même des organes, comme on l'observe chez différents oiseaux.

L'*appareil digestif* comprend : un estomac, des intestins, des glandes parenchymateuses et tuberculeuses. Les *appareils reproducteurs* sont portés par des individus différents. Ils sont toujours apparents.

Les vertébrés sont vivipares ou ovipares.

2e EMBRANCHEMENT

MOLLUSQUES

Ces animaux ont le corps asymétrique.

Ils n'ont pas de squelette apparent, ni extérieur ni intérieur. Leur peau donne attache aux muscles du mouvement. Ils sont nus ou recouverts d'un test calcaire nommé coquille. (L'escargot est un exemple du genre gastéropode.)

Absence *de système nerveux ;* il est remplacé par un *système de ganglions* épars dans les diverses parties du corps, auxquelles ils envoient des branches et qui sont réunis entre eux par des filets de communication.

Les sens sont réduits chez la plupart au toucher et au goût : ils respirent au moyen de branchies ou de sacs pulmonaires.

Le cœur est simple ou double, quelquefois il n'y a qu'un cœur aortique ou plusieurs cœurs veineux. On trouve des organes parenchymateux et des glandes complexes.

Les appareils reproducteurs sont portés par le même individu. La génération est ovipare.

Le limaçon est un exemple vivant dans nos pays.

3e EMBRANCHEMENT

ARTICULÉS

Les animaux de cet embranchement ont encore le corps symétrique, généralement d'une forme allongée (scolopendre).

Ils présentent sur le long de leur corps une série de replis transversaux parallèles qui les rendent faciles à reconnaître.

Système nerveux simple ; absence de cerveau, de moelle épinière et de ganglions lymphatiques. Il est remplacé par des renflements ganglionnaires réunis par des filets et desquels émanent différents embranchements qui se distribuent aux organes splanchniques. Deux organes des sens simplement développés : la *vue* et l'*ouïe*. *Cœur* rudimentaire non musculaire. Il se compose d'un simple canal, dilaté dans un point de son étendue qui reçoit le fluide nutritif et où se font les contractions. *Branchies*, *trachées ou tubes aériens*, comme organes respiratoires.

L'appareil reproducteur est quelquefois porté par des individus séparés ; mais ce n'est pas le cas le plus commun.

Génération : ovipare.

Les sangsues, les insectes, les écrevisses, les araignées, etc., en sont les types de nos pays.

4e EMBRANCHEMENT

RAYONNÉS *ou* ZOOPHYTHES

Ces animaux tirent leurs noms de leur forme qu'on a comparée aux rayons d'une roue.

Corps asymétrique, système nerveux simple non ganglionnaire.

Il est disposé en couronne autour de la bouche de l'animal et de cette couronne émanent des filets nerveux qui se rendent dans chacune des branches de l'étoile. Il n'y a pas d'organe des sens, le *tact* seul existe pour ceux non recouverts d'écailles.

Circulation nulle, pas de glande, appareil digestif formé d'une seule cavité. Il en est de même de l'appareil reproducteur, qui peut donner des œufs ou des petits. La génération se fait par greffes; elle se fait encore en broyant l'animal dans un mortier; on reforme autant d'animaux que de subdivisions du premier.

Voilà donc décrits les quatre grands embranchements du règne animal. Ils se distinguent facilement les uns des autres; mais hâtons-nous de dire que la chaîne des animaux n'est pas tellement continue qu'il n'y ait pas une transition d'un embranchement à un autre.

Voyons maintenant le premier embranchement des vertébrés.

Dans le tableau de classification de Cuvier, les vertébrés sont vivipares ou ovipares à sang chaud et à sang froid, et se divisent en quatre classes, savoir :

1er *Embranchement.* — **Vertébrés.**

I. — Les vivipares (sang chaud) :

1re classe, mammifères;
2e id., oiseaux.

II. — Les ovipares (sang froid) :

Respirat. pulmonaire, 3e classe, reptiles.
Respirat. branchiale, 4e id., poissons.

Première classe. — **Mammifères.**

Cette première classe des vertébrés renferme les animaux les plus parfaits.

« Elle doit être placée à la tête du règne animal, dit G. Cuvier, non seulement parce que c'est la classe à laquelle nous appartenons nous-mêmes, mais encore parce que c'est celle de toutes qui jouit des facultés les plus multipliées, des sensations les plus délicates, des mouvements les plus variés, et où l'ensemble de toutes les propriétés paraît combiné pour produire une intelligence plus parfaite, plus féconde en ressources, moins esclave de l'instinct, et plus susceptible de perfectionnement. »

Ces animaux présentent, quant à leurs formes et à leurs dimensions, les différences les plus grandes. Ainsi, depuis la baleine, le plus gros de tous les animaux connus, jusqu'à ces petites espèces de rats et de musaraignes, qui dépassent à peine les proportions du hanneton, on trouve tous les intermédiaires possibles.

Mais, les caractères qui distinguent essentiellement cette première classe du règne animal sont : 1° la présence des mamelles; 2° la génération nécessairement vivipare et par conséquent la présence d'un utérus ou matrice dans lequel l'œuf séjourne; 3° un cœur à deux ventricules, avec une *circulation double*; 4° le sang rouge et chaud; 5° un cerveau volumineux; 6° les cinq sens complets; 7° un diaphragme complet, c'est-à-dire une cloison de muscles et d'aponévroses, séparant la cavité de la poitrine de celle du ventre; 8° enfin le cou, quelle que soit sa longueur ou sa brièveté, formé de sept vertèbres, excepté dans une seule espèce, l'aï ou paresseux (bradypos tridactylos) qui en a neuf.

Les mammifères ont été divisés en deux ordres appelés onguiculés et ongulés. Cette division est fondée sur la forme de l'ongle.

Dans le premier cas, l'ongle est placé sur la face antérieure de la troisième phalange mais ne lui forme jamais d'étui complet. Dans le deuxième cas, au contraire, la troisième phalange est recouverte par une production cornée qui remplace l'ongle et à laquelle on est convenue de donner le nom de sabot.

Les onguiculés se subdivisent en 6 sous-ordres qui sont : 1° les bimanes; 2° les quadrumanes; 3° les carnassiers; 4° les rongeurs; 5° les édentés; 6° les didelphes.

Les ongulés comprennent : 1° les pachydermes; 2° les solipèdes; 3° les ruminants; 4° les cétacés ou ichthyoïdes. Ces derniers sont décrits, dans certains auteurs, comme une division à part.

Ainsi, comme nous l'avons dit, nous nous contenterons de montrer les divisions par des tableaux synoptiques avec les noms des espèces étrangères à notre pays. Nous décrirons celles relatives à notre région utiles ou nuisibles à l'agriculture.

Les mammifères se divisent donc en deux ordres et en dix sous-ordres qui sont :

1er *Embranchement.* — **Vertébrés.**

TABLEAU DES MAMMIFÈRES

ORDRES				SOUS ORDRES
1° *Onguiculés* doigts séparés, mobiles, terminés par des ongles distincts	trois sortes de dents	pouce opposable aux mains	aux extrémités antérieures.	1° Bimanes (hommes)
			aux extrémités antérieures et postérieures	2° Quadrumanes (singes).
		pouce non opposable	pas de poche sous l'abdomen. . . .	3° Carnassiers (lion-chien).
			une poche sous l'abdomen.	4° Marsupiaux didelphes (sarigue).
	deux sortes de dents ou pas de dents	deux canines très grandes et très tranchantes à chaque mâchoire.		5° Rongeurs (lapin).
		pas d'incisives		6° Edentés (pangolins).
2° *Ongulés* doigts soudés enveloppés dans un sabot	estomac simple.			1° Pachydermes (éléphants).
	estomac multiple.			3° Ruminants (bœufs).
3° *Ichtyoïdes* pas d'ongles, extrémités disposées en nageoires	. . . .			1° Cétacés (morses).

Voyons maintenant les sous-ordres en particulier :

1er *Sous-ordre.* — **Les bimanes.**

Les bimanes qui ne présentent qu'une seule famille : l'homme, ne nous occuperont pas. Nous dirons seulement que l'homme est de la création, l'être le plus parfait par l'intelligence et la conformation.

Ce sous-ordre ne renferme qu'une seule espèce et quatre races principales.

En voici le tableau synoptique.

Bimanes : homme.

RACES.

1° Blanche : *a*) Sémitique (Arabe-Syrien); *b*) Indo-Européen (Persans); — *c*) Scythe ou Toscan : Malais, Macassor, Timoriens.
2° Jaune ou Mongolique (Chinois).
3° Nègre ou Éthiopienne.
4° Rouge ou Américaine.

2e *Sous-ordre.* — **Les quadrumanes.**

Ainsi que nous l'indique leur nom, ces animaux ont quatre mains. Ils se rapprochent de l'homme par leur conformation en général; mais ce qui les différencie surtout de celui-ci, c'est qu'ils ne peuvent tenir la position debout que momentanément, tandis que c'est la position normale de l'homme. Ils ont le même système nerveux et ganglionnaire que ce dernier, mais moins développé. Les sens sont plus obtus. Le système dentaire est le même : formé de 32 dents, excepté dans les races inférieures où il y a en plus 4 mâchelières. Ce sous-ordre comprend les singes. La reproduction se fait par accouplement.

La femelle porte sept et quelquefois huit mois. On connaît un grand nombre d'espèces de singes, tous habitant les régions les plus rapprochées des tropiques. On n'en rencontre jamais au delà du 34e dégré de latitude sud. Ils habitent donc simplement les régions tropicales et boisées de l'Asie, de l'Afrique et de l'Amérique. — On n'en trouve qu'une seule espèce sur les rochers abrupts de Gibraltar, en Europe.

Les quadrumanes ont été divisés en singes proprement dits et en lémuriens ou faux singes.

Les singes ont été divisés en deux grandes tribus de l'Ancien Continent et du Nouveau Continent. Chacune de ces tribus renferme des espèces que nous allons simplement nommer dans le tableau suivant :

Quadrumanes.

1re Famille. — SINGES PROPREMENT DITS.

1re Tribu. De l'Ancien Continent, les plus grands. Cloison nasale mince. — 1° Genre chimpanzés ; 2° genre orangs* ; 3° genre cynocéphales ; 4° genre mandrilles ; 5° genre semnopithèques ; 6° genre guenons ; 7° genre macaques*.

2e Tribu. Du Nouveau Continent. Cloison nasale épaisse. — 1° Genre alouattes, singes hurleurs ; 2° genre sapajous ; 3° genre ouistitis ; 4° genre sakis*.

2e Famille. — LÉMURIENS OU FAUX SINGES.

1° Genre makis, 2° genre tarsiens.

3e sous-ordre des mammifères.

Carnassiers.

C'est dans ce sous-ordre, que nous trouverons le plus grand nombre d'animaux vivant dans notre région. Les uns sont utiles et domestiques. D'autres sont sauvages et dangereux ; d'autres encore, quoique sauvages et libres, sont néanmoins utiles à conserver. Nous allons donc décrire les caractères généraux qui distinguent les carnassiers des autres vertébrés déjà connus ; puis, dans des tableaux spéciaux, nous citerons les nombreuses espèces pour ensuite décrire celles que l'on rencontre dans notre région.

Caractères généraux. — Nous avons vu dans la seconde famille des quadrumanes, l'un des doigts, aux extrémités postérieures, offrir une griffe allongée pointue, et s'éloigner ainsi de cette conformation de main, propre aux deux premiers ordres des mammifères, c'est-à-dire à l'homme et aux singes. Les Carnassiers vont nous présenter cet organe encore plus altéré. En effet, ici les doigts sont plus mobiles, indépendants les uns des autres et séparés ; le pouce n'est plus libre ni opposable. Une membrane serrée réunit entre eux tous les doigts, qui sont terminés par une véritable griffe. Il résulte de là que les doigts ne peuvent plus saisir et embrasser les objets, pour les porter à la bouche, et que les extrémités ne sont plus que *des organes de sustentation et de progression, ou des armes puissantes*, chez les grandes espèces, pour attaquer et se saisir des autres animaux dont ils font leur proie.

Caractères. — Système nerveux complet, cerveau plus court que dans les ordres précédents.

Dents en même nombre que chez l'homme et le singe, mais très différentes de formes. Les six canines qu'ils possèdent à chaque mâchoire sont tranchantes, aiguës, et trilobées ; il y a quatre canines, séparées par des espaces considérables, des incisives et des molaires. Ces dernières ont des pointes aiguës et tranchantes chez les animaux exclusivement carnassiers ; chez les autres qui se nourrissent aussi d'insectes, elles ont des tubercules aigus ou émoussés. Toutes les dents alternent l'une avec l'autre.

Les mâchoires sont courtes ; elles s'articulent en condyle avec le temporal ; elles se meuvent verticalement, sans mouvement de propulsion ni de rétropulsion. Les apophyses zigomatiques sont très saillantes, écartées et arquées ; les crotaphites ou muscles temporaux sont énormes. Estomac simple, membraneux, intestins proportionnellement courts, à cause de la nature des matières alimentaires. Clavicule énorme perdue dans une masse musculaire épaisse ; radius et cubitus mobiles l'un sur l'autre, griffes longues, épaisses, acérées, rétractiles à volonté, reçues dans une cavité de la 3e phalange, à laquelle elles adhèrent par un ligament jaune élastique. Chez les carnassiers dégradés, l'ongle n'est plus rétractile, il repose et s'use sur le sol. Ils ont cinq doigts et souvent le pouce est placé plus haut que les autres doigts; le pouce n'a plus aucun usage.

L'ouïe et la vue sont très développés, ils semblent être en rapport, comme moyens de défense, à la guerre acharnée qu'on leur fait à cause des dégâts et des accidents qu'ils occasionnent. L'odorat est aussi très développé chez ces animaux, qui, comme conséquence, ont des narines très larges et des cornets volumineux. Ils habitent toutes les contrées du monde : quelques-uns sont hibernants. Ils se présentent sous un nombre infini de formes, quelques-uns habitent les eaux : le phoque ; d'autres l'air : les chauves-souris ; d'autres les glaces : l'ours. On les divise en quatre tribus, savoir :

Carnassiers.

1re Tribu. — CHEIROPTÈRES.

Chauves-souris.

2e Tribu. — INSECTIVORES.

Hérisson ; Musaraigne ; Taupe ; Desman ; Taurec, Rat musqué.

3e Tribu. — CARNIVORES.

Chien, Lion, Chat, etc.

4e Tribu. — AMPHIBIES.

Phoque, Morse.

Ces tribus ont été divisées en familles, celles-ci en genres et les genres en espèces.

1re Tribu. — **Les Cheiroptères.**

Genres { 1re Famille : GALÉOPITHÈQUE.
2e Famille : CHAUVES-SOURIS.

1° Roussettes* ; 2° phyllostomes ; 3° rhynolophes* ; 4° vespertillons* ; 5° oreillards* ; 6° mégadermes ; 7° rhynopomes ; 8° gymnorhinées*.

Cette tribu se distingue facilement de tous les autres carnassiers par une membrane dite *aliforme*, excessivement développée, qui s'étend entre les doigts démesurément allongés et forme ainsi une sorte d'aile, dont un grand nombre se servent, pour se soutenir et s'élever dans l'air à la manière des oiseaux. Leurs clavicules sont excessivement fortes, pour maintenir cette membrane écartée.

Ces animaux, presque tous nocturnes, se nourrissent exclusivement d'insectes ; à cet effet leurs molaires sont munies de tubercules aigus et courts.

Formant la transition entre les carnassiers et les quadrumanes, ils ont deux mamelles pectorales et la verge pendante et libre, comme chez l'homme et le singe ; quelques femelles présentent encore des traces d'écoulement menstruel.

Plusieurs de ces animaux sont hibernants, c'est-à-dire passent la saison froide sans manger, suspendus la tête en bas, s'accrochant par les griffes des membres postérieurs ou par la griffe de leur pouce, seul doigt resté libre.

Comme nous l'avons vu, par le tableau précédent, les Cheiroptères renferment deux familles.

La première, les Galéopithèques, mot qui vient du grec et veut dire : chat et singe, a été considérée à juste titre comme le trait d'union entre les quadrumanes et les carnassiers.

Brehm en forme une tribu à part, les Dermoptères qui comprend le seul genre Galéopithèque et une seule espèce le galéopithèque roux, que l'on trouve seulement en Océanie.

Cet animal, grand comme un chat, a les doigts garnis d'ongles, aux deux membres antérieurs comme aux postérieurs, non écartés les uns des autres. La membrane qu'il possède, ne s'étend qu'entre les membres antérieurs et postérieurs et forme comme un parachute. On l'appelle encore dans l'archipel indien singe ailé. — Il est nuisible aux récoltes parce qu'il détruit plus d'oiseaux qu'il ne dévore d'insectes. On en voit un beau spécimen au musée de Verdun.

La deuxième famille, — les chauves-souris proprement dites, — est divisée en plusieurs espèces dont quelques-unes habitent les clochers de nos villes et villages, les vieux murs, les granges ou quelques cours de nos écuries.

Les chauves-souris se distinguent en général par l'extrême allongement de toutes les parties qui composent leurs membres antérieurs et surtout de leurs doigts très longs, écartés et réunis par une large membrane formant aile, s'étendant jusqu'aux membres inférieurs et se prolongeant souvent de chaque côté de la queue. Le pouce seul est libre et terminé par un ongle long, crochu et épais avec lequel elles restent suspendues pendant qu'elles se livrent au sommeil, sorte de léthargie qui dure tout l'hiver.

Les oreilles sont quelquefois longues, larges, membraneuses et sensibles. Les yeux sont très petits, les molaires sont munies de tubercules aigus. Elles sont nocturnes, quelques-unes sont carnassières et se détruisent entre elles; la plus grande partie de ces espèces se nourrissent d'insectes, qu'elles dévorent rapidement : les grandes dévorent facilement douze hannetons; les petites soixante mouches. Si elles ont capturé un grand insecte, elles l'appuient contre leur poitrine, le tuent et le mangent lentement. Elles sont donc très utiles à l'agriculture et méritent pour la plupart notre protection. Il faut cependant en exempter les vampires et quelques cheiroptères frugivores qui causent de grands ravages aux plantations. Ils sont heureusement inconnus dans nos pays.

Les chauves-souris émigrent-elles? on n'en est pas certain. Cependant on les voit souvent en Afrique suivre les troupeaux (Brehm). Dans nos contrées elles quittent les montagnes, surtout à l'approche de l'hiver, pour chercher leur nourriture et trouver un abri où elles puissent hiberner tranquillement.

La digestion chez ces animaux se fait rapidement; aussi de grands tas d'excréments, d'une odeur pénétrante de musc, s'amassent-ils bientôt dans les trous ou les cavernes qu'ils fréquentent. Les cultivateurs peuvent et doivent en tirer un bon engrais.

Il faut la chaleur, pour le bien-être des cheiroptères, c'est pourquoi notre département, comme tout le nord de la France renferme peu d'espèces. Le nord en est complètement dépourvu. A l'entrée de l'hiver, c'est-à-dire vers novembre, s'il est froid, les chauves-souris cherchent un abri. Les grottes, caves, dessous des toits, vieux édifices, clôtures ou cheminées, sont leurs endroits de prédilection. Pour hiberner les chauves-souris se réunissent toujours et restent toutes rapprochées les unes des autres, la tête en bas, accrochées par les pattes de derrière tout le temps que dure l'hiver : le sang alors qui était au commencement de leur engourdissement de 24°75 Réaumur descend quelquefois jusqu'à 1 degré.

Quelques semaines après leur réveil les chauves-souris s'accouplent, puis les mâles disparaissent et les femelles se réunissent dans une cavité commune, où elles restent seules pendant les 5 à 6 semaines de leur gestation. Les petits naissent en nombre variable de 1 à 2, nus, avec les oreilles et les yeux fermés. Ils ressemblent alors beaucoup au fœtus humain, et cela, tant que la membrane aliforme n'est pas formée. Ils atteignent leur entier développement au bout de 5 à 6 semaines; alors les mâles rentrent en rapport avec les femelles.

Le sens de l'ouïe est très développé; les oreilles sont douées d'une sensibilité excessive. Leur cerveau est grand et couvert de circonvolutions. Les chauves-souris sont intelligentes, se souviennent de leurs trous, de leur place qu'elles choisissent pour hiberner; elles s'apprivoisent.

Usages. — Comme nous l'avons déjà dit, les chauves-souris *sont utiles.* Ce sont les hirondelles et les engoulevents de nuit. Si leur aspect est hideux, il faut néanmoins les conserver et chercher par tous les moyens à faciliter leur développement. Nos animaux domestiques et nous-mêmes devons leur être reconnaissants de nous débarrasser de ces milliers de cousins qui, le soir des chaudes journées du printemps ou de l'été, viennent nous incommoder jusque dans nos lits.

Notre département, si riche en fossiles, ne renferme pas de squelettes anté-diluviens de chauves-souris. Les espèces qui vivent chez nous sont peu nombreuses. On en compte cinq principales, qui sont : dans les gymnorhinées l'oreillard, que l'on trouve surtout sur le bord des bois escarpés d'où il s'écarte peu. Il y en a quelques spécimens dans la forêt de Ligny et de Montiers.

Ainsi que l'indique son nom, l'oreillard se distingue par de grandes oreilles réunies entre elles par une membrane. Il hiberne dans les vieux troncs d'arbres; il sort au printemps, vers le mois de mai et très tard dans la nuit : la femelle fait deux petits, fin juin. C'est l'espèce la plus facilement apprivoisable. Elle se trouve au musée du Café des Oiseaux en compagnie des suivantes.

La deuxième espèce, encore plus répandue que la précédente dans notre département, est le vespertillon nocturne. Cette chauve-souris se voit à l'entrée de la nuit surtout ; elle vole haut, rarement près de nos habitations; elle est d'un noir brun, en dessus et en dessous ; sa membrane aliforme mince est toute noire, son envergure atteint quelquefois 37 centimètres.

On trouve encore dans nos bois escarpés un peu partout, dans le département, quelques espèces de phyllostomatées, dont le caractère de l'espèce vampire, qui n'existe qu'en Amérique, a beaucoup contribué à donner le mauvais renom qu'ont les chauves-souris.

On trouve chez nous surtout le rhinolophe unifer ou petit fer à cheval. On distingue les sujets de cette espèce par leur queue presque nulle, sans oreillons visibles, et par la présence d'un appendice sur le nez en forme de fer à cheval. Elles vivent surtout au-dessus des bois, dans le voisinage des montagnes. C'est l'espèce qui s'avance le plus vers le nord. Nous remarquons en outre au musée du Café des Oiseaux le rhynolophe bifer ou grand fer à cheval qui a près de 60 centimètres d'envergure ; son corps a 16 centimètres de longueur.

Toutes ces espèces se nourrissent principalement de papillons nocturnes et crépusculaires. Elles complètent le travail commencé par les hirondelles et les engoulevents. — Aussitôt après le coucher du soleil, on voit toutes ces espèces sortir de leurs cachettes, monter, descendre, décrire un grand nombre de tours et de cercles plus ou moins grands, fonçant, avec impétuosité, sur ces milliers d'insectes, cousins ou crépusculaires réunis en colonnes serrées et nombreuses; montant et descendant continuellement à environ 3 ou 4 mètres du sol, pour en faire leur nourriture.

Rien ne les dérange ; elles s'occupent peu de ce qui les entoure, toutes préoccupées qu'elles sont d'accomplir leur œuvre de destruction.

Admirons-les donc et ne leur tendons pas ces pièges grossiers où leur bonhomie les laisse tomber.

2e Tribu des Carnassiers. — **Insectivores.**

Caractères généraux. — Les insectivores ont les molaires hérissées de tubercules aigus comme les cheiroptères, parce qu'ils se nourrissent aussi presque tous d'insectes : quelques-uns cependant sont à la fois herbivores et carnassiers. Leurs incisives sont quelquefois très longues. Ils n'ont pas d'ailes, ils ont cependant encore une clavicule; leurs pattes ont cinq doigts munis de griffes pour fouiller; leur museau est effilé, ressemblant chez quelques-uns au groin du porc. Ils sont presque tous nocturnes, timides, défiants et solitaires. Ils sont comme les chauves-souris hibernants, ce qui est dû surtout à leur mode de se nourrir. Leurs mamelles sont abdominales, leur verge est engagée dans un fourreau adhérent à l'abdomen.

D'après leur organisation et leurs mœurs, les insectivores se divisent en cinq familles dont trois nous occuperont, parce que seules elles habitent notre région. Les autres appartiennent au midi de l'Europe ou aux autres parties du monde.

Insectivores.

FAMILLES.

1° *Hérisson.* — D'Europe * ; Oreillard *
2° *Musaraigne.* — Musette * ; des marais *.
3° *Taupe.* — D'Europe *; asiatique, cristatée.
4° *Tanrec.*
5° *Desman.* — Rat musqué.

Première famille. — **Hérisson.**

Cet animal se trouve en abondance dans nos bois et nos vergers. Il est de très petite taille et n'a pas de poils ; ceux-ci sont remplacés par des pointes acérées, qui varient de longueur et d'épaisseur, et se dressent, lorsque l'animal veut se défendre; elles le recouvrent complètement. L'animal ressemble alors à une boule ovoïde. Le hérisson habite surtout nos vergers et nos bois qui sont couverts d'herbes hautes et touffues.

Il vit seul, ne sort que le soir pour chercher sa nourriture, qui consiste surtout en vers de toutes sortes et en insectes. Il est friand surtout de vipères qu'il tue facilement en leur brisant la colonne vertébrale. Il est très vorace et détruit beaucoup d'insectes et de vers blancs ou larves de hannetons. « C'est un bon, brave, honnête camarade, quoiqu'un peu bête, qui parcourt la vie innocemment et ne peut comprendre que l'homme soit ingrat au point de payer les services qu'il lui rend, non seulement par du mépris (il est très laid), mais encore en le poursuivant et en le tuant par simple passe-temps ou pour en faire sa nourriture » (Brehm).

Oui, le hérisson qui a 36 belles dents à tubercules et cinq doigts courts, mais solides, à chacun de ses quatre pieds, doit être conservé et même apprivoisé, car il détruit plus d'insectes et de vers que de pieds de salades ou de fruits, qu'il ne fait que ramasser puisqu'il ne peut grimper. Conservons-le donc surtout au printemps, où la femelle, qui se reconnaît à son museau plus pointu, à sa couleur d'un gris plus clair, à ses piquants moins nombreux au niveau de la tête; met bas de trois à huit petits, aveugles, qu'elle garde avec beaucoup de soins.

Il n'y a qu'une seule espèce de hérisson dans notre département : le hérisson-chien et le hérisson-porc sont à peu près de la même espèce, le museau du dernier est seulement un peu plus large et un peu plus long que celui du premier. Quant à l'autre espèce, le hérisson oreillard, on la trouve seulement en Russie, en Sibérie.

Je terminerai l'histoire du hérisson, en disant que toutes les fables inventées sur son compte sont absurdes ; qu'il est très utile à l'agriculture. Après sa mort, sa peau a même servi à carder la laine (Pline), ou à sevrer les veaux pour les empêcher de téter. Sa chair est malheureusement recherchée par quelques gourmets, c'est pourquoi certains, et je dirai, un trop grand nombre d'individus de nos environs, dressent des chiens à la chasse de ces innocents et utiles petits animaux et en détruisent toujours trop.

C'est surtout l'ignorance et la méchanceté qui font de l'homme son troisième ennemi, après le chien qui le déteste et le renard qui l'aime pour sa chair. Celui-ci le prend en le poussant dans un ruisseau, ou en l'arrosant de son urine fétide, pour le faire se dérouler et pour pouvoir le saisir par le museau et le tuer.

Le musée du Café des Oiseaux en a deux spécimens et celui de Verdun un seul.

Deuxième famille. — **Musaraignes** (*Sorex*, Linné).

Ces animaux sont très nombreux dans nos champs et nos granges, surtout dans certaines années. Ils forment un grand nombres d'espèces. On en compte aujourd'hui de vingt à vingt-quatre. Je ne décrirai que les caractères généraux, car toutes ces espèces ont les mêmes usages

Les musaraignes sont très vives et très courageuses ; leur museau est plus long que celui du hérisson et plus effilé. Elles sont couvertes de poils courts et soyeux sur tout le corps, excepté sur les parois du flanc où il existe de chaque côté une petite bande de soies raides.

Leurs membres postérieurs sont un peu plus longs que les antérieurs, ce qui leur permet de sauter. Leur queue est quelquefois longue, écailleuse, annelée ou couverte de poils. Leurs yeux sont petits, leurs dents fines, couvertes de pointes très aigues.

Usages. — Les musaraignes sont rapaces et *toujours insectivores et très utiles.* Leur morsure est inoffensive et non venimeuse comme on le croit généralement. La musaraigne commune ou musette, est la première espèce de nos pays, sa taille est plus petite que la souris ; elle n'a que huit centimètres de long et deux centimètres de haut, sa queue mesure trois centimètres. Elle est brune sur le dos et les pattes, jaune-roux en dessous. On la trouve partout : dans les granges comme dans les rochers, souvent elle creuse des galeries très petites, à fleur de terre. Les musaraignes de cette espèce se nourrissent d'insectes et de vers, mais cela ne leur suffit pas toujours; elles mangent souvent leurs petits ou leurs semblables morts. Elles se plaisent aussi aux bords des eaux et dans les terres un peu humides. Elles sortent peu le jour et sont plutôt crépusculaires.

Elles chassent le campagnol et le mulot, au cou duquel elles s'attachent pour lui sucer le sang, le tuer, puis le dévorer.

La *musaraigne des marais* a une odeur toute particulière due à un liquide, musqué, sécrété par deux glandes situées sur les flancs, plus près des pattes de devant que des pattes de derrière. C'est probablement cette odeur qui la fait tant craindre et tant détester. Tout ce que l'on a dit sur son compte est faux. Ainsi il est faux de croire qu'elle mord les chevaux au paturon et occasionne les eaux aux jambes ou autres maladies; il est faux de croire que sa morsure occasionne une mammite ou engorgement du pis chez la vache ; il est faux de croire, avec bon nombre de commères et de rebouteurs, qu'elle annonce sûrement une maladie, lorsqu'on la voit; qu'elle voue à la mort ou à la maladie les hommes ou les bêtes qu'elle touche; qu'enfin si elle tue, elle peut aussi guérir de la rage et de plaies ulcéreuses !

Cessons donc de la craindre et de la détruire; elle mange par jour plus de larves de hannetons et d'autres insectes, qu'elle ne pèse !

On connaît beaucoup d'espèces de musaraignes dans les pays chauds. Au musée de Verdun existent outre les espèces citées plus haut :

1° La musaraigne Leucode (*Sorex Leucodon*) ;

2° Carrelet (*Sorex tétragonurus*) jardins et granges ;

3° Hermann (*Sorex hermannées*).

Au musée du Café des Oiseaux de Bar-le-Duc et au musée de la ville, les deux premières espèces sont seules représentées.

Troisième Famille. — **Taupes** (*Talpa*, Linné).

Cette troisième famille renferme un animal, très curieux et très intéressant, que tous nos cultivateurs connaissent. Il est avec raison détesté par sa manière d'agir; mais il a des mérites qui, s'ils étaient connus et appréciés, le feraient moins haïr et souvent considérer.

La taupe, *talpa* de Linné, a la tête conique, la lèvre et le nez rapprochés semblant confondus pour former un grouin, dans lequel on trouve le *petit os du boutoir du porc*. Ses yeux sont si petits, qu'on a souvent cru la taupe aveugle. Son œil est très incomplet, à paupières très étroites, sans nerf optique. Ses membres antérieurs plus longs que les postérieurs, sont aussi épais et robustes que ceux-ci sont débiles; moins larges, munis d'ongles un peu arqués, longs, arrondis et tranchants au bout ; pas de cœcum, intestin tout d'une venue, queue courte, presque nue; pelage doux au toucher, très fin, fort dense, court et soyeux. La taupe habite toutes les parties du monde excepté l'Océanie.

Dans notre région, nous ne possédons que la taupe d'Europe (*talpa Europea*) qui présente des variétés brunes, fauves, blanches et noires ; cette dernière est la plus commune. Au musée du Café des Oiseaux, on voit une jolie taupe blanche trouvée à Loissart.

Toutes les taupes de nos pays vivent sous terre, où elles se creusent des galeries parfaitement organisées, laissant des colonnes de soutien et formant des salles basses et hautes pour jouir des différentes températures ou pour se garer de l'humidité. Elles font habituellement leurs nids deux fois par an, au commencement du printemps et au mois de juillet, avec des racines qu'elles ont soin d'entourer de constructions protectrices. La femelle met bas deux fois par an de trois à cinq petits, tous nus et rouges, qui la suivent de mars à août.

Les taupes, comme je le disais, sont surtout détestées des cultivateurs, à cause des nombreuses galeries qu'elles forment et des tertres de terre qu'elles amoncellent à la surface des prairies, ce qui gêne énormément le fauchage; mais ce n'est qu'un petit inconvénient à côté des services qu'elles rendent. Leur nourriture est exclusivement composée de mans ou larves du hanneton, de vers, de courtillières qu'elles trouvent en creusant leurs galeries. Elles tuent leurs proies en les éventrant et en s'enfonçant le museau au milieu de leurs entrailles. Elles sont très gloutonnes et en détruisent une grande quantité, ainsi que les bulbes du colchique (oignons des veillottes ou veilleuses). Elles ne se servent quelquefois, de tiges de graminées, que pour faire leur nid et, si on avait soin, au printemps surtout, de répandre cette terre vierge qu'elles ramènent à la surface du sol, on ferait disparaître l'inconvénient principal que cause la taupe, on répandrait sur les plantes environnantes un véritable engrais qui rendrait l'herbe plus forte et plus riche que celle plus éloignée; il n'y aurait donc qu'avantage pour le cultivateur qui conserverait évidemment la taupe comme animal utile et la laisserait se développer plutôt que de lui tendre ces nombreux pièges que certains individus sont si habiles à disposer au moment des amours. Mieux vaudrait donc les conserver pour détruire les insectes et vers, car elles finissent toujours par disparaître, là où il n'y a pas d'insectes. Ce qui se remarque partout : les taupinières n'existent jamais dans les blés ou les champs labourés. On les rencontre dans les prairies ou sur les berges des routes.

Les deux autres espèces sont : talpa cristata et talpa asiatique, inconnues l'une et l'autre chez nous.

Les ennemis de la taupe, outre l'homme, sont : le renard, le putois et la marte, qui la mangent; la belette, le hibou, la cresserelle, le corbeau, la cigogne, la guettent et la tuent : la vipère souvent la surprend et la tue. Le chien griffon la tient en arrêt lorsqu'elle creuse sa galerie, la retire de terre, puis l'étrangle.

Les deux autres genres des insectivores sont :

1° Le desman ou rat musqué, et 2° le tanrec de Madagascar, tous deux inconnus dans nos pays.

3e Tribu des carnassiers.

Les carnivores.

Caractères généraux. — Ce sont les animaux féroces proprement dits. Les quatre dents canines sont très longues, écartées et alternes; les incisives, au nombre de six à chaque mâchoire, sont relativement petites, quelquefois dentelées en scie ou trilobées en fleurs de lys, signe caractéristique des grands destructeurs.

Les molaires sont souvent planes, quelquefois tuberculeuses : on les nomme alors dents carnassières.

Ces animaux ont surtout l'instinct sauvage et barbare très développé; leurs doigts sont terminés par des griffes rétractiles, recourbées et pointues qui leur servent à déchirer leur proie. Les carnivores forment d'abord deux groupes : 1° les carnivores ordinaires, et 2° les carnivores empêtrés ainsi nommés, parce que leurs membres sont englobés dans une masse musculaire (Ex. le phoque).

Ils ont en outre été divisés suivant la conformation et l'appui de leurs extrémités e trois familles, qui sont : 1° les plantigrades; 2° les digitigrades; 3° les amphibies.

Les animaux appartenant à ces trois familles sont la plupart étrangers à nos pays.

L'homme est en guerre ouverte avec presque tous. A l'exception d'une seule espèce, la plus dévouée, le chien, il n'en apprivoise que bien peu. En général, les dommages que les carnassiers nous causent dépassent les services qu'ils nous rendent. Cependant, un grand nombre nous sont utiles, par leur chair et leur fourrure ou par la guerre qu'ils font à d'autres animaux nuisibles à l'agriculture; le chat, par exemple. Nous devons donc étudier avec soin ceux de notre région dans leurs mœurs et leurs habitudes. C'est ce que je vais essayer de faire.

La première famille, — *carnivores plantigrades*, — comprend les animaux les moins carnassiers de la tribu, dont quelques-uns sont herbivores, nocturnes, qui s'engourdissent pendant l'hiver. Ils sont lents pendant la progression, qui s'effectue sur toute la plante des pieds. Ceux-ci possèdent cinq doigts longs, forts, non rétractiles. Nous trouvons dans cette famille les espèces suivantes :

1° Ours (*ursus*, Linné) avec deux variétés, l'ours d'Europe et l'ours blanc ou marin (musée du Café des Oiseaux) ;

2° Les ratons (procyons) qui, en Amérique, servent de nourriture aux Peaux-Rouges ;

3° Les coatis ou gloutons de l'Amérique du nord.

4° Les blaireaux (*meles*, *toxus*) seuls, nous occuperont quelques instants, parce qu'ils habitent notre région, aussi bien dans la plaine que sur nos collines. Les blaireaux sont nocturnes, non hibernants dans nos contrées ; ils nagent très bien, c'est pourquoi il n'est pas rare de les rencontrer aux environs des rivières. Ils se nourrissent indifféremment de lapins, de poules et de leurs œufs, d'insectes, de vers, de mollusques et de poissons ; tous sont avides de sang avec lequel ils semblent s'enivrer. La femelle aime beaucoup ses petits, qu'elle défend avec énergie. Elle en met bas de deux à dix ; qui sont nus en naissant. Elle porte de dix à douze semaines.

Sont-ils aussi nuisibles qu'on le prétend ?

A cette question je dirai avec Brehm que leurs services sont méconnus. On trouve le blaireau commun ou d'Europe, encore appelé tesson, dans les terriers qu'il se creuse lui-même, terriers munis de couloirs longs de huit à dix mètres et séparés l'un de l'autre de trente pas environ : le centre est placé à près de un mètre et demi au-dessous du niveau du sol. Ils sont ordinairement construits sur le flanc des collines les plus exposées au soleil.

Le blaireau a les dents très irrégulières ; les molaires au nombre de dix supérieures et douze inférieures, dont une de dimension disproportionnée. La dent carnassière est réduite et émoussée. Son pelage est noir, grisâtre dans le fond, dur et touffu. Il a une poche anale qui sécrète un liquide d'une odeur forte. Sa tête possède une bande blanche caractéristique, qui s'étend du museau et s'élargit en haut, pour recouvrir l'œil et l'oreille et se perdre à la nuque. C'est un animal long de 75 à 90 centimètres du museau à la queue, qui vit solitaire, excepté pendant le rut, dans sa demeure parfaitement faite et propre, d'où il ne sort que quand la nuit est complètement close, craignant plutôt cependant l'homme que la lumière.

Il vit surtout pour lui-même, il est égoïste, défiant, hypocondre même.

Son pas court est parfaitement reconnaissable, l'empreinte, que laissent ses pieds, aux ongles longs, se traduit de la manière suivante : : : : : :; lorsqu'il court et fuit; elles tracent la ligne · . · . · . · . · . · . · (Tschudi).

Sa nourriture est très variée ; il fait quelques dégâts dans les champs de carottes, de raves ou de betteraves, qui avoisinent son terrier et qu'il aime beaucoup.

Les quelques œufs d'oiseaux qu'il trouve dans des nids à terre et qu'il mange avec plaisir, ne suffisent pas à le faire détester et détruire, car il se nourrit surtout de hannetons qu'il aime par-dessus tout ; de limaces, de vers et d'escargots.

En hiver, il se nourrit de racines, de bouleaux, de truffes, de glands et de faînes. Il aime surtout les figues, les raisins, dont il boit le jus, et le miel. Il dévore aussi avec avidité les larves d'abeilles et de guêpes. Mais le blaireau étant peu commun dans nos régions, il ne doit pas être considéré comme animal nuisible.

C'est pourquoi je voudrais plutôt le voir conserver que chasser. Du reste, il a beaucoup d'autres ennemis que l'homme ou plutôt le chasseur : il a surtout le renard qui le chasse de son terrier pour s'en emparer. Comme toujours, ce coquin, ce filou, ce voleur, agit par ruse pour le tourmenter. Lorsqu'il ne peut réussir à faire déguerpir notre bon blaireau, toujours très propre dans son intérieur, il dépose dans les couloirs ses excréments fétides, qui toujours font fuir par l'odeur si répugnante qu'ils répandent, notre pauvre tesson, qui souvent se trouve sous le fusil d'un chasseur et meurt alors victime de sa grande propreté.

Le basset lui fait aussi très bien la chasse en pénétrant dans son terrier, où cependant il est quelquefois arrêté dans sa course par un amoncellement de terre que le blaireau a amassé derrière lui pendant sa fuite.

En rase campagne il est plus facile à saisir, car à l'approche d'un chien il se couche sur le dos et cherche à se défendre avec ses dents et ses pattes.

On peut l'élever en captivité.

Sa chair est bonne pour la nourriture, quelquefois préférée à celle du porc. Les poils de sa queue servent à confectionner des brosses et des pinceaux. Sa graisse (avant l'hiver) sert dans quelques préparations pharmaceutiques.

Nous en trouvons deux beaux spécimens au musée du Café des Oiseaux, un mâle magnifique tué dans la forêt de Sommeilles, naissance des Argonnes, et une femelle plus petite, et d'un pelage plus clair, de la forêt de Loissart, près Laimont. Le musée de Verdun en possède aussi un sujet ordinaire.

Deuxième famille des carnivores.

Digitigrades.

Ces animaux, ainsi appelés, parce qu'ils marchent sur l'extrémité de la région digitée, toujours composée de cinq doigts, sont les carnassiers les plus sanguinaires et les plus cruels. Ils possèdent tous les molaires tuberculeuses, dites dents carnassières, jamais ils ne s'engourdissent l'hiver.

Le nombre des genres qui appartiennent à cette famille est fort considérable et leurs espèces sont très nombreuses. Nous nous contenterons de décrire ici celles qui vivent exclusivement dans notre région, domestiques ou non, utiles ou nuisibles à l'agriculture. Quant aux autres, nous les citerons simplement dans le tableau suivant :

Digitigrades

1er genre. — MARTE.

1° Zibeline* ; 2° fouine* ; 3° putois* ; 4° furet* ; 5° hermine* ; 6° belette*.

2e genre. — LOUTRE.

Marine.

3e genre. — CHIEN.

1er sous-genre. — Chien domestique.

1° Mâtins* ; 2° épagneuls* ; 3° dogues.

2e sous-genre. — Loup.

1° Loup odorant ; 2° loup blanc des prairies ; 3° loup rouge du Jura*.

3e sous-genre. — Renard.

1° Renard argenté ; 2° renard charbonné* ; 3° renard bleu ou isatis.

4e sous-genre. — Chacal*.

4e genre. — CIVETTE.

1° Genette* ; 2° mangouste ou rat de Pharaon.

5e genre. — HYÈNE.

1° Hyène grise * ; hyène tachetée.

6e genre. — CHAT *(felis).*

1° Lion* ; 2° tigre ; 3° jaguar ; 4° panthère ; 5° léopard ; 6° guépard ; 7° lynx ou loup cervier* ; 8° chat domestique *.

1er genre. — Marte (*mustela*).

Les animaux compris dans ce genre sont les plus importants du genre (*mustela*, Linné). Ils sont très carnassiers quoique petits. Ce sont des animaux tous nuisibles à l'agriculture. L'espèce commune ou marte proprement dite est la plus belle.

On la trouve exclusivement dans les forêts les plus profondes, surtout celles de sapins. Dans nos pays, elles sont rares, et peu de chasseurs en ont tué. Je n'en ai pas vu dans nos musées. Cependant, M. Chéneau, de Loxéville, en a tué une jolie, le 2 mars 1878.

Elle est brune, avec le dessous du ventre jaune ainsi que le dessous de la gorge.

Son poil, très soyeux, est très épais et la peau est couverte d'un duvet gris clair, fin et très fourni. Ses dents sont fines et pointues ; elles se composent de six incisives aux deux mâchoires, deux carnassières et des molaires tuberculeuses. L'articulation temporo-maxillaire est très forte, ce qui la rend si dangereuse.

Elle détruit aussi bien les levrauts

que les lapins, les mulots, les lérots et les loirs; en leur ouvrant le crâne et les dévorant par le cou. Elle craint plutôt les reptiles qu'elle ne les cherche. Cependant, elle détruit les lézards et les grenouilles. Elle recherche aussi les ruches d'abeilles sauvages pour manger le miel.

Les martes sont très audacieuses; elles sont aussi fort légères à la course et au saut. Elles grimpent lestement au haut d'un arbre pour dépister les chiens, qu'elles regardent ensuite effrontément. Si le chasseur qui l'a tiré la manque, elle ne fuit point et regarde fixement son ennemi ce qui permet à celui-ci de renouveler une seconde décharge et de la tuer facilement

Lorsqu'on la chasse, dit Brehm, elle laisse sur la neige des empreintes doubles de celles de l'écureuil, qui varient suivant qu'elles vont en avant ou en arrière. En voici les deux tracés · . · . · ; ou . · . · .; mais ces empreintes ne sont pas toujours très nettes à cause de la conformation de la patte qui est très velue.

Malgré son instinct sauvage, la marte prise jeune peut s'apprivoiser. On l'élève avec du lait et du pain, plus tard avec de la viande. Cependant elle n'est jamais tout à fait sociable; elle ne donne aucune satisfaction d'amitié et elle fait, sans le vouloir, très habilement usage de ses dents, c'est pourquoi on doit l'abandonner.

La marte est surtout recherchée pour sa fourrure qui vaut 12 à 15 francs. L'Amérique, où les martes sont abondantes, en fait un grand commerce avec l'Angleterre.

La 2e espèce, marte zibeline très estimée pour sa fourrure, habite seulement les régions les plus froides de l'Europe.

La 3e espèce marte fouine (*mustela fonia*) se rencontre partout dans nos pays où elle vit de sa chasse autour de nos habitations.

Elle se distingue de la marte par son pelage d'un brun jaune avec le cou et la poitrine blanches.

La marte fouine est plus petite que les deux autres espèces; elle a les pattes courtes et la tête allongée. Le corps a 50 centimètres de long et la queue 25 centimètres. Cet animal vit l'hiver dans les habitations des villes et villages, dans les greniers et les granges. L'été, il s'éloigne dans la campagne à la recherche des œufs de perdreaux, de cailles et de serpents. La fouine est aussi très friande des œufs de poules ou de canes. Cette petite bête est très avide de sang; si elle pénètre dans un poulailler ou un colombier, elle met tout à sang, égorgeant dans une seule nuit six, douze et même vingt volailles, auxquelles elle coupe la tête, suce le sang et emporte une seule de ses victimes dans sa retraite.

La fouine entre en rut vers la fin de février, époque à laquelle on entend sous les toits des granges, près des terrains rocailleux surtout, des miaulements qui rappellent ceux du chat, quelquefois des cris et des grognements : ce sont deux mâles qui se disputent les faveurs d'une femelle. Celle-ci met bas fin avril ou commencement de mai, trois à cinq petits, nus. On chasse la fouine avec des petits bassets, qu'on apprend à monter aux échelles ; on lui tend surtout des pièges ou traquenards au centre desquels on place un œuf pour l'attirer. On emploie surtout ce dernier moyen pour conserver la peau intacte.

Prise jeune, la fouine se captive facilement, est très attachée à son maître, qu'elle reconnaît toujours et suit même sans jamais songer ni aux œufs, ni aux volailles de la maison.

Ainsi Louis Poirson avait une fouine femelle, qu'on lui avait apportée presque morte. Il parvint à la ranimer et la conserva pendant huit ans. « Cette petite bête était charmante, toujours en mouvement et très agile, parcourant les toits du voisinage et les greniers, pour y attraper les souris qu'elle saisissait avec beaucoup d'adresse. Elle n'a jamais cherché à faire de mal. Une seule fois qu'elle était sur mon épaule, elle me mordit le bout de l'oreille et s'enfuit précipitamment sur le toit de ma ménagerie, où elle se mit à me regarder en ricanant. C'était une vengeance qu'elle cherchait à tirer depuis longtemps parce que je lui avais limé les dents.

« Elle allait souvent se percher sur les arbres de la place Oudinot (place Reggio) où elle cherchait à prendre les jeunes oiseaux.

« Pour la faire rentrer dans sa cage, il me suffisait de l'appeler : « Minette ! » elle venait de suite ; mais son tempérament vif et son besoin de liberté l'empêchaient de rester enfermée, elle passait à travers les barreaux de sa cage, pour courir sur les toits, où elle grimpait au moyen du corps pendant.

« Je la nourrissais avec très peu de lait et de pain, cela lui suffisait avec ce qu'elle maraudait.

« Elle fut victime de sa vie vagabonde ; un jour elle pénétra dans la cage du loup qui la tua, se roula dessus et la relégua dans un coin sans la manger » (Louis Poirson).

Le café des Oiseaux, ainsi que le Musée de Verdun, en renferment de beaux spécimens.

La 4ᵉ espèce, marte putois (*mustela putorius*), est un peu plus petite que la fouine, d'une couleur brune avec le bout du nez blanc.

Le putois vit, comme la fouine, dans nos greniers ou nos granges en hiver, d'où il ne sort que la nuit, pour faire sa chasse aux petits animaux : en été, il habite la campagne ou les bois rapprochés des villages. Il est aussi nuisible que la fouine, ne se captive pas, car il meurt toujours au bout de très peu de temps qu'on le possède (L. Poirson). Il a en outre un grave inconvénient, c'est qu'il répand une odeur pénétrante et très désagréable dont il se sert avantageusement contre les chiens qui le chassent.

La 5ᵉ espèce, le furet (*fectorius futa*), est un animal ressemblant en tout au putois dont il ne serait qu'une espèce domestiquée. Il n'en diffère que par son pelage, qui est d'un blanc jaunâtre, avec le ventre un peu plus foncé et les yeux rouges comme les albinos. Il est originaire d'Afrique et ne vit chez nous que choyé et bien nourri : on le conserve l'hiver à l'abri du froid. L'homme se sert de ses inclinations sanguinaires, pour en faire un chasseur de lapins, qu'il affectionne par-dessus tous les autres animaux. Il attaque cependant avec fureur les pigeons et les poules, qu'il prend à la gorge et tue à la manière des putois, suçant le sang et mangeant le cerveau.

Le furet dort en boule ; la femelle met bas deux fois par an, de cinq à huit petits, aveugles. Au bout de deux mois on les enlève à la mère pour les élever à part. Il est nuisible, mais on l'utilise avec avantage pour la chasse aux lapins de garennes. Le croisement du furet et du putois, donne des métis très estimés par les chasseurs. Le café des Oiseaux, à Bar-le-Duc, en possède de spécimens curieux.

La 6ᵉ espèce, marte hermine (*mustela herminca*) est petite, 33 à 40 centimètres de longueur, et vit dans toute l'Europe, depuis les Pyrénées jusqu'en Russie où elle atteint toute sa splendeur. Elle est d'un blanc proverbial en hiver, avec l'extrémité de la queue toute noire ; en été, elle a le pelage de la belette, blanc roussâtre tirant sur le brun. Elle vit dans un trou de taupe ou de hamster, le creux d'un arbre, la fente d'un mur, ou un amas de pierres où elle reste endormie tout le jour, pour quitter son abri au crépuscule, moment où commence sa chasse, qu'elle accomplit toute la nuit avec beaucoup d'agilité, de grâce et de souplesse. Elle attrape surtout les taupes, les hamsters, les lapins et les pigeons : elle est friande aussi de moineaux et de jeunes hirondelles qu'elle va prendre dans leur nid ; elle est, comme le putois et la fouine, très avide de sang : elle attaque en troupes les lièvres qu'elle dévore. Thompson raconte même qu'un paysan qui avait blessé une hermine sur deux fut assailli par une troupe qui cherchait par tous les moyens à le mordre au cou.

Très bonne nageuse, l'hermine fait la chasse au rat, aussi bien sur terre que dans l'eau ; elle finit toujours par en faire sa proie.

Les femelles s'accouplent en mars et mettent bas vers la fin de mai ou commencement de juin, de cinq à huit petits.

On les chasse avec des pièges et des ratières : comme la fouine, prise très jeune l'hermine peut être élevée à l'état de domesticité.

L'hermine est très intéressante au point point de vue de l'industrie : comme tout le monde sait, elle fournit une des plus belles fourrures dont se parent la gravité des magistrats et la coquetterie des femmes

Malgré cela, c'est un animal nuisible pour notre agriculture. On en voit deux au musée du café des Oiseaux et au musée de Verdun.

Tous les cultivateurs connaissent la 7e espèce : la belette (*mustela vulgaris*). Tous savent que c'est un très petit animal (16 centimètres), au pelage blanc roussâtre sur le dos et blanc sous le ventre et la gorge; à la tête petite, effilée; aux oreilles presque rondes, à la poitrine et aux flancs très étroits.

Cette petite bête, aux allures vives et audacieuses, est très courageuse. Elle s'attaque aux plus grands animaux, l'aigle même, qu'elle parvient à tuer, dit John Franklin, et à l'homme lorsqu'elle est en nombre.

On la trouve partout : aussi bien sur les bords des routes, que sur les berges des rivières; dans les bois ou les rochers où elle vit au milieu des pierres, ou dans le tronc des vieux arbres, ou bien encore dans les granges des villes et villages, dans les greniers et les murs des habitations.

La belette se nourrit surtout de souris, de rats, de couleuvres, de vipères même. Elle mange les limaces et limaçons, les grenouilles et les écrevisses, qu'elle ouvre avec beaucoup d'adresse. Elle est aussi très friande de poules et de leurs œufs, ainsi que des petits oiseaux. Elle vit cependant au grand jour. On la voit souvent chasser en plein soleil, s'occupant peu si on la regarde. Elle voyage aussi la nuit toujours occupée à satisfaire son appétit sanguinaire.

Cependant la belette est très utile par la chasse qu'elle fait aux souris, aux rats et aux reptiles, qui composent presque exclusivement sa nourriture ; elle ne pénètre que dans les poulaillers ou pigeonniers mal fermés.

C'est un animal utile, qu'on doit conserver et non prendre avec des pièges comme on a malheureusement l'habitude de le faire.

La femelle *porte cinq semaines* et met bas *fin mai* ou commencement de juin, *trois à huit petits*, nus, qu'elle aime beaucoup et veille avec amour. Très jeunes, ces petits s'apprivoisent facilement et deviennent très intéressants, par leur vivacité et leur intelligence. Louis Poirson en a conservé une plusieurs années qui le suivait et examinait avec attention tout ce qu'il faisait.

Préjugés. — Dans beaucoup de campagnes, on croit encore, aujourd'hui, que la morsure de la belette est malfaisante, qu'elle produit des ulcères surtout aux vaches; c'est faux, la belette n'attaque jamais les vaches. Il est faux aussi de croire qu'elle fait ses petits par la bouche. Cette croyance absurde vient de ce que la belette surprise pendant sa maternité, comme le chat, emporte ses petits en les prenant entre ses dents, dans un endroit plus caché.

Il faut, comme dans certaines contrées, admettre que la belette porte bonheur, on sera dans le vrai et on la conservera pour le bien de l'agriculture et du cultivateur.

Nous en avons terminé avec le premier genre des digitigrades.

Le deuxième genre, la loutre (*lutra*) est un animal que nous connaissons malheureusement trop, par les ravages qu'elle cause dans nos rivières et nos étangs. Possédant cinq doigts palmés, elle nage et plonge très bien. Ses quatre dents canines et douze incisives sont très acérées et tranchantes; ses yeux ronds, vifs, saillants et petits, sa tête aplatie, indiquent sa ruse et sa méchanceté ; répandue partout, aussi bien sur les bords des grands fleuves que de nos petites rivières, elle vit dans des terriers qu'elle se creuse sur les berges, avec une ouverture aboutissant dans la rivière.

On connaît plus de douze espèces. La loutre commune (*lutra vulgaris*) nous occupera seule, parce que c'est la seule que l'on rencontre dans nos rivières où elle exerce ses nombreux ravages, tuant plus de poisson qu'elle n'en mange.

La loutre commune, que l'on peut admirer au musée du café des Oiseaux de Bar-le-Duc et à celui de la ville de Verdun, est brune en dessus, blanche en dessous, avec des taches blanches sur les côtés de la tête. Elle se nourrit aussi d'écrevisses et de rats d'eau; mais elle préfère le poisson, et surtout la truite, à tous les animaux d'eau. Elle vit presque toujours solitaire, excepté la femelle qui rôde longtemps sur les bords des rivières avec ses deux ou quatre petits, qu'elle met bas dans le courant de mai, après neuf semaines de gestation.

La loutre est très méfiante ; c'est le renard d'eau, et sa chasse est fort difficile. On la fait à l'affût et le soir. On la prend aussi aux pièges, et quelquefois avec des filets tendus pour les poissons.

« Prise jeune, la loutre, dit M. Louis Poirson qui a possédé une loutre apprivoisée pendant deux ans, est facile à élever. Celle que l'on me donna toute jeune, avait été trouvée dans un tas de planches situé près de la rivière, au bout de la rue de la Banque. Je l'élevai avec du lait, puis au bout de deux semaines, avec du poisson, de la soupe et de la viande ; mais le poisson était son mets favori. Je la conduisais en laisse, se promener dans le canal, où elle plongeait souvent sans prendre de poisson, pour la bonne raison qu'il n'y en avait pas. Cependant à Villotte-devant-Saint-Mihiel, un individu possédait une loutre qui pêchait très bien et lui rapportait de très beaux poissons. Ma loutre n'avait pas besoin d'eau pour vivre, car dans ma ménagerie elle ne recherchait point l'eau qui passait à côté. Elle mourut sans cause connue à la maison ».

On voit d'après ce qui précède que la loutre peut parfaitement s'apprivoiser et d'après Brehm et le maréchal polonais Chrysostôme Posseck, dit Lenz déjà cité : « peut être dressée à la chasse au poisson et servir à un ou plusieurs individus. » Mais ce n'est pas son utilité principale : elle est surtout recherchée après sa mort pour sa peau qui se vend de 40 à 70 francs et que le commerce exporte d'Amérique en France. Quant à la chair, qui est rangée par l'Église comme viande de carême, elle n'est bonne qu'à la condition que l'art culinaire intervienne pour en faire un plat passable.

Le deuxième genre, loutre marine, n'existe que dans le nord de l'Europe.

3e genre. — **Chien.**

Est trop connu de tout le monde pour que je m'étende longuement sur sa conformation, sur ses mœurs et habitudes.

Le chien est un carnassier de premier ordre. Son squelette est composé de 20 vertèbres dorsales et lombaires, 3 sacrées et 16 à 22 coccygiennes. Ses membres sont parfaitement conformés pour la course, qu'il exécute en entrecroisant les membres postérieurs avec les antérieurs. Il possède cinq doigts munis d'ongles non rétractiles aux pieds de devant ; il n'en a que quatre à ceux de derrière. Au-dessous de chacun de ses doigts existe un véritable coussin dit coussinet plantaire.

La mâchoire est en général forte et bien fournie de dents. Il y a 6 incisives supérieures, 6 inférieures trilobées dans le bas âge, en forme de fleur de lys. C'est par l'usure de cette fleur de lys qu'on reconnaît facilement l'âge du chien jusqu'à sept ans.

Les quatre canines sont longues et pointues. Les six molaires et quatre carnassières largement séparées. Il possède en outre deux poches anales de chaque côté de l'anus. Sont-ce ces poches, qui renferment le pus, que l'on fait sourdre par la pression de l'anus entre le pouce et l'index, qui, dans le jeune âge sauvegarderait réellement les chiens de la maladie ? j'en doute !

Les chiens, tout le monde le sait, sont les animaux dont les sens sont le plus développés ; aussi peut-on affirmer qu'ils possèdent l'intelligence souvent, il faut bien l'avouer, beaucoup plus développée que certains bimanes !

« Le monde ne subsiste que par l'intelligence du chien ». Ces paroles sont écrites dans le *Vendidab*, la porte la plus ancienne et la plus authentique d'un des premiers monuments historiques de l'humanité le *Zend-Avesta*. Sans aller aussi loin on peut dire que l'homme et le chien se complètent à chaque instant ; ce sont les deux compagnons, les deux amis les plus fidèles, les plus inséparables. J'aurais un volume à écrire sur le chien, mais comme ce n'est pas mon but, je terminerai en disant avec Frédéric Cuvier que le chien domestique est la conquête la plus remarquable, la plus complète, la plus utile que l'homme ait jamais faite : toute l'espèce est devenue notre propriété. Le chien appartient entièrement à son maître, se conforme à ses besoins, le connaît, le défend, lui reste fidèle jusqu'à la mort, et ce n'est ni la crainte ni le besoin qui le font agir, mais l'amour et l'attachement. La rapidité de sa course, la finesse de son odorat en ont fait un des auxiliaires les plus utiles, peut-être même indispensable, au maintien de la société humaine. Le chien est le seul animal qui ait suivi l'homme sur toute la surface du globe. La chienne porte neuf semaines et met bas de 5 à 10 petits possédant toutes les dents incisives. Ils ont les paupières closes et sont atteints de cécité pendant les dix à douze premiers jours de leur existence.

Le genre chien a été divisé en quatre grandes familles qui sont :

1° les chiens proprement dits ;
2° les loups ;
3° les renards ;
4° les chacals.

La 1re famille, les chiens proprement dits dans laquelle se trouve notre chien domestique, renferme un grand nombre de genres et d'espèces que j'indiquerai dans le tableau suivant :

3e Genre. — **Chiens** (*canis*).

PREMIÈRE FAMILLE. — **Chiens proprement dits.**

1er Groupe. — MATINS.

1° Chien d'Australie, sauvage ou redevenu sauvage ; 2° chien d'Amérique, sauvage ou redevenu sauvage ; 3° mâtins proprement dits ; 4° danois ; 5° chien de berger ; 6° chien des Alpes ; 7° chiens ; 8° lévriers : lévriers chasseurs, lévriers ordinaires, lévriers de Russie, lévriers turcs.

2e Groupe. — ÉPAGNEULS.

1° Épagneuls proprement dits ; 2° bichon ; 3° barbet ou caniche ; 4° griffon * ; 5° Terre-Neuve ; 6° chien courant ; 7° limier ; 8° chien d'arrêt ou braque ; 9° basset*.

3e Groupe. — DOGUES.

1° Dogue proprement dit ; 2° bouledogue ; 3° molosse ; 4° ratier ; 5° turc ; 6° roquet ou chien des rues.

Cette famille est, comme on le voit, très nombreuse en genres et en espèces, tous plus utiles les uns que les autres. Mais certainement l'espèce la plus utile à l'agriculture, d'où provient précisément le plus intelligent : le chien de berger, dont le type est celui de la Brie. Nous pourrions aussi citer comme utiles les différentes espèces de dogues qui savent si bien faire la guerre aux rats et souris, et qui en même temps peuvent garder les habitations.

Je ne m'étendrai pas plus longtemps sur ce sujet.

Cependant je ne puis le terminer sans dire quelques mots sur une maladie, qui affecte particulièrement cette espèce animale et se communique trop souvent, hélas ! à l'espèce humaine.

Je veux parler de la **RAGE**, cette affection propre à l'espèce canine qui se communique par virus fixe (la bave dans ce cas), facilement à l'homme et à tous les autres animaux.

Quoique ce petit traité ne doive contenir que l'histoire des animaux utiles et nuisibles à l'agriculture, on me permettra d'entrer dans quelques détails sur la rage, car elle intéresse toutes les classes humaines et je dirai plus, surtout le cultivateur.

La rage, dans le sens vrai du mot, voudrait dire la colère, la haine, la cruauté, les passions furieuses, qui chez le chien enragé devraient nécessairement se manifester.

« C'est un préjugé généralement admis que le chien atteint de rage doit nécessairement présenter tous les signes de cruauté, de haine et de colère, etc. C'est pourtant un grand malheur de le voir se répandre et s'accréditer partout, car on demeure sans défiance en présence d'un chien malade, qui ne cherche pas à mordre, et cependant la maladie peut être très bien la rage » (H. Bouley).

« C'est aussi une grave erreur d'admettre comme on le fait généralement, que le chien enragé est forcément hydrophobe, c'est-à-dire qu'il craint l'eau ; alors on peut rester sans défiance en présence d'un animal malade, qui boit l'eau à grandes gorgées, et qui cependant peut aussi très bien être enragé » (H. Bouley).

En général, la prudence veut que l'on se méfie, *toujours*, d'un chien qui commence à ne plus présenter les caractères de la santé. Les premiers symptômes de la rage, pour qui sait les apprécier, quoique obscurs encore, sont déjà significatifs.

« Le chien enragé, disaient si bien Youatt et M. Bouley de l'Institut, mon ancien maître, est d'une humeur sombre et inquiète, qui se manifeste par des changements continuels de positions : il cherche à fuir son maître, il se retire dans sa niche ou son panier, dans les recoins des appartements, sous les meubles. Si on l'appelle, il obéit encore, mais avec lenteur et comme à regret. Crispé sur lui-même, il tient sa tête cachée entre sa poitrine et les pattes de devant ».

Bientôt il devient inquiet, va et vient, puis retourne à sa couche où il s'agite continuellement. « Du fond de son lit, dit Youatt, il jette autour de lui un regard dont l'expression est étrange, son attitude devient de plus en plus sombre; il va d'un membre de la famille à l'autre, semblant demander à chacun un remède contre le mal qui couve en lui. C'est alors qu'existe une singulière particularité chez certains chiens atteints de cette terrible affection. Leur tendresse semble redoubler de force; il la manifeste par des caresses persistantes, léchant continuellement les mains et les pieds de son maître. Illusions redoutables, car ce chien dont on ne se méfie pas, peut, malgré lui-même, faire une morsure fatale sous l'influence d'une contrariété quelconque. » Le plus souvent cependant le chien enragé respecte et épargne ceux qu'il affectionne. S'il en était autrement, les accidents rabiques seraient bien plus nombreux, car la plupart du temps, pendant la première période, ces animaux restent 24 ou 48 heures à la maison, au milieu de tous les gens qui l'occupent.

Lorsque la rage est complétement déclarée, le chien a des intermittences qu'on appelle le délire rabique.

Ce délire se caractérise par des mouvements étranges, qui dénotent que l'animal voit des objets extraordinaires ou entend des bruits inusités. On le voit alors quelquefois happer en l'air comme s'il voulait saisir une mouche au vol, d'autrefois il court se jeter contre un mur en hurlant d'une façon particulière, croyant entendre des bruits menaçants; alors, dit Youatt : « dispersés, par cette influence magique, ces objets de terreur s'évanouissent et l'animal rampe vers son maître avec l'expression d'attachement qui lui est particulière.

« Alors vient un moment de repos, les yeux se ferment lentement, la tête se penche, les membres de devant semblent se dérober sous le corps, et l'animal est près de tomber. Mais tout à coup il se redresse, de nouveaux symptômes viennent l'assiéger, il regarde autour de lui avec une expression sauvage, happe comme pour saisir un objet à la portée de sa dent et se lance à l'extrémité de sa chaîne, à la rencontre d'un ennemi qui n'existe que dans son imagination ». A cette période de la maladie, le chien enragé ne mange plus qu'automatiquement, il ne recherche plus sa nourriture, il avale tout ce qu'il parvient à saisir et : « chose remarquable dit M. Bouley de l'Institut : « soit qu'il y ait chez lui une véritable dépravation de l'appétit, ou plutôt que le symptôme que je vais signaler soit l'expression d'un besoin fatal et impérieux de mordre, auquel l'animal obéit ; on le voit saisir avec ses dents, déchirer, broyer, et dégluter enfin une foule de corps étrangers à l'alimentation, tels que la paille de sa couche, le crin, la laine de ses coussins, la fiente des vaches ou des chevaux, etc.

« Ces faits sont un prélude : l'animal assouvit déjà sa fureur rabique sur des corps inanimés, mais le moment est bien proche ou l'homme lui même, si affectionné qu'il soit, pourra bien n'être pas épargné ».

La bave ne constitue pas comme on le croit généralement un signe caractéristique. Il est des chiens enragés dont la gueule est remplie d'une bave écumeuse, surtout pendant les accès. Chez d'autres au contraire, cette cavité est complètement sèche et sa muqueuse reflète une teinte violacée.

Dans d'autres cas au contraire, il n'y a rien de particulier à noter à l'égard de l'humidité ou de la sécheresse de la cavité buccale.

L'état de sécheresse de la bouche ou de l'arrière-bouche donne lieu à la manifestation d'un symptôme d'une extrême importance, au point de vue de sa contagion possible à l'homme.

Le chien enragé dont la gueule est sèche, agite les membres de devant, de chaque côté des joues, comme s'il voulait enlever un os arrêté dans l'arrière-bouche. Il en est de même dans le cas de paralysie des mâchoires, lorsque l'animal est atteint de la rage mue ou à une période avancée de la rage furieuse.

Rien, on le voit, n'est dangereux comme les illusions que font naître dans l'esprit des propriétaires des chiens, la manifestation de ce symptôme, au point que toujours on vient nous chercher, pour enlever un os que le chien a avalé et qui, arrêté dans le larynx, menace de l'étrangler.

Mais alors, comme toujours, et puisque, pour eux presque toujours, c'est l'os seul qui le fait souffrir, ils essayent de l'enlever en explorant l'arrière-bouche par des manœuvres d'autant plus dangereuses, que l'animal irrité, rapproche souvent convulsivement, les mâchoires qui peuvent causer des morsures.

Quelquefois au début de la rage l'animal vomit des matières sanguinolentes, ce qui est dû à des déchirures de la muqueuse stomacale, causées par des clous.

C'est un symptôme rare, mais d'autant plus caractéristique.

L'aboiement comme je l'ai dit, est caractéristique chez le chien enragé; il faut l'avoir entendu pour le reconnaître, et une seule fois suffit, pour ne jamais l'oublier. « Il est rauque, voilé, plus bas de ton, et à un premier aboiement fait à pleine gueule, succède immédiatement une série de trois ou quatre hurlements décroissants qui partent du fond de la gorge, et pendant l'émission desquels, les mâchoires ne se rapprochent qu'incomplètement, au lieu de se fermer à chaque coup comme dans l'aboiement franc » (Bouley).

Une particularité très curieuse et importante au point de vue symptomatique : « c'est que l'animal est muet sous la douleur quelles que soient les souffrances qu'on lui fait endurer il ne fait entendre, ni le sifflement nasal, première expression de la plainte du chien, ni le cri aigu par lequel il traduit les douleurs les plus vives. » On peut le piquer, le frapper, le brûler même sans qu'il aboie; non pas qu'il soit insensible car, si on lui présente, ou si on l'excite avec une barre de fer rouge, il se jette dessus, la mord, puis se retire vivement en secouant ses mâchoires ensanglantées. Il est évident alors que dans ces diverses circonstances l'animal souffre, l'expression de sa figure le dit, mais, malgré cela, il ne fait entendre ni cri ni gémissement. La rage se caractérise encore par une autre particularité très importante à connaître, nous voulons parler de l'expression que le chien enragé ressent à la vue d'un animal de son espèce. C'est, dit M. Bouley, « le *réactif sûr*, à l'aide duquel on peut déclarer la rage encore latente dans l'animal qui la couve ». A l'école d'Alfort, lorsque nous étudions la médecine des animaux domestiques : dès qu'un chien était soupçonné malade, on lui présentait un autre chien; si réellement il était atteint de la rage il se jetait sur lui avec fureur et le mordait. Dans le cas contraire, il le laissait complètement tranquille.

Chose étrange, tous les animaux enragés, à quelque espèce qu'ils appartiennent, subissent la même impression en présence du chien.

Il arrive encore cette particularité, que le chien, qui ressent les premières atteintes de la rage, s'échappe de la maison et disparaît. On dirait qu'il a conscience du mal qu'il peut faire, et que pour éviter d'être nuisible, il fuit ceux auxquels il est attaché.

Mais, dans quelques cas, trop nombreux encore, le malheureux animal, après avoir erré un jour ou deux et échappé aux poursuites, revient, obéissant à une attraction fatale, vers la maison de son maître. « Au retour du pauvre égaré, dit M. Bouley, on s'empresse autour de lui, le premier mouvement est de le secourir, car, la plupart du temps, il est misérable à l'excès, réduit à rien, couvert de boue et de sang. Mais malheur à qui l'approche! A la période où il en est de sa maladie, la propension à mordre est devenue chez lui impérieuse; elle domine le sentiment affectueux si vivace qu'il soit encore, et trop souvent elle le porte à répondre par des morsures aux caresses qu'on lui fait, aux soins qu'on veut lui donner ».

Quand la maladie est arrivée à la période que l'on peut appeler véritablement rabique c'est-à-dire, celle qui se caractérise par des accès de fureur, la physionomie du chien est terrible; son œil brille d'une lueur sombre et qui inspire l'effroi, il est très excitable au moindre bruit, à la moindre agression il se jette sur les barreaux de la cage où on le tient enfermé et y fait éclater ses dents. Après cet accès, il retombe dans l'anéantissement au fond de sa cage, puis tout à coup il se lève, bondit en avant et entre dans un nouvel accès. Lorsque le chien est libre, il se lance devant lui, d'abord avec une complète liberté d'allures et s'attaque à tous les êtres vivants qu'il rencontre, mais de préférence au chien, plutôt qu'à tous les autres animaux. Mais il ne conserve pas longtemps une démarche libre. Épuisé par les fatigues de ses courses, par les accès de fureur auxquels il a trouvé en route l'occasion de se livrer, par la faim, par la soif, et sans doute par l'action propre de sa maladie, il ne tarde pas à faillir sur ses membres. Alors il ralentit son allure et marche en vacillant. « La queue pendante, sa tête inclinée, sa gueule béante, d'où s'échappe une langue souillée de poussière, lui donnent une physionomie caractéristique. »

Dans cet état, il est moins dangereux, son état de faiblesse l'empêche d'être agresseur : il suit sa route, jusqu'à ce qu'épuisé, il soit forcé de s'arrêter.

Alors il s'accroupit dans les fossés des routes, dans le fond d'une grange, où il reste somnolent pendant plusieurs heures. Malheur à l'imprudent qui ne respecte pas son sommeil ! L'animal réveillé de sa torpeur, récupère souvent assez de force pour lui faire une morsure.

Le chien arrivé à cette période de maladie, ne tarde pas à succomber par la paralysie, comme dernier symptôme.

Le temps pendant lequel le chien est enragé, avant de mourir, varie de 4 à 8 jours au plus. Mais pour arriver là, la période d'incubation, c'est-à-dire le temps pendant lequel elle couve, n'est pas encore bien déterminée. Il peut durer 40 jours comme 8 mois et même un an. Ce dernier laps de temps semble exagéré, malgré les quelques exemples qu'on cite.

Dans tous les cas, si un chien est mordu par un chien enragé ou s'il est simplement soupçonné de l'être, il faut toujours, quelle que soit la valeur et l'affection qu'on ait pour ce compagnon fidèle, en faire le sacrifice; il faut l'abattre.

Mais pour éviter que ce bel animal devienne enragé, il faut surtout éviter la contagion et les mauvais traitements; il faut surtout divulguer les symptômes de la rage, les faire connaître par tout le monde, depuis le berger jusqu'au plus grand chasseur, afin d'étouffer le mal dans son premier foyer.

On a recouru à différentes mesures dans différents pays : on a mis un impôt sur les chiens pour en diminuer le nombre. C'est un bon moyen, mais cet impôt est trop faible et devrait être triplé pour les chiens de luxe et ne faire exception que pour le chien de berger ou d'aveugle.

On a aussi pris des arrêtés divers, obligeant de museler les chiens, de ne point les laisser divaguer, etc. Toutes ces mesures sont bonnes, mais incomplètes et presque toujours inefficaces. La loi du 21 juillet 1881 est plus sévère, elle dit : que tout chien suspect d'avoir été mordu par un chien enragé doit être immédiatement abattu.

Nous ne dirons que quelques mots des trois autres familles du genre chien.

La deuxième famille, le loup (*canis lupus*), est trop connu comme animal nuisible pour que nous en parlions longuement.

Nous nous contenterons de dire qu'on en connaît quatre variétés, toutes aussi dangereuses et toutes capables d'être atteintes de la rage, à ce propos nous citerons un exemple qui eut, à Bar, il y a 70 ans environ, de graves conséquences.

Un loup venant du Haut-Jurée traversa la ville basse et mordit quantité de chiens et 5 personnes, qui moururent de la rage, de 30 jours à 3 mois après.

La première variété est le loup brun de nos pays, plus souvent brun clair avec bandes plus claires, ressemblant beaucoup au chien, mais plus long, avec la queue plus touffue et les oreilles droites. Son museau est aussi plus avancé et plus mince. Il mesure environ 1m,05 du museau au bout de la queue et 0m,80 de hauteur.

Cet animal, très féroce surtout en hiver, très amateur de nos moutons, devient heureusement de plus en plus rare et finira, il faut l'espérer, malgré nos grands lieutenants de louveterie, par être complètement inconnu dans nos pays d'ici quelques années, si on continue à le traquer et à le détruire par le poison.

La deuxième variété, loup rouge, au pelage rougeâtre vit dans le Nord de l'Amérique.

La troisième variété, loup noir, vit principalement dans les montagnes.

La quatrième variété, loup odorant; loup des prairies ou de Java est particulier à cette île.

Au musée du Café des Oiseaux nous voyons deux beaux loups naturalisés. L'un fut tué à la ferme de Beauregard, par la fille du propriétaire, Mademoiselle Garet. A Verdun, on en voit aussi un beau spécimen tué dans les bois des environs.

Nous ne quitterons pas cette famille sans citer les expériences d'accouplement entre la chienne et le loup faite par Louis Poirson. Voici ce qu'il nous apprend à ce sujet qui nous prouve bien, que le loup est un *canis* dans toute l'acception du mot.

Histoire du loup de la Meuse.

Louis Poirson dit : « J'ai élevé un loup en 1840 qui avait été pris dans la forêt de Ligny, et l'ai conservé jusqu'en 1853. Pendant les deux premières années j'avais pu le conserver libre, il était très familier, cherchait à jouer avec tous les animaux qu'il rencontrait.

A l'âge de six mois, je lui donnai pour compagne une chienne de même âge (race grand terrier anglais); ils ont vécu très intimement pendant quatre années. C'est seulement au bout de ce long temps, que je les vis s'accoupler comme le font les chiens; j'obtins sept petits dont six mâles et une femelle.

Je conservai toute cette famille pendant un an; mon intention était d'en garder un jusque l'âge d'adulte, pour le joindre à ma collection; j'en vendis trois, en ai donné deux, et celui qui me restait était la femelle qui me paraissait avoir le plus d'intelligence, car le septième était mort foudroyé, en jouant avec les autres à l'âge de huit mois.

Sollicité par un de mes amis, je donnai cette femelle qui ne fut pas plutôt chez lui, qu'elle passait par une fenêtre et sautait dans le canal des usiniers, ne sachant de quel côté se diriger, elle prit la côte du collège; là, poursuivie par des enfants qui criaient au loup, elle gagna la ville haute, ensuite les bois et je n'en ai plus entendu parler.

J'avais vendu à M. Baudot, tanneur à Bar, un de ceux qui promettaient de devenir les plus grands, il avait une tête de dogue énorme, sa robe était *gris de fer, avec des raies noires retombant de chaque côté des flancs comme des larmes*, après avoir mangé le limon d'un escalier, après lequel il était attaché, il est allé manger des cuirs pour une somme assez importante; M. Baudot le donna alors à son oncle, M. Varin, de Givry, qui le mit dans la cour de sa ferme; au bout de quelques jours, il étrangla un veau et plusieurs moutons; poursuivi par le fermier qui s'était armé d'une fourche, il franchit le mur, gagna la campagne. On n'a jamais su ce qu'il était devenu.

Le caractère de ces animaux ressemble plutôt à celui du loup qu'à celui du chien, ils sont très craintifs, peuvent aboyer et ne le font pas, je crois qu'ils seraient plus forts et plus dangereux que les loups.

Buffon dit « que les loups ne peuvent s'accoupler, ni produire avec les chiens »; j'ai prouvé le contraire, puisque chacun de ceux qui sont venus chez moi à cette époque ont vu mes chiens-loups.

Le loup reconnaît très bien ceux qui ont voulu lui faire du mal, même plusieurs années après; il défendrait son maître au besoin mais ne connaît que lui. Pendant les treize ans que j'ai conservé mon loup chaque fois qu'à Bar il y eut un incendie pendant la nuit, c'est toujours lui qui nous a éveillés par ses hurlements prolongés; est-ce le bruit ou l'odeur de la fumée qui le faisait hurler? c'est ce que je ne pourrais affirmer et cependant lorsque cela arrivait dans la journée il ne disait rien ».

La troisième famille, *le renard* (*canis Vulpes*) est aussi un animal que tous nos cultivateurs et nos chasseurs connaissent trop malheureusement, mais pour des raisons différentes. Le chasseur le hait, parce qu'il détruit bon nombre de gibier de toutes sortes, le cultivateur, parce qu'il détruit souvent sa basse-cour. Cet animal, plus petit que le chien, au regard oblique, audacieux et fripon, aux oreilles petites, fines et droites, au museau pointu et long, au pelage épais et serré d'une couleur roux fauve tirant sur le grisâtre, très élancé et très vigoureux, est très bien constitué pour sa vie de brigandage et de rapine.

C'est l'animal le plus rusé et le plus fripon; comme conséquence, et sans faire d'allusion, dans toutes les espèces de la création le plus dangereux. Il aime la chair fraîche, et celle qu'il peut saisir, à quelque espèce qu'elle appartienne, il s'en repaît. C'est un ennemi dangereux de nos amis le blaireau, le hérisson même. Nous devons donc par tous les moyens chercher à le détruire et, si les chasseurs sont heureux d'en tuer pour faciliter la propagation du gibier et augmenter leurs trophées ou en faire des cravates pour nos belles dames, les cultivateurs leur sauront gré s'ils parviennent à les en débarrasser pour sauvegarder la vie de leurs auxiliaires dont ils sont malheureusement très friands.

Le renard habite les quatre points cardinaux; mais il est plus gros au nord qu'au midi. On en connaît 4 espèces principales, toutes recherchées pour leurs fourrures, surtout la première, le renard bleu ou Isatis, qui habite le nord de la Russie.

La deuxième est le renard argenté, la troisième, le renard charbonné, la quatrième le renard vulgaire ou de nos pays, que l'on trouve dans tous nos bois où il fait la désolation de nos chasseurs et souvent la joie des chiens qui le chassent à outrance et qui avec l'homme, le vautour ou le faucon sont ses principaux ennemis.

Le renard pris jeune, s'apprivoise difficilement et même après la castration que j'ai essayée, il finit en vieillissant par reprendre son naturel sournois et caché.

Le renard est sujet, comme le chien, à beaucoup de maladies, il peut même être atteint de la rage.

On le prend au traquenard, aux pièges et avec du poison. On a raison de le faire, car c'est un des mammifères les plus nuisibles à l'agriculture. On peut voir un très joli renard de pays et un renard bleu au Café de la Comédie de Bar-le-Duc.

La quatrième famille des chiens, *le Chacal* (*canis aurens*), qui renferme deux variétés : 1° le chacal commun ou loup doré, et le chacal aboyeur ou loup des prairies (*canis Lætrans*) est un animal de transition, comme on peut s'en rendre compte au Café de la Comédie; entre le loup et le chien proprement dit, et les renards. Il a l'aspect général du loup avec la tête, les pattes courtes, la queue longue et touffue du renard. Il n'habite que les pays chauds, la Perse, l'Asie Mineure, les bords de l'Euphrate, en Palestine, en Afrique et le nord de l'Égypte où il vit, comme le renard, de rapine et de chasse. Cet animal est aussi nuisible dans ces pays que le renard dans les nôtres. Il a un cri semblable à l'aboiement du chien et s'accouple très bien avec lui. Il s'apprivoise aussi très facilement, ce qui avait fait croire à plusieurs naturalistes que notre chien domestique descendait du chacal.

Le quatrième genre, *Civette*. — La 2° tribu des carnivores digitigrades est le genre civette (*civetta*), qui renferme trois espèces qui sont : 1° Civette proprement dite; 2° Genette, 3° Mangouste ou rat de Pharaon.

Toutes ces espèces sont étrangères à nos pays, aussi n'en parlerons-nous pas. Je dirai seulement qu'elles donnent par deux glandes situées en dessous de l'anus, une matière très odorante, estimée par les priseurs et utilisée en médecine. Ces animaux sont, comme nos fouines, dans l'Asie et la Guinée septentrionale, très farouches et très rapaces, ne chassant que la nuit les petits quadrupèdes et les oiseaux.

Le cinquième genre, *la Hyène* (*hyena*) est aussi étrangère à nos pays. Les hyènes habitent exclusivement l'Afrique où elles vivent souvent de cadavres qu'elles déterrent. On connait les deux espèces tachetées et rayées, toutes deux très farouches et rapaces.

Le sixième genre, *le Chat* (*felis*), est le genre qui renferme les espèces les plus farouches et les plus cruelles de la création. Ces animaux ont un appareil dentaire qui révèle leurs instincts, même chez notre chat domestique, auquel nous voyons six incisives supérieures et six inférieures placées sur une même ligne); quatre canines fortes et souvent très développées : chez les grandes espèces quatre molaires et chez quelques espèces des avant-molaires, une carnassière trilobée comme les branches du trèfle.

Tous ces animaux ont la tête courte ainsi que les mâchoires, les yeux bien sortis et disposés pour voir dans l'obscurité ; les ongles rétractiles.

Il y a beaucoup d'espèces, presque toutes originaires des pays chauds. Seuls, le chat sauvage et le chat domestique existent dans nos contrées ; nous les décrirons complètement. Les autres espèces seront indiquées dans le tableau suivant :

TROISIÈME FAMILLE. — **Carnivores digitigrades.**

6e Genre. — Chat.

1° Lion, au musée du Café de la Comédie il y a un spécimen d'Afrique ; 2° Tigre, tigre royal (tigres régalés) ; tigre Longirande ; 3° Jaguar ou grande panthère noire ou grise ; 5° Léopard ; 6° Guépard ; 7° Lynx ou loup cervier, qu'on peut voir au Café de la Comédie ; 8° Chat sauvage, aussi au Café des Oiseaux et à Verdun ; 9° Chat domestique, chat des Chartreux, chat d'Espagne, chat d'Angora, chat de Tobolsck, chat à oreilles pendantes, chat de Perse, chat rouge du Cap.

Le *Chat sauvage* (*catus ferces*) est la souche de notre chat domestique : M. Henry Marchand, marchand de bois à Bar, l'a prouvé en offrant au musée du Café des Oiseaux, où tout le monde peut le voir, un chat sauvage issu d'une chatte domestique et d'un chat sauvage. On peut aussi voir empaillé, un jeune chat gris roux, avec collier blanc, de 4 mois, provenant d'une chatte sauvage et d'un chat domestique.

Tout le monde reconnaît le chat sauvage, à sa robe toujours gris rouge, dans nos pays, avec la queue longue, plus épaisse que celle de notre chat domestique annelée de noir et sa tâche blanche sous la gorge.

Il est notablement plus grand et plus épais que le chat domestique, il s'en distingue aussi par un regard plus vif, plus sauvage ; ses moustaches plus grandes et ses dents plus fortes et plus tranchantes.

On le rencontre assez communément dans nos forêts du département et surtout dans celles qui sont épaisses et escarpées. Il vit surtout dans les hautes futaies et parmi les rochers, dont les crevasses et les enfoncements lui fournissent des retraites assurées. Il se réfugie aussi dans les terriers de blaireau qu'il cherche à détruire. C'est un animal solitaire et très dangereux qui grimpe très bien pour surprendre les oiseaux dans leurs nids, ou l'écureuil même. Il détruit surtout beaucoup de lièvres au gîte ; sur le bord des rivières il est très habile à la pêche.

La chatte porte environ 9 semaines, met bas ordinairement dans les terriers abandonnés, ou les creux d'arbres, de 5 à 6 petits aveugles comme nos chats domestiques.

Lorsqu'ils cessent de téter, elle les nourrit abondamment de souris, de campagnols, de taupes et d'oiseaux.

C'est un animal nuisible qu'il faut chasser sans scrupule. Du reste sa peau est belle et touffue en hiver et peut servir de fourrure contre le froid et les douleurs.

Le Chat domestique (*catus domesticus*) est trop connu et répandu dans nos pays pour que j'en dise beaucoup de choses.

Tout le monde connait son utilité, puisqu'il est aujourd'hui admis partout, au même titre que le chien. Mais il a grand avantage sur cet autre bon et utile auxiliaire de l'homme, en ce sens qu'il détruit chez nous, sous notre lit, dans nos armoires à linge, au milieu de nos substances alimentaires de première nécessité, ces rongeurs si abondants et si désagréables, qui détruisent tout et si vite : qu'on appelle souris et rats ! Je ne citerai aucun trait qui marque combien le chat est utile et ami de la maison plutôt que de ses maîtres, je ne citerai pas non plus d'exemple de son amour pour ses petits; il me faudrait écrire un ouvrage complet et très étendu. Je dirai seulement qu'un chat ordinaire peut détruire en 24 heures, plus de 20 souris, c'est-à-dire 7.300 souris par an ou 3.650 rats.

Conservons donc notre chat domestique qui vit exclusivement de chasse de souris et de rats.

Lorsqu'ils sont atteints de la gale, la seule maladie grave qui les attaque, il faut les traiter, au début, par des frictions de pommade créosotée ou phéniquée; si la maladie est ancienne, mieux vaut les détruire que les soigner, et il faudrait, surtout, nettoyer les endroits où le galeux a eu l'habitude de coucher et de se reposer, car tous les chats qui viendraient là seraient certainement atteints de la même affection.

Toutes les espèces domestiques sont utiles mais à un degré moindre. Ainsi, le chat d'Angora est lourd et paresseux, comme le chat castré, mais sa présence suffit surtout pour faire disparaître les souris. Les autres espèces n'existent pas dans notre département.

4e *Tribu des carnassiers.* — **Les Amphibies.**

Comprennent les phoques et les morses. Ces animaux sont des carnassiers de premier ordre. Ils en ont tous les caractères et la même dentition. Leur poitrine est déprimée, leurs membres sont courts mais épais, leurs cinq doigts, qu'ils possèdent à chacun des membres, sont inégaux et vont en progressant de longueur, du petit doigt au pouce. Ces membres sont englobés dans une masse musculaire, qui ne laisse libre que le carpe et le tarse. Postérieurement ces membres se réunissent et forment une espèce de queue très courte qui leur sert à la progression.

Leur tête est courte, leurs narines sont circulaires et munies d'un sphincter qui les ferme lorsque l'animal s'enfonce dans l'eau.

On connaît plusieurs espèces de phoques (*phoca*) Ce sont :

Phoque.

1° Phoque à croissant*; 2° Phoque à ventre blanc; 3° Phoque à trompe; 4° Phoque à capuchon; 5° Phoque à crinière; Phoque Ours.

4e *Sous-ordre.* — **Rongeurs.**

Dans ce sous-ordre des mammifères, nous trouvons toutes les espèces les plus prolifiques et par conséquent les plus nombreuses de notre pays. Le plus souvent petits et craintifs, ils vivent en nombreuses troupes, qui fuient avec une rapidité extraordinaire l'homme et les autres animaux, leurs ennemis heureusement nombreux.

Ces petits et agiles animaux sont presque tous très nuisibles aux cultivateurs, par leur manière de vivre.

Comme l'indique leur nom, ils rongent pour vivre et détruisent plus qu'ils ne prennent pour servir à leur nourriture. Leurs dents sont tout à fait différentes de celles des autres animaux mammifères, étudiés plus haut.

Ils possèdent deux *incisives* à chaque mâchoire, souvent très longues, cinq ou six molaires à chaque mâchoire, tuberculeuses, mamelonnées ou prismatiques. Ces dents sont toutes fortement implantées dans les mâchoires et poussent au fur et à mesure de leur usure.

Les mâchoires se meuvent dans le sens de propulsion de rétropropulsion, de latéralité et de haut en bas.

Leurs sens sont bien développés, mais assez obtus, excepté l'odorat qui est très délicat.

Les membres sont longs postérieurement et très souples. Leurs os sont souvent soudés ensemble. Ici il n'y a plus d'os pénien; il est remplacé par un cartilage en forme de fer de lance. La femelle a 2 à 10 mamelles pectorales et abdominales : elle possède aussi, chez quelques espèces, 2 matrices diverticulées.

Ces animaux nocturnes ou crépusculaires, ont des mœurs paisibles et se creusent des galeries pour vivre et se cacher.

Ainsi que je le disais plus haut les rongeurs sont nombreux. Tous sont nuisibles, mais n'habitent pas tous notre pays, je n'en décrirai qu'un certain nombre, les plus connus et les plus nuisibles.

Cuvier les a divisés en rongueurs claviculés et en rongeurs aclaviculés; c'est-à-dire en rongeurs qui possèdent une clavicule ou os réunissant l'omoplate au sternum et en rongeurs qui n'en possèdent pas ou qui n'est que rudimentaire. Nous suivrons cette division et les indiquerons tous dans le tableau suivant :

		Genres	Espèces
Rongeurs..	1re FAMILLE **Claviculés**	1° Castor (*castor fiber*)	1° du Canada.
			2° du Rhône*.
		2° Rat (*mus*)	1° Souris*.
			2° Rat noir*.
			3° Surmulot*.
			4° Mulot*.
			5° Rat nain*.
		3° Hamster (*cirectus*)	1° Ordinaire ou marmotte de Strasbourg*.
			2° Voyageur.
		4° Campagnol (*arvicola*)	1° Rat d'eau*.
			2° Rat des champs*.
			3° Campagnols des prés* ou du Kamtchatka.
		5° Léminge.	
		6° Loir (*myoxus*)	1° Loir proprement dit*.
			2° Lérot*.
			3° Muscadin*.
		7° Marmotte (*arc tomys*)	1° des Alpes*.
			2° des Pyrénées.
			3° de Pologne.
		8° Ecureuil (*sciurus*)	1° Ecureuil commun*.
			2° — petit gris*.
		9° Gerboise (*dipus*), Asie, Afrique*.	
		10° Rat-taupe, d'Afrique.	
		11° Polatouche ou Ecureuil volant.	
	2e FAMILLE **Sans clavicules**	1° Porcs-épics (*hystées*)*.	
		2° Lièvre (*lepus*)	1° Lièvre commun*.
			2° — variable.
		3° Lapin (*caniculus*)	1° Clapier.
			2° de garenne*.
			3° Biche.
			4° Angora*.
		4° Cobayes ou Cochon d'Inde* (*ancéma*).	
		5° Cabiais.	
		6° Agoutis (*chloromys*).	
		7° Paka (*culogenys*).	

Le premier genre — castor — n'existe pas dans nos pays.

Le deuxième genre des rongeurs, avec clavicule, est le genre rat (*mus*), qui renferme cinq espèces, toutes très nuisibles aux cultivateurs, soit par les dégâts qu'elles causent dans les greniers, comme les souris et les mulots, soit par ceux qu'elles font dans les champs couverts de récoltes. Tout le monde connaît le rat, avec sa queue longue et nue, ses incisives pointues et sa peau comme écailleuse. Les trois molaires, qu'il possède à chaque mâchoire, sont tuberculeuses et s'aplatissent avec l'âge. Les rats sont connus depuis les temps les plus reculés, comme une plaie de l'humanité. Ils ont servi d'emblèmes et ont joué un grand rôle comme présages. Dans les assemblées d'augures, si un rat était vu, cela suffisait pour annuler ou suspendre les auspices. Plus tard, sous les Romains, les rats servaient à amuser la jeunesse.

Chez nous ils n'ont aucun rôle à jouer : c'est un fléau qui sévit partout où l'homme s'établit.

On connaît : 1° le rat ordinaire ou rat noir ; 2° le surmulot. Le premier est noir brun sur le dos, a 36 centimètres de long y compris la queue qui en a 16, munie de 150 à 160 écailles. Ces animaux semblent originaires de l'Inde et de la Perse. Ils auraient été importés en Europe vers 1732 par des navires anglais venant de l'Inde. Leur existence ne remonterait à Paris qu'à partir de 1753.

Le rat ordinaire vit dans les étages supérieurs des maisons, greniers, granges, etc. ; le surmulot dans les étages inférieurs : caves, sous-sols, puisards, canaux d'égouts, bords des rivières, etc. Ces deux animaux vivent de tout et, pour chercher leur nourriture, ils creusent souvent des trous au travers de planches de chêne très épaisses ; seul le ciment ou le verre pilé peut les arrêter.

Ils sont voraces et s'attaquent à tout, charognes, cuirs, os, etc. On les a vus, souvent, réunis en troupe, dévorer en une nuit des cadavres entiers de chevaux. Ils sont d'une audace extraordinaire, qui va croissante s'ils s'aperçoivent que l'homme ne peut rien contre eux. Les rats sont surtout le point de départ de toute espèce d'épizooties, ils échappent aux cordons sanitaires les mieux établis et aux désinfections les plus soigneuses et portent partout la contagion.

On aurait tout un volume à écrire sur leur manière de faire, mais je terminerai en ajoutant que la femelle est très prolifique ; elle porte 25 jours, plusieurs fois par an et met bas de 7 à 12 petits nus et aveugles.

Ces animaux et ceux de son espèce sont très difficiles à détruire. Beaucoup de procédés ont été indiqués, depuis le poison sous bien des formes, jusqu'aux pièges de toutes sortes. L'emploi des poisons et des pièges d'une manière générale étant peu pratique, on a demandé à l'Institut Pasteur, s'il n'était pas possible de détruire les rats et souris, en leur communiquant une maladie contagieuse.

M. J. Danysz, chef du laboratoire à l'Institut Pasteur de Paris, avec le concours de MM. Masson et Delphiné, ont employé, dans les essais qu'ils ont faits avec succès dans les hôpitaux, les égouts et l'Imprimerie nationale de Paris, un cocco-bacille ressemblant au bacille *coli* ou *bacilus typhi murium de Loëffler*, très pathogène pour toutes les espèces de rats connues en France et complètement inoffensif pour tous les autres animaux domestiques ou sauvages, ainsi que pour l'homme.

Ce bacille est pathogène par injection, il suffit de tremper du pain ou du grain dans un bouillon de culture de ce microbe et de donner ce mélange à manger aux petits rongeurs, pour que tous ceux qui en ont absorbé un peu deviennent malades en trois ou cinq jours et meurent d'une septicémie généralisée cinq à douze jours après l'injection.

Les animaux qui nous aident le plus à les détruire sont en première ligne, le chat, qui les fait fuir, le putois qui les mange ainsi que la belette, que l'homme tue bien à tort, parce que de temps à autre elle mange un œuf ou un poulet ; si on fermait bien les portes et fenêtres, elle serait tout entière à son œuvre de destruction des rats et surmulots.

Avant de terminer, je dirai encore qu'en liberté les rats sont atteints quelquefois d'une maladie particulière de la queue, sorte d'exudation qui, s'ils sont nombreux, réunis les uns auprès des autres, comme ils le font quelquefois en hiver, permet l'union de plusieurs ensemble pour former ce que le peuple croyait être un *rois de rats*, c'est-à-dire 15 ou 16 rats réunis par la queue, à la manière d'une soudure. Quelques musées d'Allemagne en possèdent des exemples.

Le rat n'est pas appétissant à manger ; mais pendant le dernier siège si héroïquement soutenu par les Parisiens, on a démontré que sa chair pouvait servir à la nourriture de l'homme. Un rat de grosseur moyenne valait de 2 francs à 2 fr. 50.

La 3e espèce, la souris, est un joli petit animal à l'œil vif et aux allures rapides et légères, que l'on admirerait s'il n'était si nuisible.

On connaît dans nos pays la souris domestique, la souris des champs et la souris naine.

L'une et l'autre de ces variétés sont vives, alertes, habitant avec l'homme, depuis la cave jusqu'au grenier, dans sa grange, dans ses écuries ou ses champs.

La souris domestique est la plus commune, celle que nous connaissons tous, avec sa queue aussi longue que son corps, de 10 centimètres environ, son pelage uniformément gris-noir, lavé de jaunâtre, allant en s'effaçant du dos sous le ventre, ses oreilles, pendantes sur les joues, atteignent l'œil.

Nous savons tous malheureusement où elle habite, et que partout où elle est, elle nous nuit. Son odorat exquis et sa vue si perçante même la nuit, ses sens si développés font qu'elle est très tenace à creuser ses trous lorsqu'un plat appétissant l'attire. C'est surtout en creusant et rongeant qu'elle est nuisible.

La femelle porte 23 à 25 jours, fait de 5 à 8 petits chaque portée, qu'elle renouvelle 5 à 6 fois par an.

Tous les endroits sont bons à la femelle pour déposer sa progéniture; on en trouve partout.

Les pires ennemis de la souris domestique sont le chat, le hibou, l'effraie commune et la chevêche, dans les maisons. Dans les campagnes ce sont le putois, la belette, le hérisson et la musaraigne qui, malgré sa petite taille, est ardente à lui faire la chasse.

La quatrième espèce, *le mulot* est un peu plus petit que la souris. C'est la souris des bois.

La partie supérieure de son corps et de sa queue est d'un gris-brun jaunâtre, son ventre et ses pattes sont blancs.

Comme son nom l'indique, le mulot vit dans les bois de préférence; mais on le trouve partout avec la souris domestique et les autres variétés. Il est surtout friand des œufs des oiseaux et des jeunes petits qui sont en cage.

La femelle met bas 3 fois par an seulement de 5 à 8 petits, qui croissent lentement et qui n'ont leur belle couleur jaune-roux que très tard.

La cinquième espèce, *surmulot*, la sixième espèce, *le rat-nain* sont des espèces méridionales qui habitent surtout les champs de blé, dont ils tressent les chaumes à quelques centimètres du sol pour faire leur nid.

Le troisième genre, *les hamsters* (*cirectus*) sont de jolis petits animaux qui ont environ 33 centimètres de long : la queue n'en a que trois. Ils vivent surtout de grains, qu'ils emmagasinent dans leur terrier qu'ils construisent à deux étages. C'est le rez-de-chaussée qui contient les grains de blé, souvent en grande quantité, qu'on faisait autrefois servir à la nourriture des chevaux, ce qui était nuisible à beaucoup d'entre eux, qui mouraient anémiques.

Dans ce genre on connaît beaucoup d'espèces originaires d'Allemagne dont les principales sont : 1° le hamster ordinaire ou marmotte de Strasbourg; 2° le hamster voyageur, que l'on trouve en Russie.

Ces animaux, ont de véritables *abat-joues*, sont omnivores, très voraces et très méchants. Ils sont ennemis de tous les autres petits animaux qu'ils attaquent et dévorent.

La femelle met bas de 6 à 8 petits nus et pourvus de dents. Ils grandissent très rapidement. En Thuringe on les chasse. Chaque commune paye une prime pour un hamster; cette prime est plus forte pour une femelle. Leur chair est bonne à manger, leur peau fournit une bonne fourrure.

C'est un animal nuisible, qu'il faut détruire.

Le quatrième genre, *campagnol* (*arvicola*) renferme des espèces que nous trouvons partout dans nos régions. On y trouve : 1° le rat d'eau ; 2° le rat des champs et le campagnol ordinaire.

Tous ces animaux se distinguent : par 4 doigts aux pieds de devant, le pouce étant représenté par un seul tubercule ou par un ongle rudimentaire et par une queue plus ou moins longue, velue. Tous ces animaux, si petits et souvent si nombreux, sont des ennemis de la pire espèce.

Depuis les temps les plus reculés on les connaît.

Ils ont causé de nombreux dégâts dans certaines provinces et ont amené la famine. Ces grands dégâts se faisaient surtout sentir avant le XVIIIe siècle, c'est-à-dire lorsque le peuple, fanatisé, se contentait de prier ou d'adjurer, au nom d'un saint quelconque, les campagnols de quitter le champ qu'ils occupaient, sans quoi ils se verraient forcés de les couper en morceaux, etc.

Aujourd'hui en face du fléau on se raidit, on s'arme et on combat, aussi ne peut-il plus exister de famine. Néanmoins ils sont la cause de bien grands dommages comme on en constata dans nos pays en 1801, à la fin de l'automne de 1802 et en 1874.

Que les cultivateurs fassent donc une guerre acharnée à ces petits rongeurs ; qu'ils inventent des moyens de destruction (1) ; qu'ils dressent des chiens ; tous ces moyens sont bons. Mais le meilleur et le plus efficace de tous les procédés, c'est de conserver et de propager tous les oiseaux qui leur font la guerre et que nous indiquerons plus tard.

Après les campagnols vient le cinquième genre, *le léminge*, petit rongeur à la tête et à la queue courtes, qui vit en fouillant la terre de la Laponie.

Le sixième genre, *le loir* (*myoxus*) est celui qui se trouve après le rat le plus répandu chez nous. On connaît le loir proprement dit, le lérot et le muscadin. Tous ont les mêmes mœurs. Ce sont de jolis et vifs petits animaux, qui ressemblent beaucoup aux écureuils, si n'était : une tête semblable à celle de la souris, une queue et des oreilles longues et touffues, deux rangées de poils longs sur les côtés, quatre doigts et un tubercule représentant le pouce aux pattes de derrière.

On les rencontre partout, sous les toits, dans les greniers, les haies, les jardins, sur les arbres, dans des terriers. Ils sont crépusculaires, dorment tout le jour. Ils sont vifs, très agiles et se nourrissent de graines, de fruits, quelquefois d'insectes et d'œufs d'oiseaux. Ils mangent comme les écureuils. La femelle met bas en été de 4 à 5 petits qu'elle élève et soigne avec tendresse. Pris jeunes, ces petits s'apprivoisent facilement mais ils n'aiment pas qu'on les touche.

Ils sont tous inutiles et peuvent, par conséquent être considérés comme nuisibles ; pour cette raison on doit leur faire guerre.

Le loir vulgaire hiberne tout l'hiver, vivant dans son nid de sa propre substance. Aussitôt le printemps il se réveille, s'accouple et la femelle, après six semaines de gestation, met bas, dans un trou d'arbre ou un trou profond entre les rochers, jamais sur un arbre comme l'écureuil, de 3 à 6 petits nus et aveugles qui tettent peu longtemps, se développant rapidement, surtout là où abondent les faînes. La marte, le putois, les oiseaux nocturnes, avec le chat sauvage en sont très friands et lui font une guerre acharnée.

Dans certains pays l'homme le chasse pour sa chair et sa fourrure. Pour ce faire il tend des pièges, dans les bois où ils sont fréquents, avec des tonneaux munis de f[...] de fer et remplis de fruits.

Le **lérot** commun, aussi appelé loir des jardins est un joli petit animal, gris-brun roux, avec le ventre blanc, noir brillant autour des yeux et une tache noire partant de l'oreille et s'étendant sur le cou. C'est un animal vorace et détruisant beaucoup d'oiseaux. Il aime surtout les pêches et les abricots qu'il détruit avec acharnement. Heureusement qu'il est rare dans nos pays.

On le chasse avec des lacets et des pièges, mais ses pires ennemis et les plus sûrs chasseurs sont : le chat-huant et la marte.

Le septième genre, *la marmotte* vit dans les Alpes et la Pologne où elle est d'une grande utilité.

Le huitième genre nous est familier, c'est l'**écureuil** (*sciurus*). Qui ne connaît ce charmant petit animal, aux couleurs de feu, au pelage épais, touffu et long surtout à la queue, qu'il relève gracieusement au-dessus de la tête? L'écureuil doit surtout son agi

(1) Comme le bouillon Danysz.

lité à l'extrême mobilité du radius et du cubitus, les deux os principaux des membres antérieurs.

Il a un pouce rudimentaire, couvert d'un ongle aux pattes de devant. Il a 5 doigts postérieurs. Le jeune écureuil a 5 molaires, plus tard il n'en possède que 4. On connaît un grand nombre d'espèces d'écureuils. Mais une seule existe dans notre département : c'est l'écureuil commun (*sciurus vulgaris*) qui est l'ornement de nos forêts et de nos parcs, qu'il égaye par ses gambades et ses sauts, de branche en branche. S'il trouve un vieux nid de pic, la besogne étant à moitié faite il l'adopte pour sien : la femelle entre en rut en mars. Elle met bas, au bout de 4 semaines, de 3 à 7 petits, qui restent aveugles pendant une semaine. En juin, elle met bas une deuxième fois un nombre de petits inférieur et souvent elle rejoint ses premiers enfants avec sa nouvelle progéniture, pour ensemble exploiter une même contrée.

Comme nous le savons tous, l'écureuil s'apprivoise facilement. On le tue ou on le prend au piège. Sa chair est blanche et délicate, son pelage doux et soyeux, surtout celui qui porte le nom de petit gris et que l'on trouve en abondance en Sibérie. L'écureuil est trop peu nombreux chez nous pour qu'il soit nuisible. Aussi devons-nous l'admirer plutôt que le détruire.

Les neuvième, dixième et onzième genres qui comprennent la *gerboise*, le *rat-taupe* et le *polatouche* ou *écureuil volant*, sont des rongeurs que l'on trouve seulement en Afrique.

Si maintenant nous cherchons dans le 2e groupe des rongeurs aclaviculés, c'est-à-dire dans ce groupe où les animaux n'ont pas de clavicule proprement dite, nous trouverons deux espèces seulement qui vivent dans notre département au détriment de nos récoltes.

Ce sont le lièvre et le lapin. Les autres genres qui sont : 1° le porc-épic (*hystrix cristata*); 2° le cobaye (*cavia*) ou cochon d'Inde; 3° le cabiai; 4° l'agouti; 5° le paka, ne sont pas originaires de nos pays. Seul le cochon d'Inde y est acclimaté principalement pour servir de sujet aux expérimentateurs et aux physiologistes. Son odeur seule suffit pour éloigner les souris.

Parlerai-je du lièvre (*lepus*) et du lapin (*cuniculé*)? je n'oserais le faire, car tous les cultivateurs les connaissent, par les dégâts qu'ils commettent, lorsqu'ils sont nombreux, et les gourmets par leur chair si nourrissante.

Ces succulents rongeurs présentent plusieurs espèces hélas! trop rares aujourd'hui.

Ainsi on trouve le *lièvre commun* ou *timide*, qui a un peu plus de 75 cent. de long, dont 8 pour la queue, et 30 cent. de hauteur, du poids de 4 à 5 kilogr., aussi bien dans la plaine que sur les montagnes. Son pelage est soyeux et duveteux ; blanc sous la gorge et le ventre, avec le bout du nez noir brun, roux sur le dos, roux foncé au cou. Le lièvre des Alpes ou *variable* est blanc en hiver.

On le chasse au fusil, à l'affût, au bois et en plaine, on le prend aussi au lacet, au collet. Sa chair est estimée, surtout celle du lièvre qui vit sur les montagnes, de plantes aromatiques et nourrissantes.

Il s'apprivoise difficilement s'il est pris jeune et ne vit pas longtemps.

Il s'accouple facilement avec le lapin. Les métis portent alors le nom de *léporides*. Ces derniers ont la chair plus délicate, moins filandreuse que celle du lapin.

La femelle du lièvre entre en rut dans les derniers jours de février ou les premiers de mars, suivant la rigueur de l'hiver. Elle porte 30 jours, pendant lesquels elle est toujours en chaleur. Elle met bas, pour la première fois dans la dernière quinzaine de mars et pour la quatrième et dernière en août. La première portée est de un ou deux petits; la seconde de trois à cinq, la troisième de deux, la quatrième de un ou deux.

En général, la mère est peu attachée aux jeunes levrauts, c'est pourquoi on en voit un si grand nombre périr. Le père les déteste et les fait mourir par sa cruauté et les tourments continus qu'il leur occasionne.

Les lapins diffèrent des lièvres, par leur pelage plus doux, leurs incisives inférieures plus petites ainsi que les oreilles. La femelle porte le même temps que celle du lièvre, mais elle prépare un nid légèrement oblique rempli du duvet qu'elle s'arrache sous le ventre. Elle met bas de 4 à 8 petits, toujours nus.

On connaît beaucoup d'espèces et de variétés de lapins. Les plus communs dans nos pays sont les lapins de garenne qui vivent à l'état sauvage dans nos montagnes et nos petits bois. Cet animal est nuisible pour le cultivateur, lorsqu'il est en abondance comme par exemple dans les terres légères de la Champagne où il se multiplie avec une prodigieuse rapidité.

Le lapin domestique, que tout le monde élève si facilement, dans une caisse ou un tonneau, avec des choux, des épluchures, des carottes, etc., est un animal qui doit être cultivé, car sa chair blanche est de facile digestion quoique longue et moins savoureuse que celle du lapin de garenne et du lièvre.

Cet animal élevé comme je le disais plus haut est sujet à la diarrhée et à la gale qu'on guérit facilement : la première avec une nourriture sèche et la dernière avec la pommade soufrée ou d'helmérich.

On connaît encore le *lapin clapier, le lapin biche, gris argenté et le lapin d'Angora* dont le poil est long et soyeux.

Les musées du Café de la Comédie de la ville de Bar-le-Duc et le musée de Verdun renferment de nombreux spécimens de ces animaux, presque tous nuisibles à l'agriculteur là où ils sont nombreux.

Les cinquième et sixième sous-ordre n'existant pas dans nos pays, nous les dénommerons simplement dans le tableau suivant :

Cinquième sous-ordre. — **Édentés** (*edentaca*).

1er GROUPE. — **Tardigrades.**

1° Genre paresseux (*Bradypus*) ; 2° genre aï, unau.

2e GROUPE. — **Édentés ordinaires.**

1° Genre tatou ; 2° genre fourmilier ; 3° genre pangolin.

3e GROUPE. — **Édentés monotrêmes.**

1° Genre échidné ; 2° genre ornithorynque.

Sixième sous ordre. — **Marsupiaux** (*didelphes*).

1° Genre *sarigue ;* 2° genre *dasyure ;* 3° *péramèle ;* 4° *phalangers ;* 5° *kanguroo ;* 6° *phascolome.* Ces animaux forment la fin des mammifères onguiculés.

Nous avons maintenant à passer en revue les mammifères ongulés, qui comprennent les pachydermes, les ruminants, les solipèdes et les cétacés.

Cette grande classe, qui tire son nom de la disposition particulière, par laquelle chaque doigt se termine, c'est-à-dire par la disposition de la dernière phalange, ne sera que citée par nous.

En effet, tous sont domestiques (à part les cétacés) dans notre pays et par conséquent utiles et connus et, comme je ne veux faire que l'étude des animaux utiles et nuisibles de l'Est, je ne citerai que les principaux caractères des grandes familles et le nom des principaux groupes.

Les ongulés ont tous la 3e phalange enveloppée par une production cornée, dépendante de la peau qu'on appelle sabot. Ils sont herbivores ou frugivores, et pour cet effet ont l'appareil digestif très développé. Leurs incisives s'usent obliquement et présentent une table de frottement à la manière des molaires, celles-ci sont pourvues d'émail qui s'use moins vite et reste en saillie sur la substance osseuse en rendant la surface dépolie, à la manière des meules de moulin. L'estomac est simple (solipèdes) ou composé de plusieurs compartiments (ruminants).

Leur taille offre des variations aussi nombreuses et aussi prononcées que chez les carnivores, depuis l'éléphant si gigantesque jusqu'au damao, qui n'est pas plus gros qu'un lièvre.

Les os des ongulés sont lourds et solides. L'appareil locomoteur sert exclusivement à la progression : il cesse d'être appareil de préhension. Il n'y a pas de clavicule. Le radius et le cubitus sont souvent soudés. Les vertèbres sont épaisses, surtout les cervicales, les dorsales ont des apophyses épineuses, longues, les côtes sont larges, longues et nombreuses.

Le système nerveux est complet. Le goût

et l'odorat sont très développés. La vue est généralement courte.

En général ce sont des animaux doux et sociables.

Le 1er ordre des pachydermes comprend : 1° sous-ordre proboscidiens; 2° sous-ordre pachydermes proprement dits.

Les proboscidiens comprennent l'éléphant, le plus grand des animaux connus.

Les pachydermes proprement dits comprennent : 1° un seul animal qui vive dans nos contrées, c'est le sanglier. Les autres de la même famille sont : 2° l'hippopotame (*hippopotamus*) ; 3° le pécari ; 4° le rhinocéros ; 5° le tapir ; 6° le damau.

Le sanglier (*sus*) est un animal très nuisible à nos récoltes. Il est très abondant dans nos bois, où il se multiplie facilement, à la grande joie des chasseurs et au détriment de nos cultivateurs. C'est un animal qui se défend vaillamment lorsqu'il est attaqué par les chiens ses ennemis acharnés, ou par l'homme. Il a 6 incisives et 2 canines à chaque mâchoire. Ces dernières sont d'autant plus longues à la mâchoire inférieure que l'animal est plus vieux. On les appelle défenses. Il a 28 molaires, 7 de chaque côté des mâchoires. Il a 4 doigts antérieurs et postérieurs entourés par un sabot. Il est très vif, très agile à la course.

La femelle ou laie a des mamelles pectorales et abdominales. Elle entre en rut fin novembre. Ce rut dure 4 à 5 semaines ; elle met bas, la vieille femelle, de 11 à 12 petits et la jeune, qui s'accouple au bout de 18 à 19 mois, de 4 à 6 petits, qui vivent en troupes de plusieurs portées.

Les petits sont superbes, de deux couleurs, blanc sale et gris brun, disposées en bandes transversales ; on en voit de beaux spécimens au Café des Oiseaux.

Ils s'apprivoisent facilement mais redeviennent sauvages dans leur vieillesse.

C'est un animal très nuisible aux cultivateurs mais que les chasseurs estiment. Sa chair est délicate, aussi leur laissons-nous volontiers s'ils peuvent les détruire quand ils deviennent trop nombreux.

On connaît plusieurs variétés de sangliers, mais le sanglier commun existe seul dans nos forêts.

On a fait du cochon domestique une variété du sanglier. Les auteurs de zootechnie modernes en font une race à part, à cause du crâne dolichocéphale chez le sanglier et brachicéphale chez le porc.

Voilà les seuls animaux multiongulés qui vivent chez nous.

Nous avons maintenant à examiner les biongulés ou ruminants (*V. le tabl. ci-après*).

TABLEAU DES RUMINANTS

	Genres	Espèces
1° **Ruminants** *sans cornes*	1° Chameau	à 2 bosses à 1 bosse (dromadaire).
	2° Lama	Lama proprement dit. Alpaca. Vigogne.
	3° Chevrotain	porte-musc.
2° **Ruminants** *avec bois*	1° Girafe d'Afrique.	
	2° Cerfs à bois plats	1° Élan. 2° Renne. 3° Daim.
	3° Cerfs à bois ronds	1° Cerf commun*. 2° Chevreuil*. 3° d'Aristode. 4° Cerfs du Canada. 5° — de Virginie. 6° — Cochon. 7° — Daguet.

TABLEAU DES RUMINANTS (*suite*).

	Genres		*Espèces*
3° **Ruminants** *avec cornes*	1° Antilope		1° Gazelle.
			2° Sirène.
			3° Saïde.
			4° Bubale ou vache de Bulgarie.
			5° Antilope onctueuse du Sénégal.
			6° Chamois *.
	2° Chèvres (*capra*)		1° Egagre.
			2° Bouquetin.
			3° B. du Caucase.
			4° B. de Sibérie.
			5° B. de l'Himalaya ou Jarsal.
			6° Chèvre domestique *.
	3° Moutons		1° Argali.
			2° Mouflon d'Afrique *.
			3° — d'Europe.
			4° Mouton domestique *.
	4° Bœufs.	Bœufs proprement dits	1° Bœuf d'Amérique.
			2° Gour.
			3° Gayal.
		Bonase	1° Aurochs.
			2° Bison.
		Yack.	
		Buffle	1° Buffle.
			2° Arna.
			3° Buffle du Cap.
			4° — d'Afrique.

Les ruminants sont nombreux et présentent les uns des cornes, les autres pas de cornes, mais des bois.

Parmi les ruminants sans cornes, nous avons : 1° le chameau ; 2° le lama et 3° le chevrotain qui ne vivent pas chez nous.

Parmi les ruminants à bois, la girafe originaire et vivant seulement en Afrique et les cerfs, que l'on ne trouve, dans le Nord du département, que très rarement et accidentellement parce qu'ils se sont échappés des forêts du Nord. On en a même tué un dans la forêt de Trois-Fontaines venu du Der et un dans celle de Commercy.

On distingue des cerfs à bois plats et des cerfs à bois ronds. Notre chevreuil appartient au genre cerf à bois ronds.

C'est un animal qui n'est pas nuisible parce qu'il est peu nombreux. Il vit au plus sombre des forêts du Haut-Juré, de Benoîte-Vaux, etc. Il a les bois peu rameux et courts, creusés de sillons et hérissés de tubercules surtout à la base. Ces bois tombent en août et se reproduisent en hiver. Ils sont presque toujours couverts par la peau. Son pelage est fauve noirâtre en été ; en hiver, il est plus foncé et très épais.

La femelle porte 5 mois et demi et met bas toujours deux petits de sexe différent, ce qui lui est particulier.

Il semble en outre que le lien du sang commande l'amitié chez ces animaux.

En effet ces deux petits ne se séparent jamais pendant leur vie : on les voit toujours ensemble ; ce qui fait dire que le mâle est monogame.

Dans les pays où ils sont nombreux, on les rencontre souvent en troupes de père, mère et des deux derniers enfants.

On les chasse pour leur chair qui est excellente.

Dans les ruminants à cornes, nous trouvons l'antilope seul qui n'existe pas chez nous.

La chèvre, le mouton et le bœuf y vivent à côté de l'homme, auquel ils rendent les services les plus grands par leur chair et leur lait surtout.

Nous n'en dirons rien de plus. Ce sont des animaux domestiques.

A côté d'eux nous placerons les solipèdes dont les types principaux : le cheval et l'âne sont nos auxiliaires, les plus dévoués, les plus intelligents et les plus nécessaires à l'existence de l'humanité.

Ils sont nos animaux domestiques par excellence et l'on pourrait malheureusement dire, pour quelques sujets et certaines classes d'individus, des esclaves martyrisés par l'excès du travail et des privations de toutes sortes.

Ceux qui les considèrent ainsi seraient mieux placés dans les carnassiers que les véritables animaux de cette espèce !

Les solipèdes comprennent :

Le genre **cheval**.

1° Cheval ; 2° âne (*onagre*) ; 3° couagga ; 4° hémione ; 5° dauw ; 6° zèbre ; 7° hybrides (mulets bardots).

Quatrième sous-ordre des **mammifères**.

Les cétacés tenant à la fois du poisson, du chien et des autres herbivores, sont les habitants exclusifs des mers ou des grands fleuves.

C'est dans cet ordre que nous trouvons :

I° Les CÉTACÉS HERBIVORES.

1° Les lamantins ; 2° les dugongs ; 3° les stellères.

II° Les CÉTACÉS SOUFFLEURS.

1° Les dauphins ; 2° les marsouins ; 3° les narvals ; 4° les cachalots ; 5° les baleines.

Qui terminent la grande classe des mammifères.

Deuxième embranchement des **Vertébrés**.

OISEAUX

Le deuxième embranchement des vertébrés, les oiseaux, ressemblent encore aux mammifères. Comme eux, ils ont 4 *membres*, 2 antérieurs ou supérieurs et 2 inférieurs. Mais chez ces animaux les membres supérieurs sont transformés en ailes, pour servir à les soutenir en l'air. Les inférieurs seuls servent à la progression sur le sol.

Ces animaux n'ont plus de poils. Ils sont pourvus *de plumes* qui augmentent leur légèreté. Cette légèreté est encore augmentée par la conformation de leurs *os*, qui sont tous *creux* et remplis d'*air*.

Le squelette est complet : comme dans les mammifères les deux mâchoires sont très mobiles et transformées en 2 mandibules réunies et articulées par un os carré ou os *planum*.

L'épaule est fixée au thorax, par un os nouveau nommé *os de la fourchette* ou petite fourche.

Les membres inférieurs sont ou longs ou courts. Ils sont terminés par 3 ou 4 doigts complets. Ils sont chez quelques-uns antérieurement et postérieurement réunis par une membrane comme dans les palmipèdes, ce qui leur permet de se maintenir sur l'eau, ou de marcher dans les marais. Chez d'autres ils sont libres ou terminés par de fortes griffes, pour se défendre ou chercher leur nourriture, comme chez les aigles, les vautours, etc.

Il n'y a pas de tarse ou os du canon. Le métatarsien principal est seul terminé par 3 ou 4 trochlées, qui s'articulent avec les 3 ou 4 phalanges.

Les oiseaux sont ou granivores, ou insectivores, ou les deux à la fois. Quelques-uns sont exclusivement carnassiers.

L'appareil digestif diffère essentiellement de celui des mammifères. Il n'y existe plus de dents. Ces animaux déchirent leur proie, ou prennent leur nourriture entre les mandibules, ou bec, l'avalent ou l'agglomèrent en premier lieu dans un ventricule à part, appelé jabot, puis après s'être humecté du liquide salivaire elle pénètre dans le ventricule succinturié et de là dans l'estomac, qu'on appelle gésier.

Cet organe, exclusif aux oiseaux, est formé de deux parties, comme l'estomac des mammifères :

Une partie musculaire et une portion fibreuse.

La face interne est tapissée d'une muqueuse épaisse, recouverte d'une membrane composée d'un épithélium jaunâtre, qui, par sa structure, permet la trituration des aliments, aidée dans cette fonction par de petits cailloux que tous les oiseaux sont obligés d'ingérer avec les aliments.

La circulation et *la respiration* sont doubles.

L'appareil reproducteur est, chez le mâle, composé de deux testicules situés intérieurement, munis de canaux excréteurs, qui se terminent dans le cloaque ou anus. Chez quelques-uns il existe une véritable verge en spirale (cygne, canard) qui pénètre dans le cloaque de la femelle.

L'union ou plutôt le contact des anus est obligatoire pour l'acte d'accouplement.

Tous les oiseaux sont ovipares. Les petits se développent dans l'œuf qui se forme, à gauche seulement, dans un organe spécial, qui prend de grandes proportions au moment de la reproduction. Ce sont des vésicules grosses comme un petit pois, qui renferment chacune le germe de l'œuf. Celui-ci se développe, au moment des amours et après le contact du mâle. Une fois assez développé, il se détache, suit l'oviducte pour ensuite déboucher dans le cloaque et être déposé dans le nid que la femelle, aidée du mâle, se prépare à l'avance.

C'est pendant son trajet dans l'oviducte que l'œuf se recouvre d'une membrane épaisse, puis calcaire, et se forme à l'intérieur le germe ou jaune entouré d'albumine.

Le système nerveux, qui préside aux fonctions que nous venons d'énumérer, présente aussi quelques particularités.

L'encéphale est peu développé et lisse. Il n'y a pas de circonvolutions.

Les sens sont généralement peu développés.

Le goût est assez obtus, à cause de l'épaisseur de la langue et de sa composition demi-cartilagineuse. L'odorat est très développé, surtout chez certaines espèces, comme les oiseaux nocturnes et les carnassiers. On cite dans l'histoire romaine, qu'après la bataille de Pharsale, perdue par César, une bande de corbeaux sentit l'odeur des cadavres à plus de 200 lieues.

La vue est parfaite. A cet effet l'œil possède, pour cornée, un segment de sphère court mais volumineux. Elle est de plus entourée par des cercles osseux ou cartilagineux latéralement imbriqués les uns sur les autres et qui se prolongent sur la cornée. La sclérotique offre la même disposition ; elle peut augmenter ou diminuer suivant les milieux où les oiseaux se trouvent. Le cristallin est plat, terminé par une pointe conique qui semble le lier à la sclérotique. Cette pointe se nomme peigne ou bourse noire, elle semble remplir les fonctions de la pupille qui fait ici complètement défaut.

L'ouïe, est très délicate chez les oiseaux ; cela est dû à une disposition particulière des canaux demi-circulaires de l'intérieur de l'oreille qui se trouvent sous le diploé des os du crâne. Il n'y a chez les oiseaux qu'un seul os appuyé sur le tympan et fermé par un voile.

Le toucher est très obtus à cause des plumes qui recouvrent toutes les papilles sensitives de la peau. Ces dernières même sont peu impressionnables : elles servent, avec les bulles obliques, en arrière et en haut qui recouvrent la peau, à donner implantation aux plumes.

Ces organes, qui permettent aux oiseaux de se soutenir et de se diriger dans les airs, constituent, dans la jeunesse, les papilles tégumentaires. Elles sont, comme elles, formées par du tisssu cellulaire vasculaire.

Au fur et à mesure de leur accroissement, les vaisseaux s'atrophient et disparaissent complètement lorsque la plume est développée extérieurement.

A cette époque il ne reste plus dans le bulbe, à la face interne où étaient les vaisseaux, qu'une matière spongieuse qui donne, chez quelques-uns, naissance aux autres petites plumes dites barbes des plumes. Ces barbes forment par leur réunion une surface plus ou moins plane et plus ou moins divisée, continuellement enduite d'une viscosité particulière et abondante surtout chez les plongeurs.

Toutes les plumes n'ont pas la même épaisseur.

Celles de l'aile sont énormes : on les nomme *pennes* ou *rémiges*. D'autres sont plus petites, situées à droite et à gauche, très onctueuses, recouvertes les unes de barbilles légères et soyeuses, ou, comme dans le Nord, d'un duvet court, fin, abondant et touffu, ressemblant un peu au poil des mammifères de nos régions. On trouve ces petites et douces plumes, qui forment le duvet de nos lits, là surtout où les plumes manquent, sur le cou, autour des paupières et aux extrémités inférieures des membres. Les plumes de la queue portent le nom de *rectrices* : elles servent de gouvernail.

Les oiseaux muent toutes les années deux fois; c'est-à-dire qu'au moment des amours, au printemps, ils se couvrent de toutes leurs belles plumes, pour les perdre en automne et se couvrir d'un manteau plus ou moins épais pour passer la rude saison d'hiver.

Enfin, chez beaucoup d'oiseaux aquatiques, on voit les plumes couvertes d'un enduit que secrètent continuellement deux petites glandes, dites uropigiennes, qui sont situées au-dessus du croupion et que l'oiseau va chercher avec son bec, pour ensuite le porter sur toutes les plumes qui recouvrent son corps.

Si nous ajoutons, à tous ces caractères généraux, que les oiseaux sont tous très prolifiques; que beaucoup sont émigrants, parcourant souvent, pour aller chercher leur nourriture, de très grandes distances, passant même les mers, pour remplir un rôle particulier, celui de destructeurs d'insectes, de ces infiniments petits contre lesquels l'homme seul, sans le secours des oiseaux, serait impuissant, nous aurons dit combien ils sont intéressants à étudier, combien surtout ils doivent être connus par nos cultivateurs dont ils sont surtout les aides et les défenseurs!

Voyons-les donc en détail : ceux qui sont utiles et ceux qui sont nuisibles; ceux en un mot qui, dans nos pays, aident ou nuisent aux cultivateurs, par leur présence chez nous ou par leur passage.

Les oiseaux ont été classés difficilement, en raison de leur grande ressemblance, d'une façon générale.

Beaucoup de classifications ont été faites par un assez grand nombre d'amateurs aussi bien que par des naturalistes.

Comme le nombre des espèces d'oiseaux qu'on voit dans notre département s'élève à plus de 340, je ne m'étendrai que sur les plus utiles et n'indiquerai, qu'à grands traits, les nuisibles ou les indifférents.

A cet effet je suivrai la méthode de Cuvier, combinée avec celle de M. de la Blanchère, qui a fait un excellent ouvrage sur les oiseaux utiles et nuisibles de notre belle France!

ANIMAUX VERTÉBRÉS

2e EMBRANCHEMENT. — *2e classe.* — **Les oiseaux.** — **Ornithologie.**

					ORDRES
Doigt postérieur au nombre de :	Deux et deux antérieurs				1° Grimpeurs.
	un antérieur	libre, bec et ongles crochus			2° Rapaces.
		réunis	entièrement par des membranes.		3° Palmipèdes.
			en partie	tous à la base	4° Gallinacés.
				les 2 ext^{rs}. très longs	5° Echassiers.
				tarses médiocres	6° Passereaux.

Pour faciliter les recherches et l'étude de ces beaux auxiliaires de l'homme, j'indiquerai ceux qui se trouvent au musée du Café des Oiseaux, que Louis Poirson, son propriétaire, a pris dans nos pays.

Les organes qui dans les oiseaux servent principalement de caractères sont : le bec et les pattes. On en a fait six ordres.

Dans chacun de ces ordres il existe un grand nombre d'espèces, toutes très différentes.

Nous dirons donc que les oiseaux renferment les six ordres suivants : 1° grimpeurs; 2° rapaces ; 3° palmipèdes ; 4° gallinacés; 5° échassiers ; 6° passereaux.

M. de la Blanchère les divise lui en : 1° oiseaux des grands bois ; 2° des lisières et des tranchées; 3° des jardins et bosquets; 4° des haies et buissons; 5° des champs; 6° des eaux d'étangs et de rivières.

PREMIER ORDRE. — **Grimpeurs.**

Les oiseaux de cet ordre se distinguent surtout par la conformation de leurs doigts. Il y en a 2 en avant et 2 en arrière, c'est-à-dire que le doigt externe prend la même direction que le pouce.

Les phalanges, ou os des doigts, acquièrent aussi un grand développement. Cette disposition permet à ces oiseaux de s'accrocher aux arbres. D'où leur vient leur dénomination. Leur queue est mobile et longue, ils s'en servent comme arc-boutant pour s'aider à grimper.

Ils sont insectivores et granivores.

On en connaît quatre espèces dont trois seulement vivent dans notre pays et sont très utiles.

Ce sont : le *pic*, le *coucou* et le *torcol*.

Le *perroquet*, quoique acclimaté dans nos pays, qui forme le 4e genre, est granivore, il vit en liberté dans les pays chauds d'Afrique et d'Amérique.

Louis Poirson affirme qu'il meurt toujours tuberculeux au bout de 20 à 30 ans de captivité.

1er genre. — **Pic.**

Le pic est un oiseau gros comme le corbeau. Il a le bec long, prismatique et fort, déprimé d'un côté à l'autre, terminé par une pointe aiguë. Cet oiseau, au plumage jaune verdâtre, rayé sur la tête est, avec le loriot, le plus beau de notre département. Il est cependant peu aimé de nos forestiers, qui l'accusent de causer des dommages aux arbres par son martelage. Ils l'accusent à tort, car il est leur véritable et courageux compagnon. Tantôt les pics ouvrent à coup de bec de longues fentes d'écorce jusqu'au bois pour, avec leur longue langue pointue, saisir les insectes et leurs larves qui creusent immédiatement au-dessous; tantôt ils ne font que frapper pour faire sortir les insectes de leur retraite, de l'autre côté de l'arbre. C'est pourquoi, après quelques coups on les voit se glisser de l'autre côté du tronc, avec une rapidité extrême, et là examiner avec attention les fentes de l'écorce par où doivent sortir les insectes. C'est ce travail qui a été cause du préjugé qui attribue au pic la bêtise d'aller voir, de l'autre côté du tronc, si son bec a traversé l'arbre. Il est évident que les plus bêtes ne sont pas les pics!

Il existe deux espèces de pics : le pic vert, le plus commun chez nous, et le pic noir.

Le pic vert se tient partout ; aussi bien dans les forêts les plus sombres, que dans les haies de nos vergers et les arbres de nos routes. Comme il ne peut pas descendre, on le voit, à toute heure de la journée, s'avançant sur l'écorce, accroché par ses ongles formant une sorte de main pour saisir les aspérités, s'arc-boutant sur sa queue, au tronc de l'arbre qu'il se charge d'éplucher de la vermine qu'il renferme. La variété du pic vert, l'*épeiche* est de la grosseur du merle et à peu près de la même couleur sur le dos, et d'un blanc jaunâtre sur la poitrine et le dessous du ventre; c'est l'ami des peupliers où on le voit souvent accomplir tranquillement sa besogne de destruction des insectes et de leurs larves. Il est très méfiant, à la moindre approche de l'homme il se cache derrière les branches.

La petite épeiche n'est pas plus grosse qu'un gros moineau et habite surtout les sapinières.

Le pic noir n'habite qu'accidentellement les montagnes et les grandes forêts de nos pays.

Il est plus grand que le pic vert et cause souvent de grands dégâts dans les rochers qu'il perfore rapidement.

2e genre. — **Les Torcols.**

Les torcols sont des petits grimpeurs de la grosseur d'une alouette, qui nous viennent en mai pour repartir fin août. Ils sont gris-jaune, au bec court, gris plombé. Les pattes qu[illegible] ont deux doigts en avant et deux en arrière, sont aussi, avec les tarses, d'un gris plombé. Ils vivent solitaires ; tantôt sur les peupliers, tantôt, et surtout au commencement d'août, dans les sillons d'orge, de blé et d'avoine, se nourrissant de fourmis qui les engraissent très fortement.

Les coucous forment le 4e genre des grimpeurs.

Ce sont des insectivores par excellence et de la plus grande utilité dans notre pays.

Ces oiseaux de passage qui nous arrivent au printemps et repartent au commencement de l'été sont gris cendré clair sur la tête, le cou et le dos ; leurs ailes sont brunes, tachées de roux et terminées de blanc ; le dessous du ventre est gris sale, rayé de brun. Mais ces couleurs ne sont pas exclusives, car il n'y a peut-être pas d'oiseau qui soit comme le coucou susceptible d'autant de variations dans les nuances et la distribution des couleurs du plumage.

Il n'est pas non plus d'oiseau plus décrié ni de plus utile. C'est le sonneur infatigable du printemps et de l'été qui approche. Il est mêlé à cent histoires. Nous l'avons tous entendu, mais peu de nous ont aperçu le bel et craintif oiseau, qui s'expose rarement aux coups de fusil. Il est très malin, ne construit pas de nid. Il est très ami des fauvettes, des roitelets, des lavandières dans le nid desquels il dépose son œuf ou plutôt dans lequel la femelle le transporte.

La nature a semblé faciliter cette supercherie, en donnant à ses œufs la même couleur qu'à ceux de ces oiseaux. Et c'est avec raison, car le coucou se nourrit presqu'exclusivement de grosses chenilles poilues, qui n'auraient pu servir à la nourriture de son petit. Aussi, celui-ci absorbe presque toute la nourriture d'insectes de ses frères de lait et, au fur et à mesure qu'il devient gros, les autres dépérissent et finissent par mourir : de sorte que notre intrus reste seul l'enfant des nouveaux parents.

Le coucou est l'oiseau le plus utile de nos pays. Il détruit les chenilles des futaies, surtout celles qui sont hérissées de poils et de piquants ; les chenilles processionnaires noires et velues qui ont des propriétés venimeuses sont celles qu'il préfère. Malgré ses nombreux services il est l'objet d'un grand nombre de superstitions, toutes plus absurdes les unes que les autres. Ainsi, en Suisse, il signifie le diable, quand on n'ose pas l'appeler par son nom. Que le coucou te prenne ! Va-t-en au coucou ! sont des expressions courantes et si son cri indique les années et les saisons il présage une foule de choses à venir. On dit du phtisique qui s'éteint au printemps qu'il n'entendra plus chanter le coucou ; à la jeune fille amoureuse, il indique pendant combien d'années elle doit attendre son amant ; aux enfants combien d'étés ils ont encore à vivre, etc.....

Mais heureusement, l'instruction se répand partout et avec elle finiront par disparaître ces préjugés et ces superstitions (C. Vogt).

2e Ordre. — **Les Rapaces.** — *Oiseaux des grands bois et des lisières* (de la Blanchère).

Ces oiseaux sont remarquables par leur grandeur et leur force. Ils ont le bec crochu et fort. La mandibule supérieure est courbée sur l'inférieure, disposition qui, avec les ongles crochus, robustes et très acérés (serres), leur permet de déchirer la proie dont ils se nourrissent. Leurs aliments favoris sont : les petits oiseaux et les petits mammifères. Ils se nourrissent aussi de cadavres putréfiés.

Ces oiseaux ont en général les ailes fortement développées, leur vol est rapide et soutenu.

On les trouve dans nos grands bois surtout. Ils vivent avec d'autres oiseaux bien inférieurs et cependant plus utiles. Comme tout ce qui existe dans la nature, l'utile côtoie le nuisible et souvent celui-ci l'emporte en force sur celui-là ; mais heureusement il est moins nombreux. Les rapaces sont divisés en deux sous-ordres, les diurnes et les nocturnes.

Parmi les premiers, il n'existe que quelques espèces dans notre département ; je n'en donnerai que les noms dans le tableau suivant :

	GENRES		
1er *Sous ordre* **Rapaces diurnes**	1° Vautours	1° Vautour fauve *. 2° — brun *. 3° — Condor *.	nuisibles.
	2° Gypaètes	nuisibles.	
	3° Faucons.	1° Faucon commun *. 2° — Émérillon *.	nuisibles.
		3° — Cresserelle *.	utile.
	4° Aigles.	1° Aigle commun *. 2° — royal *. 3° — Pigargue.	nuisibles.
	5° Autours.	1° Autour ordinaire *. 2° — épervier *.	nuisibles.
	6° Milans.	nuisibles.	
	7° Buses.	1° Buses Spatule *. 2° — communes *.	utiles.

Tous ces oiseaux sont représentés au musée Louis Poirson.

Les cultivateurs n'ignorent pas que les vautours, ces hôtes des montagnes élevées et des grandes forêts des pays chauds, ne peuvent exister dans nos pays ; pas plus que les gypaètes, ces grands oiseaux de l'Afrique occidentale et de l'Abyssinie, ni les milans, ni les aigles, ni les éperviers.

Cependant nous trouvons dans nos grands bois, appartenant au genre faucon, l'émérillon, la cresserelle, et au genre autour, l'autour commun.

L'émérillon, que certains auteurs nomment cresserelle vulgaire, et que nous décrirons ensemble, sont deux oiseaux au plumage magnifique, d'environ 22 centimètres de long, sur 44 centimètres d'envergure.

Ils ont le bec court, recourbé vers sa base, muni de deux dents à sa pointe. Les tarses sont courts et d'un jaune doré, les ongles sont robustes.

Leur plumage est chez le mâle, gris cendré sur la nuque et la queue, rougeâtre sur le dos; chaque plume étant marquée d'une tache triangulaire blanche ; la gorge d'un jaune blanchâtre, la poitrine et le ventre gris rouge, ou jaune pâle.

La cresserelle est un oiseau d'été, qui chaque hiver entreprend de grandes migrations.

Elle vit dans les grands bois, d'insectes, de reptiles et surtout de petits rongeurs. Ce n'est qu'accidentellement qu'elle tue les petits oiseaux. On pourrait la considérer comme utile.

L'émérillon est certainement un destructeur de petits oiseaux. Il reste chez nous et je me rappelle avoir pris étant petit, dans les bois d'Ornes, un de ces jolis oiseaux qui se débattait après une sauterelle (raquette), à laquelle il s'était pris en voulant aller se nourrir d'une petite fauvette, pauvre victime de la gourmandise humaine.

Les autours et les éperviers sont encore des oiseaux carnassiers, dangereux pour nos petits insectivores. Ils sont hardis, féroces et forts.

L'autour commun a près de 1m,15 d'envergure. Il semble ne pas voler, lorsqu'il vise sa proie, sur laquelle il fond avec la rapidité d'une flèche, les griffes étendues en avant. Il s'attaque aussi bien aux lièvres qu'aux pigeons et aux alouettes.

Il a le dos brun, à reflet gris cendré et le ventre blanc. Le bec est noir, l'œil jaune vif, les pattes jaunes.

On le trouve surtout dans les grands bois, mais il s'échappe souvent aux champs, où il cherche une proie. Il est nuisible et heureusement assez rare dans nos pays.

L'epervier vulgairement appelé *chasseret* est plus petit que le précédent, quoique de la même famille. Il a 66 centimètres d'envergure et 33 centimètres de long. Il a le dos gris cendré, le ventre blanc marqué de roux de rouille, la queue marquée de six bandes noires et blanches à l'extrémité, le bec est bleuâtre, la cire jaune, l'iris d'un jaune doré et les pattes d'un jaune pâle. Quoique petit, l'épervier est courageux, a le vol facile et léger, est très fin et rusé. Il se tient caché presque tout le jour; on ne le voit que lorsqu'il chasse.

C'est l'ennemi le plus terrible des petits oiseaux. Depuis la perdrix jusqu'au roitelet, aucun n'est en sûreté devant lui, aussi tous en ont une peur terrible, qu'ils manifestent: les uns en se cachant dans les troncs d'arbres ou les fentes de rochers; les autres en décrivant autour des branches d'arbres des cercles serrés.

C'est un animal qu'il faut chasser et détruire sans pitié.

Les buses renferment plusieurs espèces toutes plus utiles que nuisibles. Il faut les conserver plutôt que les détruire, car si elles mangent quelques rares oiseaux, elles nous délivrent, par compensation, d'un grand nombre de rongeurs.

Cependant il faut mettre à mort le Jean-le-Blanc ou circaète qui vit surtout dans les bois, sur les lisières des grandes tranchées. Ce grand oiseau qui a près de 2 mètres d'envergure est aussi lâche que féroce. Il a le dessous du ventre tout blanc, le dos et la queue noirs. L'œil est jaune, le bec bleuâtre, la cire et les pattes d'un brun clair.

La buse pattue ou à spatule a $1^{m},70$ d'envergure sa couleur est un mélange de blanc, blanc jaunâtre, gris roussâtre, brun.

On la nomme aussi archibuse pattue. On la trouve surtout dans le nord de notre département. Elle se nourrit principalement de rongeurs des champs. Elle niche dans les rochers et non sur les arbres. On doit la conserver et plutôt faciliter son développement.

Notre buse ordinaire est trop connue pour que je décrive complètement ses caractères.

Mais ce qui me semble être méconnu, ce sont les services qu'elle nous rend. Douée d'un vol plutôt planant que plongeant ou sifflant, elle suit les sillons, le long des haies ou des bois pour chercher les rongeurs, les reptiles, et même les sauterelles et les gros insectes qui forment sa nourriture.

Elle ne dédaigne pas les petits oiseaux; mais ne leur fait pas la chasse comme on le croit généralement.

Immobile, des heures entières, sur la branche morte au faîte d'un arbre; sur la borne du champ, la barrière du chemin, elle attend qu'une proie se présente ou se décèle à sa vue.

Pourquoi les cultivateurs la détruisent-ils?

Parce qu'elle leur enlève, quelquefois un petit poulet ou en hiver, la grande buse du nord, une poule, voire même un coq. A-t-elle tort? je ne le crois pas car la faim alors la pousse. En effet, si on ouvre le gésier de la buse, à la fin d'une chasse : on trouve en été près d'une douzaine de petits rongeurs soit près de 5.000 souris par an. On voit même des buses qui absorbent dans des années d'abondance, plus de 20 souris par jour. Elle s'engraisse vite et fortement, ce qui lui permet de vivre aux dépens de sa graisse, pendant les hivers rigoureux.

Ce qu'il y a de curieux chez ces oiseaux, c'est qu'ils avalent les souris entières peau et poils.

Lorsqu'elles sont ingérées, seules les portions de chair sont absorbées; les poils sont réunis en masse puis rejetés par le bec; les végétaux mêmes qui se trouvent dans les intestins de ces rongeurs sont expulsés tels avec les excréments. Ils ne retiennent des souris ingérées que le tiers ou le quart.

Je classerai donc la buse et une de ses variétés, la boudrée, comme oiseaux utiles, parce que, s'ils mangent quelques petits oiseaux, tels que l'alouette, la caille et la perdrix, ils détruisent beaucoup plus d'animaux nuisibles.

2e *sous-ordre*. — Les rapaces nocturnes comprennent des oiseaux très utiles, qui vivent presque tous dans nos pays, pour nous délivrer de ces parasites si incommodes et si nombreux, qui dévorent nos récoltes, les mulots, musaraignes, etc.

Un seul genre forme ce sous-ordre, c'est le genre hibou qui renferme les espèces chouettes, chevêches, chats huants ou hulottes, grand-duc.

Dans nos pays, on ne rencontre que la chouette, le hibou commun, la hulotte ou chat-huant.

Tous ces oiseaux nocturnes, à l'aspect effrayant pour les ignorants, sont peut-être nos aides les plus précieux contre les rongeurs de toutes espèces.

Oui, il faut le crier bien haut; ces oiseaux doivent être conservés. L'homme doit leur donner asile et protection comme il le fait à l'hirondelle!

Ils se distinguent par une tête forte, entourée d'une collerette de plumes épaisses et touffues; des yeux ronds et larges, très perçants, dont la conformation leur permet de très bien voir la nuit. Ils sont couverts de plumes et de duvet; ce qui leur permet de voler sans bruit. Les plumes recouvrent complètement les tarses. Tous présentent sur le sommet de la tête une aigrette de plumes droites. Seul le chat-huant n'en possède pas.

A l'exception du grand-duc qui n'existe pas chez nous, tous les hiboux doivent être les amis du cultivateur. Avec le chat-huant, la hulotte que nous connaissons tous, elle a la tête forte, élargie; les yeux très ouverts entourés de plumes longues et duveteuses; le plumage brun grisâtre ou roux clair, le corps ramassé et la queue courte. Elle vit d'écureuils, qu'elle prend très bien dans leur nid, de petits rongeurs et de chenilles.

De la Blanchère cite qu'on a trouvé dans l'estomac d'une hulotte, 100 chenilles de sphinx du pin, si dangereuses pour les forêts, et autant de hannetons. Dans 210 bêtes, on a trouvé 48 rats et souris, 296 rats d'eau et mulots, 33 musaraignes, 48 taupes, 18 petits oiseaux et une quantité innombrable de hannetons.

Après cela, comment peut-on expliquer cette funeste habitude qu'ont encore de nos jours tant de cultivateurs, de les tuer et de les clouer, les ailes étendues, sur la porte de leur grange ou au-dessus de leur porte? Ces tristes enseignes indiquent toujours chez ceux qui les montrent de la cruauté et de l'ignorance. Quand donc laissera-t-on de côté tous les préjugés, conservés et malheureusement propagés?

Le temps est proche où l'instruction répandue partout fera protéger le faible, s'il est utile, et combattre le fort s'il est nuisible à la société!

Il faut conserver ces oiseaux nocturnes aussi bien le hibou commun à aigrette que la chevêche, la chevêchette, tous hôtes des grands bois, et l'effraie cet autre oiseau nocturne des grandes villes, qui habite les grands monuments pour de là faire sa chasse aux souris, dans les greniers et sur les toits du voisinage.

3e Ordre. — Palmipèdes.

Ces oiseaux sont très lourds et trapus, pour la plupart. Ils ont les pattes courtes, dégarnies de plumes au-dessus du calcanéum et placées en arrière de la masse du corps. Ils ont 3 doigts en avant et un pouce en arrière tout garnis, dans leur longueur, de membranes fendues ou festonnées. Leur bec est droit, pointu, comprimé par les côtés et surmonté à sa base d'une plaque nue, cartilagineuse et comme cornée, qui s'étend sur le front, laquelle rougit au printemps et reste blanche en toute autre saison.

Leur gésier est très épais et ressemble à celui des gallinacées. Ils se nourrissent d'insectes et de matières animales mortes. Tous sont nageurs et très utiles. Ils ne sont en grande partie que de passage dans notre département. Mais pour le peu de temps qu'ils y sont, ils sont tous très utiles.

Dans cet ordre on compte 13 genres principaux.

Ce sont : 1o Les Grèbes qui passent quelquefois dans nos pays et séjournent sur nos étangs, pendant quelque temps; on en a même vu nicher sur l'étang de Morenvalle!

C'est le grèbe huppé. On n'a jamais vu le grèbe noir.

Quant au 2e genre Pingouin, 3e Manchot, 4e Albatros, tous familiers des grandes mers, nous ne les connaissons pas dans notre département.

Il n'en est pas de même pour le 5e genre. Les Mouettes ou Goëlands, aussi très rares dans l'intérieur de la France. Ils ont cependant été vus en abondance en 1847 sur l'étang de Morenvalle. On connaît la mouette à pieds blancs et la mouette à pieds noirs. Ce sont des oiseaux à couleurs foncées et aux ailes très longues, appelés aussi *miaules*, qui s'apprivoisent assez bien, même sous notre climat. Beaucoup de cultivateurs connaissent de nom, au moins, le 6e genre, le Pélican, avec son bec long et prismatique, terminé en pointe, et la vaste poche qui lui sert de réservoir à pêche, sous la mandibule inférieure. Cet énorme oiseau, quoique habitant le nord de l'Europe et les bords du Danube, peut parfaitement s'acclimater en France. En effet, il y a quelques années, on en a tué un magnifique sur le bord de l'étang de Morenvalle. Il est parfaitement empaillé et figure au Café des Oiseaux.

Il en est de même du Cormoran, qui forme le 7e genre. C'est aussi un oiseau de passage.

Le 8e genre, la Frégate, n'a jamais été vu chez nous. On a aperçu quelquefois des Fous, qui forment le 9e genre et sont de la grosseur des oies.

Les Cygnes qui forment le 10e genre passent souvent, en bandes triangulaires, à des hauteurs prodigieuses, du sud au nord de notre département.

On en connaît 4 espèces qui sont : 1° le cygne à bec rouge; 2° à pattes rouges; 3° à bec noir; 4° le cygne noir. On en voit de beaux spécimens au musée de M. Louis Poirson. En 1837, on en tua 2 à Lavallée et 1 à Sampigny.

Le 11e genre; les *Oies sauvages* comprenant : 1° l'oie ordinaire, 2° l'oie grise ; 3° l'oie cirieuse; 4° l'oie de neige. Toutes passent chez nous et y séjournent quelque temps sur les étangs où on les surprend quelquefois.

Le 12e genre, les Canards, masqués ordinaires, de Chine, de la Caroline et Siffleurs sont aussi des oiseaux de passage, bien connus des chasseurs, qui surpris par la chaleur au printemps nichent quelquefois chez nous.

Quant au 13e genre, ou harle, dont le bec est grêle et cylindrique, taillé et recourbé en avant de la mandibule supérieure, il est de passage tous les 25 ans dans notre département. Ils n'ont aucune utilité.

Les palmipèdes que je viens de décrire sont tous représentés au musée du Café des Oiseaux de M. Louis Poirson et au musée de Verdun.

Nous terminons ici l'histoire des oiseaux.

Ainsi qu'on le voit, presque tous viennent dans notre département remplir leur rôle de destructeurs d'insectes et d'animaux nuisibles à l'agriculture et à l'existence humaine.

On peut dire, qu'ils sont tous utiles, soit pour leur chair, soit pour la chasse qu'ils font à nos ennemis, ces infiniment petits, d'autant plus dangereux.

Conservons-les donc le plus possible ou du moins, si nos besoins insatiables les font servir à notre consommation, cherchons à faciliter leur reproduction et empêchons par des lois et des récompenses, de dénicher les nids et de détruire les œufs et les petits.

4e Ordre. — Gallinacés.

Ce quatrième ordre termine les oiseaux fissipèdes proprement dits. Il renferme ceux qui sont lourds et ordinairement granivores. Ils seraient presque tous nuisibles au cultivateur s'ils vivaient en liberté. Heureusement que son intelligence, aidée par son intérêt personnel, a su prendre dans cette grande famille nos espèces domestiques. Il a su les réduire à la domesticité pour son utilité.

Tous ces oiseaux sont pulvérulateurs ; c'est-à-dire qu'ils ont l'habitude de gratter avec leurs pattes, la poussière, la terre et même les tas d'ordure dans lesquels ils cherchent les aliments qui leur conviennent.

On reconnaît les gallinacés, à leurs pieds, qui, outre qu'ils sont courts, sont encore armés, chez les mâles surtout et dans la plupart des espèces, d'un éperon pointu, et à leurs doigts qui sont réunis à la base par une courte membrane.

Mais leurs caractères les plus tranchants consistent dans la voussure de la mandibule supérieure, de leur bec court et légèrement arqué; leurs narines, aux ouvertures larges, qui sont recouvertes d'une partie charnue. La plupart ont, en outre, un ou plusieurs appendices ou *caroncules charnues*, soit autour de la base du bec, soit autour des yeux seulement, que l'on appelle *crêtes*.

Ils sont polygames, vivent en troupe et pondent à terre. Les petits naissent couverts de plumes et suivent immédiatement leur mère à leur sortie de l'œuf. Parmi les espèces des neuf genres que renferme cet ordre, les unes ne sont que de passage périodiquement annuel ou seulement accidentel dans notre département.

Les autres, quoique exotiques et originaires des contrées lointaines d'Afrique ou d'Amérique, se sont naturalisées chez nous où elles vivent en domesticité et s'y multiplient aussi bien que dans leur pays natal.

Tous sont granivores : beaucoup sont omnivores et sont chez nous l'objet d'un grand commerce pour la consommation de l'homme.

Le premier genre est le Paon. — Le plus beau mais le plus sot et le plus fier de tous. Il a peut-être raison si l'on ne considère que son plumage, aux plumes brillantes, miroitantes et variées qui, longues, touffues et azurées à la queue, forment en se relevant verticalement une véritable roue de la plus belle nuance. Mais à part sa beauté, ce n'est qu'un vulgaire oiseau de parade, qui se propage chaque année chez nous à l'état domestique où on l'estime aussi pour sa chair.

Il nous vient des Indes ; mais aujourd'hui on peut le considérer comme indigène en France.

Il en est de même du 2e genre : du dindon très recherché pour sa chair lorsqu'il est engraissé. Cet animal fait aussi la roue et il a la propriété d'injecter, en rouge vif, la caroncule qu'il possède autour des mandibules lorsqu'il est en colère ou au moment des amours.

Le 3e genre, les faisans, dont on connaît les espèces à *collier*, argentés et dorés sont peu nombreux dans notre département et si ce n'était quelques riches propriétaires qui, comme oiseaux d'agrément, les possèdent dans des cages *ad hoc*, on n'en verrait pas(1).

Le 4e genre, les pintades qui proviennent aussi de la Guinée, du Sénégal, de la Syrie et en général des côtes de l'Afrique, peuvent être regardées comme indigènes, car dans beaucoup de fermes de notre département on les voit, en troupe, pondre et se multiplier. Elles donnent de très bons œufs, ont une bonne chair et, si ce n'était leur cri souvent ennuyeux, elles devraient être propagées et largement développées.

Qui ne connait le 5e genre des gallinacés : le coq et sa femelle la poule ? généralement et heureusement répandus dans notre département. Sa domestication se perd dans la nuit des temps. Il en existe un grand nombre d'espèces dont les caractères typiques sont : des joues nues, une crête charnue, souvent une huppe composée d'un nombre plus ou moins considérable de plumes sur la tête, deux barbillons de même nature que la crête pendant de chaque côté de la base inférieure du bec, et enfin les pennes de la queue qui forment deux plans verticaux adossés l'un contre l'autre.

Voici le tableau des principales espèces connues existantes dans notre département, où toutes rendent de bons et utiles services.

Coq domestique	1° Crèvecœur	1re variété du Merlerault. 2e variété de Caux.
	2° de Houdan.	
	3° de la Flèche.	
	4° de Bréda . . . . 5° de Cochinchine	1° rousse. 2° perdrix. 3° blanche. 4° noire. 5° coucou.
	6° de Brama Pootra.	

(1) On les conserve aussi dans les forêts de l'État près de Paris et dans quelques propriétés particulières pour les chasses réservées aux hommes d'État.

Les autres espèces sont :

1° le coq Bankiva.	Tous plus ou moins sauvages.
2° le coq de Stanley	
3° le coq de Java	
4° le coq de Sommerat.	

Dans les races domestiques, que l'on ne trouve que rarement dans notre département, nous citerons :

1° la race de Gueldre.
2° la race de Dorking, en Angleterre.

3° les races espagnoles	1° de Minorque.
	2° d'Ancône.
	3° Espagnol blanc.
	4° Andalouse.

4° la race de Bruges.
5° la race Malaise.

Parmi les races d'agrément nous avons :

Race d'agrément	1°	Race de	Padoue ou de Pologne.
	2°	—	hollandaise huppée.
	3°	—	Hambourg.
	4°	—	Combat anglaise.
	5°	—	Jérusalem.
	6°	—	Française ombrée coucou.
	7°	—	courtes pattes.
	8°	—	Bantam.
	9°	—	Nègre.
	10°	—	Naine coucou dite d'Anvers.
	11°	—	Naine pattue dite anglaise.

Il n'en est pas de même du 6e genre : du coq de bruyère, de ce joli gallinacé à l'aspect hardi et même farouche, qui vivait autrefois dans les profondeurs de quelques forêts épaisses des Argonnes et des Ardennes, que l'on n'aperçoit plus que rarement aujourd'hui. Il y a cependant encore le petit coq de bruyère, coq à queue fourchue ou tétras-lyre, ainsi nommé à cause de sa queue en forme de lyre, et la gélinotte qui vivent aussi et surtout dans les grands bois de sapins, de pins et de bouleaux des montagnes des Ardennes, que nous voyons passer par hasard chez nous et qui devraient être protégés pour leur chair d'une délicatesse extraordinaire. Hélas ! ils disparaissent avec le système actuel de conservation des forêts qui ne renferment plus les touffes-abris de ces gentils et bons oiseaux.

Nous arrivons maintenant aux gallinacés que j'appellerai sauvages ou plutôt libres quoique domestiques dans certains pays.

Je veux parler du 7e genre, perdrix ; 8e genre, cailles ; et 9e genre, pigeons.

Les perdrix vivent et se reproduisent chez nous.

On en connaît trois espèces, aux tarses nus ; une seulement reste, c'est la perdrix grise. La perdrix rouge et la 3e espèce, la perdrix grecque, bartavelle, ne vivent que dans le centre et le midi. Ces jolis et bons gallinacés, si justement estimés pour leur chair, doivent aussi être conservés par les cultivateurs, car, en les laissant se reproduire et même en leur facilitant l'accouplement, ils augmenteront le nombre de leurs auxiliaires. Les perdrix se nourrissent, ainsi que leurs nombreux petits, d'insectes et de vers au printemps et une grande partie de l'été. Le reste du temps elles mangent des végétaux et des graines de toutes sortes. En hiver, la perdrix grise a trop à souffrir lorsque la neige est abondante. Elle cherche quelques éclaircies dans les prairies où elle broute quelques brins d'herbe. Les cultivateurs au moment de la fenaison des prairies artificielles, prennent souvent des œufs de perdrix, que des poules couvent et les petits animaux qui éclosent sont facilement domestiqués.

On connaît encore la perdrix des roches ou gambra, qui a les ailes tirant sur le bleu et vit dans les montagnes du midi de la Corse et de la Sardaigne.

Les cailles sont de jolis oiseaux gris clair, presque tout ronds, aux ailes courtes, aux tarses faibles, aux ongles grêles, sans ergots.

Les cailles sont plus petites que les perdrix ; elles vivent en troupes nombreuses, font de grands voyages, ont peu de fidélité conjugale ; mais sont heureusement très prolifiques, car on en détruit des centaines de mille sur les bords de la mer, en Suisse et en Italie surtout. En Suisse, on les prend facilement, quelquefois même dans les rues de certaines grandes villes.

La 1re espèce, la caille commune, est un oiseau de passage dans notre département, qu'elle quitte fin août ou commencement de septembre : les plus retardataires ne dépassent pas les premiers jours d'octobre.

La femelle pond au commencement de l'été, dans des champs de blé ou de fèves, de 8 à 14 œufs, elle couve 19 ou 20 jours. Les petits à peine éclos courent avec leur mère qui les conduit, les garde sous ses ailes quand le temps est mauvais tout comme la poule. Les cailles sont très prolifiques, aussi leur nombre est considérable ; leurs ennemis sont en rapport direct. Sur les côtes nord-est et nord-ouest de la Méditerranée, on les chasse au filet et aux pièges de toutes espèces. A Rome, il n'est pas rare d'en voir 1.700 exposées en vente dans une seule journée. Jadis, du temps des César, des Néron, des Caligula, dans cette cité dégénérée par le Bas-Empire, on faisait des parcs, où on en engraissait de grandes quantités pour les délices des seigneurs.

On cite qu'un évêque de l'île Caprée, située à l'entrée du golfe de Naples, se faisait un revenu de 40.000 à 50.000 francs en prélevant une dîme sur les cailles qu'on y capturait.

Les cailles s'élèvent et se reproduisent facilement en captivité. On a vu une femelle livrée de temps en temps à un mâle, produire 73 œufs, qui tous ont éclos après avoir été mis en incubation sous de petites poules.

En liberté, elles sont utiles pour leur chair et pour la guerre qu'elles font à tous les genres d'insectes, aux sauterelles surtout.

Nous devons donc non seulement les conserver et faciliter leur reproduction, mais nous devrions en élever en captivité.

On connaît une 2e espèce : la caille naine de Chine, que Linné connaissait déjà par les peintures chinoises. C'est la plus belle espèce de la famille, mais elle ne quitte pas la Chine ni la Nouvelle-Hollande.

Les pigeons terminent les gallinacés. Les uns sont sauvages et nuisibles aux cultivateurs. Les autres sont domestiques et très utiles pour leurs produits. Nous pourrions ajouter qu'une espèce dite pigeon voyageur est très utile pour le transport des dépêches.

En général, les pigeons sont granivores et par conséquent sinon nuisibles, au moins inutiles à l'agriculture.

Il sont très prolifiques, ne font que deux œufs à la fois, desquels sortent presque toujours un mâle et une femelle, qu'ils nourrissent avec des graines dures réingurgitées par la mère et le père, dans le bec de leurs petits. Ils boivent la tête complètement plongée dans l'eau jusqu'à ce qu'ils aient pris tout ce dont ils ont besoin.

Nous ne citerons que quatre espèces principales desquelles dérivent toutes les espèces domestiques.

La première, le *biset* ou pigeon fuyard, est celui que le vulgaire confond avec les pigeons qui vont chercher leur nourriture en dehors des colombiers qu'ils peuplaient en grand nombre avant 1789, alors qu'ils étaient la propriété exclusive des seigneurs.

Le biset nous arrive du 20 au 25 février : il s'établit dans les bois où il niche, dans les creux d'arbres, deux fois par an, faisant chaque fois un mâle et une femelle. Il nous quitte pour le midi et l'Afrique, du 20 au 30 octobre.

La deuxième espèce le pigeon-ramier, est connu de tous nos cultivateurs par ses dégradations et sa bonne chair, quand on peut le joindre ; gris cendré et presque blanc sur les extrémités des ailes, il a les pattes rouges garnies de plumes jusqu'à l'origine des doigts, rouges aussi, et les ongles noirs. Quoique l'on voie fréquemment des ramiers dans notre département et même quelquefois pendant l'hiver, on peut les considérer comme oiseaux de passage, nous arrivant au printemps, en avril, et nous quittant en automne, vers octobre ou au commencement de novembre.

Ils se nourrissent de graines, de glands et de faînes en hiver et pendant le printemps et en été des blés versés. Ils sont *déprédateurs* par excellence. Ils font 2 ou 3 petits sur de grands arbres, dans des nids plats composés de bûchettes où le mâle et la femelle peuvent se tenir.

La troisième espèce : la tourterelle renferme une variété à collier noir et une autre tout à fait gris cendré, aux extrémités blanches.

Elle est de passage, nous arrive au milieu de mai pour repartir à la fin de l'été.

Elle est l'emblème de l'amour conjugal, car le mâle est tout dévoué à sa femelle et à ses petits. Les tourterelles font leur nid sur le sommet des grands arbres avec des bûchettes à claires-voies. Des deux œufs naissent un mâle et une femelle.

Elles se nourrissent de graminées, etc.

La 4ᵉ espèce, le pigeon domestique, n'est utile que par sa chair. L'art industriel de l'homme et ses besoins a beaucoup augmenté les variétés toutes plus ou moins prolifiques et très utiles.

Tous pondent tous les mois et permettent d'utiliser les petits comme les poulets.

En voici les noms :

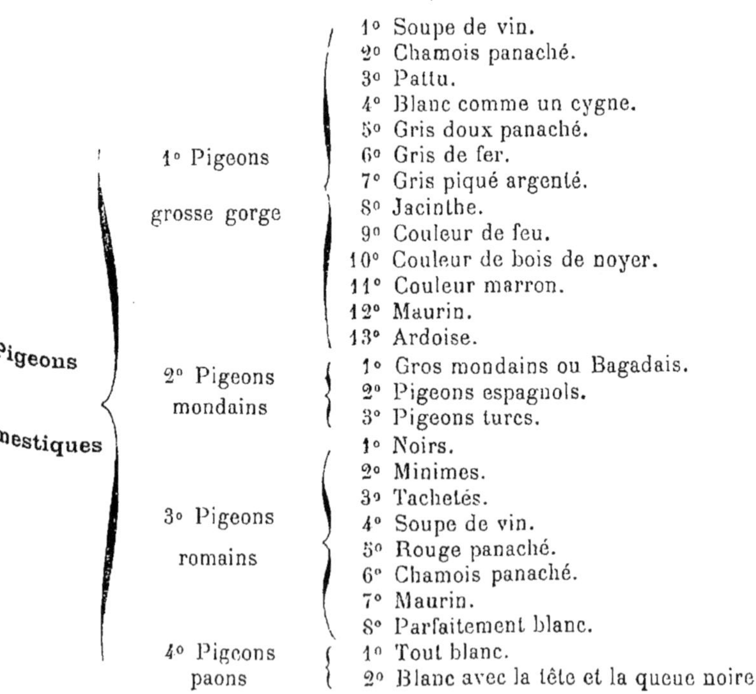

Pigeons domestiques	1° Pigeons grosse gorge	1° Soupe de vin.
		2° Chamois panaché.
		3° Pattu.
		4° Blanc comme un cygne.
		5° Gris doux panaché.
		6° Gris de fer.
		7° Gris piqué argenté.
		8° Jacinthe.
		9° Couleur de feu.
		10° Couleur de bois de noyer.
		11° Couleur marron.
		12° Maurin.
		13° Ardoise.
	2° Pigeons mondains	1° Gros mondains ou Bagadais.
		2° Pigeons espagnols.
		3° Pigeons turcs.
	3° Pigeons romains	1° Noirs.
		2° Minimes.
		3° Tachetés.
		4° Soupe de vin.
		5° Rouge panaché.
		6° Chamois panaché.
		7° Maurin.
		8° Parfaitement blanc.
	4° Pigeons paons	1° Tout blanc.
		2° Blanc avec la tête et la queue noire.

Pigeons domestiques (*suite*)

- 5° Pigeons cravatés
  - 1° Soupe de vin.
  - 2° Chamois.
  - 3° Panaché.
  - 4° Roux.
  - 5° Gris.
  - 6° Tout blanc.
  - 7° Tout noir.
  - 8° Blanc avec manteau noir.
- 6° Pigeons coquilles hollandaises.
- 7° — hirondelles.
- 8° — carmes.
- 9° — heurtés.
- 10° — tambours ou glou-glou.
- 11° — suisses.
- 12° — culbutants.
- 13° — tournants.
- 14° — polonais.

5e ORDRE. — **Échassiers ou Fissipèdes**

Échassiers

- 1° Autruche.
- 2° Casoar.
- 3° Outarde.
- 4° Pluviers. . . .
  - A collier.
  - Doré.
  - Grand pluvier.
  - — Courlis.
  - — Guignard.
- 5° Vanneaux.
- 6° Grues. . . . .
  - Commune.
  - Demoiselle de Numidie.
  - Couronnée.
- 7° Hérons . . . .
  - Commun.
  - Blanc.
  - Pourpre.
  - Butor.
- 8° Cigogne. . . .
  - Noire.
  - Moguari.
- 9° Ibis.
- 10° Bécasses. . . .
  - Bécassine à cul blanc.
- 11° Râle. . . . . .
  - De terre.
  - D'eau.
- 12° Flamands.

Ils sont ainsi nommés à cause de leurs tarses très développés, qui leur permettent de pêcher dans l'eau sans mouiller leur plumes. On les appelle aussi oiseaux des rivages, parce qu'ils séjournent aux environs des marais et des rivières.

Leurs jambes sont très longues et, comme les tarses, dépourvues complètement de plumes; leur cou et leur bec sont aussi très longs. Le bec est anguleux, prismatique et plus ou moins gros. Leurs pieds ont encore le pouce en arrière; mais les doigts sont réunis par une membrane épaisse très développée. Ils vivent solitaires, beaucoup viennent habiter notre département, en été, pour retourner, en hiver, dans le Nord.

Le 1er genre, l'autruche et le 2e genre, le casoar, sont deux grands oiseaux, qui vivent exclusivement en Afrique, en Amérique et à la Nouvelle-Hollande : ils n'ont que deux doigts.

Le 3e genre, l'outarde, est un oiseau au vol lourd, au corps pesant pouvant, malgré cela, parcourir de grandes distances : on en voit assez souvent dans nos pays, surtout sur les étangs de Morenval et de la Woëvre.

Elles arrivent en mars, quelquefois y pondent, descendent dans le Midi, pour revenir en novembre, lorsque les froids commencent à se faire sentir, elles remontent vers le Nord. On en voit un beau spécimen au musée du Café de la Comédie qui a été tué sur l'étang de Morenval. Ils ne sont ni utiles ni nuisibles.

Le 4e genre, les pluviers, qui renferment 4 espèces, 1° le pluvier doré, 2° le pluvier à collier, 3° le grand pluvier ou courlis de terre et 4° le guignard ont le bec assez long, comprimé d'un côté à l'autre et un peu renflé à son extrémité. Ces animaux sont de passage chez nous en automne. Ils restent sur les étangs où ils se nourrissent de vers, jusqu'aux premières gelées. Ils nous reviennent au printemps, ne faisant que passer, pour aller pondre, dans les contrées plus septentrionales, de deux à quatre œufs.

Le 5e genre, les vanneaux, ont trois doigts en avant et un pouce rudimentaire. Leur bec est assez long, renflé au bout et les narines très petites.

Ce genre renferme trois espèces aux plumes très variées, qui sont l'objet d'un grand commerce, par toute la France, en septembre et octobre. Ce sont des animaux utiles à tous les points de vue, car ils servent à la nourriture de l'homme après nous avoir débarrassé, de vers et de limaces.

Tous ces oiseaux jeunes, muent seulement en juillet, pour, quelque temps après, s'unir aux vieux, en grandes bandes de plusieurs centaines, pour émigrer fin septembre ou commencement d'octobre ; c'est alors qu'ils sont gras et qu'on les prend en grande quantité, dans le centre de la France, avec des filets de jour où le traîneau de nuit, que l'on fait suivre de torches allumées, dont l'éclat, en les éveillant les étourdit au point de se laisser couvrir et prendre dans ce filet.

Le 6e genre, les grues sont encore des oiseaux de passage dans notre département. Ce sont de grands oiseaux, aux pattes longues, grêles, qui leur permettent de se tenir longtemps sur une seule.

On connaît : 1° la grue commune; 2° la grue couronnée ; 3° la demoiselle de Numidie.

Le 7e genre, les hérons sont aussi de passage. Ce sont de grands animaux solitaires qui vivent sur le bord des étangs, de petits poissons et de grenouilles, qu'ils avalent entiers. Ils ont le corps grêle, efflanqué, applati sur les côtés. Ils ont les ailes fortes, bien musclées, ce qui leur permet d'entreprendre, à des hauteurs prodigieuses, des voyages très longs.

On les rencontre chez nous, sur le bord des étangs ou des rivières, en automne et surtout en hiver.

On connaît : 1° le héron commun ; 2° le héron pourpré ; 3° le héron blanc, et 4° le butor qui sort le soir.

Au musée du Café de la Comédie, on voit un beau héron blanc qui a été tué près Labeycourt et un héron commun.

Le 8e genre, les cigognes, passent quelquefois seulement dans notre département. Elles vivent et nichent en haut des tours ou des cheminées de Strasbourg et des principales villes d'Alsace.

Ce genre renferme 3 espèces : 1° la cigogne blanche ; 2° la cigogne noire ; 3° le moguari.

Le 9e genre, les ibis sont étrangers à la France.

Le 10e genre, la bécasse, est connue de tous nos cultivateurs et fermiers aussi bien que des chasseurs. C'est un oiseau de passage, au bec long et grêle, qui présente 4 bandes noires sur la tête.

On connaît dans notre département : 1° le bécasseau ou bécassine à cul blanc, oiseau de rivages qui, à la fin de l'été et en automne, fréquente les bords de la Meuse et de nos rivières tranquilles. C'est un oiseau très utile pour sa chair et pour le cultivateur. Il se nourrit exclusivement de vers, de moucherons et de petits insectes sous élitre qu'il attrape à la course ou au vol; 2° la bécasse ordinaire qui passe une à une en septembre et octobre pour revenir, plusieurs ensemble, en mars ou avril. Elles passent encore pour aller nicher sur le sommet des montagnes. C'est cette espèce surtout qu'on chassait autrefois à la pantière et que l'on chasse aujourd'hui à la passe.

Ce sont des animaux utiles pour leur chair et pour la chasse qu'ils font aux vers et aux limaces. Il faut donc faciliter en été leur reproduction.

La bécassine proprement dite, est un peu plus grosse que la caille. Elle est de passage annuellement, mais il en reste quelquefois un petit nombre de couples, qui nichent dans nos marais heureusement rares dans la Meuse.

On la chasse à la passe ou avec un chien couchant dans les marais. Elle doit être respectée, pendant qu'elle niche: elle est doublement utile comme aliment de l'homme et destructeur d'insectes et de vers.

Nous pourrons en dire autant du 11e genre, du râle, ou poule d'eau. Cet oiseau est divisé en trois espèces, qui sont: 1° le râle de terre ou des genêts; 2° le râle d'eau; 3° le merle d'eau.

Tous sont de passage. Ils se nourrissent le long des eaux, dans les marécages, parmi les ajoncs et les glaïeuls, de vers et d'insectes aquatiques.

Ils tirent leur nom de leur cri, qui ressemble à un râlement désagréable. Ils nous quittent aux approches de l'hiver. En volant ils laissent pendre leurs jambes.

Quant au 12e genre, aux flamands, aux tarses rouges, aux plumes blanches et rouges; ils ne sont vus qu'accidentellement dans nos pays.

On en voit un magnifique au musée du Café de la Comédie, qui a été tué dans les environs de Bar.

6e ORDRE. — Les passereaux.

Cet ordre comprend tous les petits oiseaux siffleurs et chanteurs, qui sont si nombreux au printemps et en automne dans notre département. Ils se distinguent, par un bec droit et des doigts terminés par des ongles non recourbés. Ils en possèdent toujours trois en avant et un en arrière; les antérieurs sont réunis par une membrane très peu considérable.

Ils sont nombreux et renferment beaucoup d'espèces et de variétés.

Leur régime est insectivore et souvent insectivore et granivore. Ils sont toujours utiles, surtout au printemps, lorsque les premiers rayons du soleil sont venus faire éclore ces millions d'insectes de toutes sortes contre lesquels nous serions complètement impuissants si la nature n'était venue à notre secours, en nous donnant ces charmants petits oiseaux.

Conservons-les plutôt que de les détruire, ou bien, si notre insatiable gourmandise nous oblige à nous en servir comme nourriture, conservons les nids, cherchons à les développer le plus possible au printemps. En le faisant, nous augmenterons le nombre des ennemis des insectes et nous nous procurerons en automne un mets délicat et succulent.

Les passereaux sont, ou habitants des bois et grands massifs, des lisières, ou éplucheurs de troncs, des champs et des jardins.

Voici les principaux genres de l'ordre des passereaux avec leurs espèces principales.

	GENRES	ESPÈCES
Passereaux	1° Pies grièches. (nuisibles)	A tête rousse * (matagasse).
		— grise (renégat).
		Ecorcheur *.
	2° Merles	Commun *.
		A collier *.
	3° Grives	1° Viscivore-Draine *.
		2° Musicienne *.
		3° Litorne *.
		4° Mauvis *.

	GENRES	ESPÈCES	
Passereaux (*suite*)	4° Fauvettes	1° Epervière *.	
		2° Des jardins *.	
		3° Babillarde *.	
		4° A tête noire *.	
		5° Cendrée *.	
		6° A lunettes.	
		7° Subalpine *.	
		8° De Ruppel *.	
	5° Rossignols	1° Philomèle *.	
		2° Des rivières *.	
	6° Roitelets	1° Roitelets huppé *.	
		2° — pyrocéphale *.	
		3° — Satrape *.	
	7° Bergeronnettes	1° Jaune *.	
		2° Mélanocéphale *.	
		3° Ray *.	
		4° Citrine *.	
	8° Hirondelles	1° Rustique *.	
		2° De fenêtres *.	
		3° De cheminées *.	
		4° Martinet *.	
		5° Engoulevent *.	
	9° Alouettes	1° Sédentaire commune *.	
		2° De passage *.	
		3° Cochevis *.	
		4° Lulu *.	
	10° Mésanges	1° Charbonnière *.	
		2° Bleue *.	
		3° Azurée *.	
		4° Des marais *.	
	11° Moineaux	1° Domestique.	
		2° D'Italie.	
		3° Des saules.	
		4° Friquet.	
	12° Corbeaux	1° Commun *.	
		2° Corneilles *	Noire *.
			Cendrée *.
		3° Freux *.	
		4° Choucas *.	
	13° Pie	1° Vulgaire *.	
		2° Bleue de Cook *.	
	14° Huppe *.		
	15° Colibris ou oiseaux-mouches *.		
	16° Martin-Pêcheur (nuisible) *.		
	17° Linottes	Ordinaire *.	
		Des montagnes *.	
	18° Pinsons	1° Ordinaire *.	
		2° Des montagnes des Ardennes *.	
	19° Serins *.		
	20° Bouvreuils (nuisibles) *.		

	GENRES	ESPÈCES	
Passereaux (*suite*)	21° Bec-croisés . .	1° Des sapins*.	Nuisibles.
		2° Des pins*.	
		3° A bandes	
	22° Verdiers ordinaires*.		
	23° Gros becs (nuisibles)*.		
	24° Bruants. . . .	1° Jaune*.	
		2° Ortolan*.	
		3° Fou*.	
	25° Etourneaux*.		
	26° Pique-Bœuf d'Afrique*.		
	27° Loriots*.		
	28° Rouges-gorges*.		
	29° Rouges-queues*.		
	30° Tariers	1° Vulgaire*.	
		2° Rubicole*.	
	31° Traquets . . .	1° Motteux*.	
		2° Oreillard*.	
		3° Staparin*.	
	32° Chardonnerets*.		
	33° Pipiris.	1° Des arbres*.	
		2° Des prés*.	
		3° Aquatique*.	

Tous ces oiseaux chanteurs se trouvent dans notre département, pendant les longs et beaux mois du printemps et de l'été. Quelques-uns restent, mais la plupart sont émigrants.

Quelques espèces seulement, que nous voyons en hiver, vivent de charité et un peu de rapine; car le laboureur ne rit pas lorsqu'il se trouve en présence de voleurs de grain. Alors hélas! il ne se souvient pas assez que tous ces pauvres petits viennent chercher le juste salaire qu'ils méritent, pour les nombreux services qu'ils lui ont rendus au printemps et en été, lorsque des myriades d'insectes, de vers et de rongeurs de toutes sortes infestaient ses champs. Il ne se rappelle plus que sans eux et leurs semblables, il n'aurait peut-être pas récolté de grains. Et pour quelques mauvais grains de blé ou d'avoine que le pinson, la linotte, le chardonneret et notre frétillant friquet ou moineau cherchent à lui dérober, il leur fait une guerre acharnée. N'est-ce pas trop d'ingratitude? N'y a-t-il pas assez contre eux, du froid et de la neige, qui en détruisent trop déjà?

Soyez donc plus indulgents, messieurs les cultivateurs, envers vos défenseurs ailés, car sans eux vos récoltes ne pousseraient pas et vos bestiaux ne pourraient vivre (La Blanchère)?

Voyons, en effet, ce qui se passe :

Le 1er genre, la pie-grièche à tête rousse ou matagasse, vient dans nos pays en compagnie de la pie-grièche rose ou renégat, et de l'écorcheur, au printemps, pour fin septembre reprendre le chemin du Midi; ils font le jour sur le bord des bois, l'ouvrage que l'engoulevent fait au crépuscule. Ils chassent les insectes avec lesquels ils se nourrissent. La renégat et la pie-grièche grise font une guerre acharnée aux mulots et aux campagnols, malheureusement ils tuent aussi des petits oiseaux, pour s'en repaître.

Ce genre appartient par ses instincts à la famille des rapaces et par son habitat et la conformation de ses griffes, aux passereaux.

La pie-grièche écorcheur est une variété qui vit, dans nos pays, d'insectes, de sauterelles et de petits reptiles. Mais quoique la plus petite, elle est très féroce et fait la guerre aux petits oiseaux. C'est elle qui les accroche aux épines. C'est elle aussi qui, au printemps, au moment des amours, imite le chant de tous les oiseaux des environs. Les pies-grièches sont utiles malgré la guerre qu'elles font aux petits oiseaux. Ainsi vers 1829, une nuée de sauterelles s'abattit sur les côtes méridionales de l'Afrique; les récoltes étaient fortement en danger, quand une espèce de pie-grièche, celle à collier, survint en bandes considérables, qui fit si bien du bec et des serres qu'elle délivra le pays du fléau, et les habitants de la famine et de la ruine.

Malgré cela, de La Blanchère qui cite ce fait, affirme que ce premier genre des passereaux est surtout nuisible, parce qu'il tue plus de petits oiseaux au printemps, pour nourrir sa nichée, qu'il ne dévore les gros insectes d'automne (1).

Le 2e genre, le merle que nous connaissons tous, est un oiseau très utile par sa chair, son chant et surtout par la guerre qu'il fait aux limaces, limaçons, escargots et autres vers. Le mâle a le bec jaune, la femelle brun. Il est très utile et très prolifique. S'il fait un été chaud, il a 3 couvées; mais en général dans notre département il ne fait qu'une seule couvée. Le merle est aussi un oiseau émigrant, mais il en reste quelque-uns chez nous, vivant avec des bandes de moineaux et de verdiers, dans nos jardins et nos vergers, d'escargots et de limaces. Si l'hiver est rigoureux, que le sol se couvre d'une abondante quantité de neige, il meurt de faim.

Après les merles : les grives, pillardes et compagnie, dit de La Blanchère! Voyons cependant ce qu'il en est?

On connaît plusieurs espèces de grives. Toutes sont nuisibles, disent les agriculteurs. Il n'en est rien cependant car, si la litorne, la plus grosse des grives qui nous viennent au printemps, se nourrit de quelques baies de nos cerisiers, elle mange surtout, comme la mauvis, les baies du sorbier et du genévrier. Ce sont les plus rares que l'on trouve chez nous. Il n'en est pas ainsi de la draîne ou grive du gui; celle-ci est nuisible, car elle se nourrit exclusivement de la graine de ce parasite des arbres de nos forêts. Cette espèce qui se tient chez nous tout l'été, a une prédilection marquée pour cette graine. Elle en absorbe une grande quantité. Ces graines traversent simplement le tube digestif et sont rejetées avec les excréments. Elles sont alors entourées d'une matière gluante, qui les fait adhérer aux branches des arbres sur lesquels les grives se posent; la pluie, l'air et la chaleur font germer ces graines : d'où la propagation de ce parasite vert toute l'année, qui aide à la destrution de nos grands arbres et de nos poiriers et pommiers. A mort cette espèce, au dos gris foncé et au ventre blanc avec les ailes brunes!

La grive dite des vignes, qui reste chez nous, même l'hiver, n'est pas notre ennemie. Si on l'examine dans une vigne, elle prend quelques grains de raisins, mais elle se nourrit de beaucoup plus de limaces et d'escargots, nous devons la conserver. Mais elles sont trop grasses et en trop grande quantité à cette époque dans nos vignobles, pour ne pas être une proie alléchante pour nos chasseurs!

Nous arrivons maintenant aux oiseaux chanteurs. Tous sont très utiles par leur chant, qui nous égaye et surtout par la grande quantité d'insectes qu'ils absorbent, au printemps surtout.

Ainsi les 8 espèces de fauvettes qui viennent en grande abondance nicher dans nos haies, nos bosquets et nos bois, cherchent leur nourriture sur les arbres et le long des tiges. Elle consiste surtout en vers et en insectes, mais une fois que leurs couvées sont élevées, elles ne dédaignent pas les fruits de nos vergers et de nos jardins. Elles sont cependant très utiles et n'était leur chair délicate, au moment de leur émigration qu'elles opèrent en automne, on devrait les respecter.

Je dirai aussi qu'il faut conserver les grimpereaux, le joli petit roitelet et le torchepot, parce qu'ils enlèvent avec adresse les larves sur les arbres et les arbustes qui sont leur domaine.

Nous arrivons maintenant aux oiseaux qui prennent les insectes au vol, comme les bergeronnettes, les verdiers et les hirondelles.

Toutes ces espèces qui se nourissent exclusivement d'insectes devraient être proté-

(1) Malgré ces divergences d'opinions, la pie-grièche doit être considérée comme oiseau indifférent.

gées par l'homme, mais pourquoi ne le faire que pour l'hirondelle ?

Pourquoi l'homme, dans sa gourmandise aveugle, mange-t-il la bergeronnette et les verdiers ?

Les uns et les autres sont aussi utiles que notre charmante hirondelle, notre messagère des beaux jours et des mauvais ; la consolatrice des exilés et des malheureux déportés !...

Ce charmant petit oiseau, tous les ans, nous revient au printemps, chercher et reprendre son domaine : soit sous nos fenêtres, soit sous nos toits ou dans nos cheminées. Il ne se trompe jamais et le mâle et la femelle qui vivent toujours en famille et en bonne harmonie, donnant une leçon à bien des ménages humains, viennent retrouver leur nid de l'année précédente.

La femelle pond au mois de mai pour la première fois et au commencement d'août pour la seconde fois. L'incubation dure de 12 à 17 jours, suivant qu'il fait chaud ou froid.

Le mâle et la femelle veillent tour à tour à leurs petits, ils les nourrissent ensemble, leur apportant continuellement des mouches, qu'ils savent prendre si lestement et si facilement, aidés qu'ils sont par un large bec très mobile et des ailes longues et fortes, qui leur permettent de fendre l'air avec une rapidité inouïe.

Les hirondelles sont appelées dans nos pays, oiseaux du bon Dieu. Elles sont respectées par toute la société et l'on a raison. Cependant, aux environs de Vienne, en Autriche, et de Halle, en Saxe, on les chasse pour les manger.

L'hirondelle émigre aussitôt les premiers froids d'octobre. Pendant qu'elle reste chez nous, elle est continuellement occupée à la reproduction et à la chasse aux insectes, teignes et mouches surtout.

On connaît dans notre département l'hirondelle des fenêtres et l'hirondelle des cheminées ou hirondelle rustique. Cette dernière, pour une raison que l'on ne peut encore expliquer, vient chez nous plus tôt de 8 jours au moins et s'en va plus tard que la première.

La 2e espèce est le martinet ou hirondelle noire. Il ressemble à première vue à une hirondelle ; mais en l'examinant de plus près, on lui trouve des ailes plus longues, un cri perçant, un vol plus étendu et plus rapide que l'hirondelle. Il a, aussi les pattes plus petites que cette dernière, à tel point que s'il tombe à terre, il ne peut plus s'envoler faute d'élan, et parce que ses ailes sont trop grandes pour son corps. Il les a, de plus, terminées par de véritables serres, aux ongles crochus et fortement acérés, qui lui permettent de s'accrocher à une surface verticale ou de se poser sur le ventre à l'extrémité d'un pignon ou d'une roche : mais il ne peut percher nulle part.

Les martinets se cachent pendant les grandes chaleurs du jour, dans les anfractuosités des rochers, dans les clochers, accroupis sur le ventre le plus près possible du bord, afin de n'avoir qu'à se précipiter dans l'espace pour trouver assez d'air sous leurs grandes ailes.

Ils chassent comme les hirondelles les mouches et les teignes : leur nid est toujours dans la pierre.

Ils ne font qu'une couvée fin mai, de deux œufs seulement. Ils arrivent toujours du 1er au 2 mai et repartent au plus tard le 1er août.

Ces deux oiseaux véritables bienfaiteurs de l'humanité, l'hirondelle et le martinet, sont des chasseurs d'insectes de jour.

Il existe une 3e espèce appartenant aussi aux hirundinés, qui complète, la nuit, le travail commencé le jour par les hirondelles. C'est l'engoulevent qu'on appelle dans nos campagnes *crapaud volant* ou *tette-chèvres :* comme tous les oiseaux de nuit, il est le sujet de nombreuses superstitions aussi absurdes que ceux qui les accréditent.

Cet animal si utile est, comme tous ceux de son espèce, d'un gris brun sur le dos avec des taches noires.

Les trois premières pennes de l'aile sont tachées de blanc chez le mâle, de jaune chez la femelle. Les autres sont d'un gris cendré ou roussâtres tachées de noir.

L'engoulevent qui arrive d'Afrique vers le milieu de mai, pour repartir fin d'août, vit caché le jour.

Il ne vole que le soir et travaille toute la nuit, silencieusement, mais avec énergie, à la recherche des gros insectes et des lourds papillons qui composent sa nourriture. A cet effet, son bec est énorme; c'est un gouffre béant, dans lequel viennent s'engloutir un grand nombre d'insectes. Il a de plus, pour bien remplir son rôle, une sorte de filet composé de poils raides, continuellement humectés par un liquide onctueux qui englue les insectes aussitôt leur arrivée dans la bouche. Chose singulière, dit J. Franklin, les insectes qu'on trouve dans le jabot des engoulevents sont encore vivants 17 heures après leur arrivée dans cette cage d'une autre nature.

Les engoulevents sont comme tous les oiseaux nocturnes, les plus utiles et les plus dévoués à l'humanité. Il faut donc faire cesser tous ces préjugés campagnards, et encore trop souvent des habitants des villes, qui croient que les oiseaux nocturnes font des dégâts ou jettent des sorts. L'engoulevent est peut être le plus utile de tous les oiseaux qui vivent chez nous.

Respectons-le et admirons-le plutôt que de le tourmenter dans son œuvre si utile (de La Blanchère).

Les alouettes, ces charmantes chanteuses de nos champs, que nous estimons trop hélas! pour leur chair délicate, sont encore de véritables insectivores, surtout au printemps, car elles nourrissent exclusivement d'insectes leurs petits, qui naissent au nombre de 4 à 6 dans un champ de blé, au mois de mars quelquefois, mais le plus souvent en avril. L'alouette fait une 2e ponte en juin, quelquefois si l'été est chaud une 3e, chaque couple qui se forme, après le combat acharné de 2 ou 3 mâles à la fois, occupe un rayon de 300 pas.

Les alouettes émigrent dès les premières gelées ou neiges. On les chasse en octobre et l'on peut affirmer que l'homme en consomme en Europe plus de six millions par an.

On connaît l'alouette des champs et l'alouette des bois ou la *lulu*, qui a un chant presque aussi beau que celui du rossignol.

Les mésanges forment le dixième genre des passereaux. Elles se distinguent des autres par leur bec court, fort et pointu sans être acéré. Leur queue est courte, surobtuse, leurs pattes fortes. La mésange charbonnière, la plus grande, et la mésange bleue sont celles que l'on rencontre le plus communément dans notre département.

La mésange bleue vit surtout au nord, elle émigre dans le midi de la France, si chez nous il vient à faire froid. Cependant beaucoup restent avec l'alouette et le moineau,

L'une et l'autre se nourrissent exclusivement d'insectes, de leurs larves et de leurs œufs. Comme le pic, elles frappent l'écorce pour faire sortir l'insecte qui se trouve caché dessous. Elles en détruisent une grande quantité, car elles ont un appétit vorace.

La mésange mange toute la journée; en hiver, elle est très rusée pour prendre les abeilles, qu'elle dépèce pour ne manger que les entrailles. Elle agit à la façon des corbeaux. Elle aime la chair qu'elle saisit entre ses doigts, pour ensuite la déchirer avec son bec.

Elle pond de 12 à 14 œufs, que les parents couvent alternativement. Si le temps est favorable, la mésange charbonnière couve deux fois par an. L'une et l'autre doivent être conservées, je dirai plus : à l'exemple du garde forestier de Colmar, on doit lui donner asile dans des nids artificiels, là surtout où il y a abondance d'insectes.

J'en dirai autant des moineaux, de ces hardis et insolents petits oiseaux qui se rient des épouvantails et des attrapes.

Chez nous, les moineaux domestiques, les plus gros, et les friquets sont les plus nombreux et les plus communs. Ce sont les oiseaux les plus hardis et les plus sociables, vivant continuellement avec nous, dans nos jardins, nos vergers et nos cours. Ils font une guerre acharnée et continue, aux chenilles grandes et petites, de nos arbres à fruits ou d'ornement.

Si, en hiver, ils vont jusque dans les greniers chercher quelques grains, ils ont parfaitement raison, car, le plus souvent encore, ils mangent les insectes qui se développeraient au détriment de nos graines.

« On voulait nier l'utilité du moineau et le grand Frédéric Barberousse, ce royal despote, voulait détruire dans toute l'Allemagne, ces oiseaux qui offusquaient sa grandeur. Pour y parvenir plus vite, il donnait une prime de 6 pfennings par tête. En moins de trois années, on avait exterminé tous les moineaux de ce pays. On avait dépensé 48.000 francs et fait périr 1.213.750 moineaux. Mais, quelque grand qu'il ait été, il ne fut pas longtemps sans attendre la punition qu'il méritait; l'année suivante, les arbres fruitiers furent dévorés par les chenilles et les insectes. Il n'y eut ni poires, ni pommes, ni prunes, ni cerises et Frédéric qui adorait surtout les cerises ne put en trouver une seule dans tout son royaume, de droit divin cependant!

Le vainqueur de Rosback avait su abattre des hommes et des moineaux, mais il avait compté sans les chenilles et les insectes, qui n'étant plus dérangés dans leur œuvre de destruction s'y étaient mis à pleines dents. Il cherchait, mais en vain, quels moyens il pourrait employer pour remédier au mal, lorsqu'un jour il trouve dans une assiette de fruits achetés à poids d'or, à l'étranger, une pétition d'un moineau qui lui disait : « Que toute peine demandait à être rétribuée ». Il terminait ainsi sa supplique, dit Humbert dans son petit poème (*Jean le dénicheur*) : « Sire, faites revivre ma race dans vos États et vous verrez bientôt l'abondance revenir dans vos vergers ».

Frédéric, tout grand qu'il était, avait vu que quoique mis *par Dieu comme tous les rois* au-dessus de ses sujets pour les gouverner, il y avait des infiniments petits plus puissants que lui, et que le jardinier qui lui avait envoyé la pétition avait parfaitement raison.

Il dépensa plus de 8.000 francs pour acheter à l'étranger des couples de moineaux, afin d'en repeupler au plus vite ses États. Et il agit sagement alors. Les années suivantes il put manger de nouveau des cerises et d'autres fruits. » (Vogt.)

Terminons l'histoire du moineau en disant que la libre Amérique a donné droit de cité aux moineaux, qu'elle importa chez elle pour dévorer ses chenilles et ses insectes.

Les moineaux sont très prolifiques. Ils font trois couvées par an, de 4 à 6 petits chaque. Le mâle vit moins longtemps que la femelle, dit Conrad Gesner, parce qu'il s'épuise vite par sa lascivité.

Cultivateurs, conservez les moineaux; ils sont vos aides et vos soutiens!

Vous en ferez autant des corbeaux. Tous sont utiles à l'exception du grand corbeau qui vit solitaire dans nos grandes forêts, de petits oiseaux, de petits levrauts et même de faons de chevreuils.

Le corbeau commun et le choucas ou corneille des clochers vivent dans nos pays. La corneille noire et le freux sont deux espèces qui nous arrivent en automne, à des époques variables, suivant la température qu'il fait. Ils restent aussi longtemps qu'ils peuvent trouver des larves et des insectes pour vivre. Ils sont continuellement en bandes en compagnie de l'étourneau, cet autre jaseur infatigable, qui s'apprivoise très vite et qui, en liberté, purge nos champs des nombreux insectes et vers, qui dévoreraient, sans eux, la plus grande partie de nos récoltes.

Toute la famille des corax doit être protégée par les cultivateurs. En effet, quand les voyez-vous nombreux autour de vous, lorsque vous êtes à la charrue? Précisément en automne et au printemps, lorsqu'en retournant la terre vous mettez à l'air ces myriades de vers blancs et autres, qu'ils s'empressent d'engloutir avec avidité.

Nous pourrions en dire autant pour la pie, cette matagasse criarde et voleuse. Mais elle est trop amateur de petits oiseaux et d'œufs, pour qu'on la tolère. Si elle détruit quelques grosses chenilles, elle fait mourir bien trop de nos petits chanteurs tous plus utiles les uns que les autres.

La huppe, ce bel oiseau qui forme le quatorzième genre de la famille que nous étudions, est encore un oiseau de passage dans notre département, où il niche cependant dans des tas de pierres ou de vieux fagots. Il nous arrive en avril et mai et repart en septembre et octobre. C'est un joli petit animal, solitaire, pas méchant, à la livrée jaunâtre et bigarrée, qui fouille les mousses pour chercher les insectes et les vers qui composent exclusivement sa nourriture. Il s'apprivoise assez bien. Quelques personnes, dit Beechstein, le mettent dans leurs greniers pour se délivrer des charançons et des araignées, ces dernières cependant très utiles.

Le quinzième genre, le colibri ou oiseau-mouche, n'existe pas chez nous ; c'est un joli petit oiseau très utile dans le midi.

Le martin-pêcheur, avec son plumage bleu aux reflets verdâtres, que l'on n'aperçoit que très difficilement quand il passe sur un cours d'eau avec la vitesse d'une flèche, se reconnaît par son manteau d'azur et son long bec parfaitement organisé pour fouiller la vase dans laquelle il va chercher les vers, qui forment une partie de sa nourriture ; mais il se nourrit surtout de petits poissons qu'il attrape avec beaucoup de dextérité. C'est un ennemi de nos pisciculteurs ; mais à cause de sa beauté et de sa rareté on le conserve chez nous, où il vit presque toute l'année. Lorsque la saison devient mauvaise, il émigre sur les bords de la mer où il vit de pêche.

Après lui nous avons la linotte que l'on appelle, avec le verdier et la fauvette, des mangeurs de raisins. Les uns et les autres cependant sont très utiles et à quelques grains de raisins, à quelques graines de chénevis, de millet près, nous devons les laisser vivre, car au printemps ils nous délivrent d'une multitude d'insectes et nous égayent par leurs chants mélodieux.

On a aussi voulu faire la guerre aux pinsons, cet autre genre, qui vit dans nos pays, même par les plus grands froids, parce qu'il mange quelques graines : avec lui on admettait le chardonneret. A la vérité, ces deux espèces aiment à se nourrir de grains en automne, parce qu'ils ont terminé leur travail du printemps et de l'été, qui consistait exclusivement, et pour leur entretien et celui de leurs petits, à détruire les insectes. Si nous ne les considérons pas comme véritablement utiles, nous devons ne pas les détruire ; ils sont indifférents et plutôt utiles.

Voici venir maintenant les hoche-queue et les pipiris, farlouses ou pienquettes, qui poursuivent les insectes, leurs larves et les vers, en sautillant ou en courant sur la terre et cela le plus ordinairement ou même toujours en pleine campagne. Il en est de même des traquets ou motteux, culs-blancs et tariers qui, perchés sur une motte de terre ou un caillou, montrant leur poitrine rousse, leur moustache noire et leur ventre blanc, observent, et s'élancent, après la mouche qui vient à passer près d'eux.

Ils vivent en petites troupes, se nourrissant exclusivement de taupins et de sauterelles. Ce sont les vrais amis du cultivateur. Malheureusement ils font leurs nids à portée de la main, sous les fagots, dans un tas de bois, dans un trou de vieille muraille, du jardin ou du pont. Un gamin passe et détruit tout. L'année suivante on se désole ; les blés sont mangés, le laboureur apprend alors à ses dépens qu'il faut, lui et les siens, devenir sages, sinon par raison au moins par intérêt ; qu'il faut protéger ces aides créés pour lui conserver la vie !

Les becs croisés et les serins ne vivent pas chez nous. Il n'en est pas de même des gros-becs qui vivent dans nos jardins, de toutes espèces de fruits à pépins et même à noyaux, C'est un diminutif du bouvreuil, cet autre oiseau solitaire au ventre rouge, et peu abondant chez nous, il détruit comme le précédent les jeunes bourgeons et les fruits. Ces deux oiseaux sont nuisibles.

Nous terminerons les passereaux par le loriot, ce bel oiseau qui vit dans notre pays, au milieu des bosquets et des taillis, faisant entendre continuellement du printemps à l'automne, la monotonne roulade que nous connaissons tous et que nous traduisons par cette phrase : « Elles rougiront ». Sa robe est composée de jaune d'or avec une écharpe de noir profond ; son bec est brun, son œil rouge vif. Il est utile pour les insectes qu'il détruit. Mais il aime un peu trop les fruits noirs et les cerises. C'est un petit mal qu'il fait pour un bien plus grand. Conservons-le, car il est le plus beau de tous nos oiseaux !

3e embranchement des vertébrés.

Les Reptiles.

Les reptiles forment le 3e embranchement des vertébrés.

Ce sont des animaux à sang froid dont la génération est ovipare et dont les appareils locomoteurs sont spécialement conformés pour la progression sur le sol : jamais ils n'éprouvent de modifications, soit pour le vol, soit pour la natation.

Ce sont en général des animaux à physionomie bizarre, à formes tres variées : ils sont couverts extérieurement par un squelette affectant des dispositions toutes particulières et très diversifiées. Quelques-uns sont quadrupèdes, d'autres n'ont que deux membres, d'autres n'en ont pas du tout.

Chez la plupart des reptiles, comme on l'observe chez les tortues, par exemple, le corps est recouvert d'un double bouclier, un supérieur et un inférieur. Ces pièces osseuses auxquelles on a donné des noms spéciaux sont formées par la soudure d'une partie des os du squelette.

La pièce supérieure est appelée carapace, tandis que l'inférieure se nomme plastron. Dans la carapace nous retrouvons les vertèbres et les côtes qui accusent leur présence par des sillons transverses.

Dans l'inférieur, au contraire, sont les cartilages de prolongement de ces côtes ossifiées de bonne heure. Ces cartilages sont joints au sternum pour former une pièce unique.

Chez d'autres reptiles la peau est nue, la queue n'existe pas; chez d'autres, il n'y a pas d'appareil locomoteur ni de sternum; chez d'autres enfin, la peau offre de distance en distance des saillies plus ou moins fortes où le derme donne naissance à des matières écailleuses qui se réunissent et adhèrent les unes aux autres à la surface du corps.

Enfin, comme on l'observe chez les batraciens, la peau est mince, assez flexible, avec cette disposition d'accompagner toujours un certain nombre de glandes placées symétriquement sur les parties latérales du corps.

La locomotion est généralement produite par la marche ordinaire; elle est très lente chez beaucoup d'entre eux (Caméléon); d'autres sautent, plusieurs rampent, enfin un certain nombre semblent nager, mais ils n'ont jamais de nageoires proprement dites, ce sont des doigts palmés.

Chez les reptiles si certains os du corps manquent, ceux de la tête sont beaucoup plus nombreux que chez les mammifères et les oiseaux; les os sont incomplètement solides et conservent toujours les uns sur les autres une certaine mobilité, sauf la tortue où cette disposition n'existe pas.

Les membres des reptiles, ou du moins de ceux qui en sont fournis, sont disposés en rayons osseux comme chez les mammifères et les oiseaux. L'épaule est en rapport avec le dos, la clavicule et le coracoïde; chez différentes espèces cette disposition varie et les connexions sont un peu différentes. Les muscles des reptiles sont toujours très pâles, le tissu cellulaire y est très peu abondant, néanmoins leur vitalité et leur contractilité sont excessivement prononcées. On en a encore vu exécuter des mouvements quand la section de l'encéphale avait été faite depuis 24 heures.

Le système nerveux des reptiles est assez simple, l'encéphale est petit, le cerveau encore divisé en deux lobes; mais ils sont lisses et peu volumineux, ils sont très séparés l'un de l'autre, quoiqu'il n'y ait pas de corps calleux pour les réunir. Les lobes olfactifs ont relativement un développement beaucoup plus considérable; mais avec ce développement ne coïncide jamais un odorat plus élevé. Le cervelet a son lobe moyen seul, les lobes latéraux, sont rudimentaires. Il n'y a pas de protubérance annulaire.

Les sens sont généralement presque toujours obtus, celui du toucher est presque nul chez ceux qui sont recouverts d'une peau écailleuse; il est plus complet chez les grenouilles dont la peau est complémentaire.

La langue est très protractile, elle sort de la bouche et vient en aide, par le tact qu'elle éprouve, à ceux de ces animaux chez lesquels ce sens est le plus imparfait.

Elle est recouverte par un épithélium épais chez les reptiles à peau nue; l'épithélium est souple, flexible, sensible, très mobile chez les reptiles à peau écailleuse. L'odorat est également obtus : les cornets sont rudimentaires; les cavités nasales courtes, les nerfs olfactifs très peu développés. La vue est ordinaire, seulement l'œil a une conformation toute particulière. La cornée est recouverte par la peau qui s'atténue et s'amincit sur elle. Les paupières sont au nombre de deux ou trois; quand la troisième existe elle est extrêmement mobile. Le cristallin est sphérique et non aplati à sa face postérieure comme nous l'avons vu chez les mammifères.

Le sens de l'ouïe est aussi assez imparfait, la conque n'existe pas ; il en est de même du conduit auditif et les sons rencontrent le tympan à l'intérieur même de la tête comme on le voit chez la grenouille.

Chez les reptiles, il y a rarement des canaux demi-circulaires et la grande majorité en manque complètement, le limaçon en est un exemple, alors la chaîne des osselets ne se trouve plus réduite qu'à deux seulement.

L'appareil digestif se simplifie à mesure que l'on descend la série des animaux. C'est ainsi que chez les reptiles l'appareil de nutrition subit déjà des modifications remarquables.

Ces animaux sont peu masticateurs ils ont néanmoins beaucoup de dents ; elles ont toutes la même forme et se distinguent les unes des autres par l'os où elles sont implantées. Ce sont des dents très simples, allongées, aiguës, recourbées en arrière et dont les racines sont toujours uniques. Suivant leur mode d'implantation, soit dans le palatin, soit dans les maxillaires, le ptérygoïdien ou le vomer, on les appelle dents palatines, dents maxillaires, dents ptérygoïdiennes. L'œsophage est très gros comme on le remarque chez certains oiseaux, il est d'autant plus dilatable que ces animaux se nourrissent de proies plus volumineuses. L'estomac est longitudinal, peu renflé, l'orifice pylorique est très resserré, l'orifice cardiaque lui fait face par suite de sa position ; il imite assez bien le jabot de certains gallinacés.

L'intestin grêle est relativement très court, car il n'a pas la longueur du corps ; il n'y a pas de délimitation au gros intestin, ni au cœcum. L'intestin ainsi indivis se rend au vestibule commun des voies urinaires et génitales, c'est-à-dire au cloaque.

Chez les reptiles, le sac péritonéal est en communication directe avec l'intestin par des tubes membraneux qui s'échappent des intestins. Cette disposition rappelle assez la communication de la trompe de Fallope de la jument avec le sac séreux. Les communications à l'extérieur sont intéressantes à connaître. En effet une injection faite par le rectum soit d'air, soit d'eau se répandrait dans toute la cavité abdominale.

La digestion s'opère lentement, elle dure souvent des semaines, des mois entiers. Elle varie du reste avec la température de leur corps et celle de l'air ambiant. On prétend que quand l'animal mange avant d'hiberner il vomit sa proie dès les premières heures de son réveil. Ces animaux se nourrissent à de longs intervalles, mais se gorgent de proie à chacun de leur repas.

La digestion ne commence que dans l'estomac et dans celui-ci le sac gastrique se trouve très rapproché du pylore.

L'appareil respiratoire est généralement fort simple : le poumon se compose de deux sacs recevant chacun le tuyau bronchique. Les parois des cellules sont aréolaires et divisées à la manière de la muqueuse du réseau des ruminants. Il forme dans son ensemble différentes cavités séparées par les cloisons transversales. Ce poumon qui est celui de la tortue a une forme un peu plus compliquée que le poumon ordinaire. Chez certains autres de ces reptiles il y a parfois un des lobes du poumon avorté, comme on l'observe chez les serpents, dans ce cas le petit poumon fonctionne comme le gros ; seulement les vaisseaux efférents sont moins considérables. Les vaisseaux efférents nutritifs se ramifient dans les cellules à la manière des poumons des mammifères.

Le sang des reptiles est peu oxygéné, il est toujours froid, peut-être sa température est-elle un peu plus élevée l'hiver ; l'été ils transpirent beaucoup. L'imperfection de leur sang semble être en rapport avec les milieux dans lesquels ils vivent. On sait en effet, qu'ils se cachent dans des trous de mur, dans des excavations profondes, dans tous les lieux où l'air n'est pas accessible. Ils résistent longtemps au vide pneumatique. L'appareil circulatoire subit de fortes modifications : il a supérieurement deux oreillettes dont la disposition et les usages rappellent assez bien les mammifères.

Ces oreillettes sont séparées par une cloison médiane ; mais les ventricules, quand il y en a deux, sont toujours en communication par des perforations de la cloison médiane, de sorte que le sang lancé, soit aux poumons soit au reste de l'économie est un sang mélangé de sang veineux et de sang artériel. Ce mode d'exécution est tout à fait caractéristique.

Le système lymphatique est très remarquablement développé et a surtout une organisation très parfaite, il surpasse par ce caractère celui des mammifères ou des oiseaux. Il y a six renflements particuliers, deux antérieurs placés à la face interne de l'épaule, deux autres, sur les côtés du bassin et deux autres à la base de la queue. Ces ganglions se contractent à la manière du sac sanguin; toujours leurs contractions sont indépendantes les unes des autres et ne sont pas isochrones avec celles du cœur.

L'appareil reproducteur varie beaucoup selon les espèces; il se compose généralement de deux testicules simples ou lobules, occupant la région lombaire, ils n'émigrent jamais. Les deux canaux déférents ne sont jamais sinueux, malgré la mobilité des lombes de certains reptiles. Ces canaux ainsi disposés se rendent au cloaque et se prolongent dans la rainure inférieure du pénis. Il y a un ou deux pénis affectant des formes qui varient avec les espèces. Ils sont sphériques dans beaucoup d'espèces. Leur surface externe est recouverte de productions épineuses, comme on le voit chez la vipère. Ces pénis ne sont pas creusés de cavités pour loger l'urèthre car il se rend au cloaque, ils sont seulement creusés d'une rainure pour le passage du liquide procréateur. Certains d'entre eux n'ont pas du tout de pénis et les œufs pondus au dehors sont fécondés par le mâle.

La femelle a deux ovaires disposés sous la forme de glandes en grappe. Les oviductes sont longs, sinueux comme les circonvolutions de l'intestin; c'est dans l'intérieur que les œufs se couvrent d'albumine et de leur coque de la même manière que chez les oiseaux. Leur activité personnelle varie au moment de la ponte. Les œufs n'ont pas tous une enveloppe due au calcaire, certains d'entre eux restent gélatineux à leur sortie de l'oviducte, d'autres se recouvrent d'une couche cartilagineuse.

Chez les reptiles nous avons déjà dit que la fécondation n'a pas toujours lieu de la même manière; en effet, il en est qui s'accouplent avec la femelle et la fécondent de leur sperme. La fécondation est alors dite interne. Les femelles ainsi fécondées ne pondent pas toujours des œufs : il en est en effet quelques-unes chez lesquelles la génération est vivipare, les œufs étant éclos dans l'intérieur de l'oviducte.

Mais hâtons-nous de dire que ce n'est qu'exceptionnel et très imparfait, car il n'y a jamais de communication vasculaire entre la mère et le fœtus. Chez les reptiles, comme chez les batraciens, dont la fécondation est externe, ils couvent les œufs après la ponte en les enveloppant d'une couche de sperme.

Tous ces animaux ont des mœurs excessivement curieuses; leurs mouvements sont généralement lents, leur manière de vivre est excessivement variée : les uns recherchent les pays humides, d'autres les terrains secs, etc... Enfin presque tous s'engourdissent une partie de l'hiver. Ils sont répartis dans toutes les régions du globe : disons cependant qu'on en trouve plus dans les climats chauds que dans les zones tempérées et plus dans celles-ci que dans les zones froides. Ils sont généralement 4 à 5 mois à hiberner.

Ces animaux avaient de plus grandes dimensions et étaient beaucoup plus nombreux avant le déluge, principalement à la période jurassique.

Division. — Cuvier en a fait une classification comprenant 4 grands groupes : les Chéloniens, les Sauriens, les Ophidiens, les Batraciens. Examinons le caractère le plus saillant de chacun de ces ordres.

1er ORDRE. — **Les Chéloniens** ou **Tortues**.

Les Chéloniens sont des animaux assez parfaits, ils sont toujours pourvus d'un double bouclier, d'une carapace et d'un plastron. Ils ont 4 membres et une queue.

2e ORDRE. — **Sauriens**.

Ils ont encore 4 membres, sans queue; ils sont dépourvus de bouclier supérieurement, inférieurement leur peau est très écailleuse.

3e ORDRE. — **Ophidiens.**

Les ophidiens ont pour caractère tout à fait saillant de ne pas avoir d'appareil locomoteur, leur peau est parfois écailleuse mais moins que dans les sauriens.

4e ORDRE. — **Batraciens.**

Ce sont des quadrupèdes dont la peau est nue, et dont les parties latérales du corps sont couvertes de glandules. Ils ne s'accouplent pas, vivent souvent dans l'eau et éprouvent dans leur jeune âge des transformations particulières.

1er *Ordre.* — **Chéloniens.**

Les Chéloniens ou Tortues se distinguent des autres espèces par une disposition toute spéciale du corps. Chez presque tous les animaux que renferme cet ordre, les muscles, au lieu de recouvrir les os, sont au contraire recouverts par ceux-ci, de sorte que les os sont externes par rapport à eux et forment une enveloppe protectrice appelée carapace. Nous avons déjà dit que l'on considérait deux parties à la carapace. La supérieure ou *la carapace proprement dite* et l'inférieure ou *plastron*. La carapace proprement dite est formée par la soudure de toutes les vertèbres dorsales avec 8 ou 9 pièces latérales qui représentent les côtes et leurs cartilages de prolongement soudés à 8 ou 9 pièces impaires qui représentent le sternum *ou le plastron*. La peau qui recouvre ces différentes pièces est dure, recouverte d'écailles polygonales qui, avec l'âge, comme les cornes des ruminants, forment des sillons transverses. La partie inférieure du corps est lisse et sert d'implantation aux muscles.

Les vertèbres cervicales sont isolées du plastron à partir de la naissance de l'épaule; le cou est rendu mobile par cette disposition, il en est de même du coccyx. Les membres antérieurs des chéloniens sont très incomplets, ainsi on y trouve un scapulum de forme généralement cylindrique et qui se rend à la partie inférieure et interne de la carapace. Il se met en rapport avec la clavicule, l'humérus et le coracoïde. Le coracoïde et la clavicule se rendent directement à la partie antérieure du plastron.

Dans le membre postérieur le coral est cylindrique et s'appuie à la partie postérieure du plastron. Il se rapproche dans sa disposition générale de celui d'un édenté désigné sous le nom de Tatou.

Le poumon des tortues est fixé à la face interne de la carapace. La trachée est unique au dehors, mais elle se bifurque après son entrée dans la cavité thoracique.

Les deux branches ainsi formées correspondent aux chambres pulmonaires par des ouvertures laissées béantes.

Le mécanisme de la respiration varie un peu chez ces animaux; ainsi l'air à son entrée dans le poumon subit une véritable déglutition. En effet les narines s'ouvrent dans le bouclier et l'air y pénètre.

Au moment de l'inspiration l'hyoïde, remarquablement développé, s'abaisse et un muscle particulier agissant entre les deux maxillaires augmente encore la dilatation de la bouche, puis il est chassé dans les poumons où il réagit sur le sang veineux.

Les muscles abdominaux agissent fortement pendant l'expiration, leur action est d'autant plus forte que le poumon est fixe et qu'il n'y a pas de diaphragme.

Chez les chéloniens l'appareil circulatoire est formé par un cœur à deux oreillettes isolées et à un ou deux ventricules toujours en communication.

La verge est simple, présentant un sillon pour le passage du sperme. Les œufs sont recouverts d'une coque dure et calcaire.

Appareil digestif. — Le bec est corné, les dents n'existent pas, l'œsophage est long très dilatable. L'estomac est aussi assez volumineux, placé dans une position transversale. La vessie est assez grosse, l'urine est liquide.

Dans l'ordre des chéloniens nous trouvons un seul genre : les tortues qui renferment 5 espèces, qui sont : 1° la tortue de terre, tortue grecque; 2° la tortue d'eau douce; 3° la tortue de mer; 4° la tortue à gueule; 5° la tortue molle.

Toutes ces espèces n'existent pas dans notre département.

Elles y vivent, mais peu de temps si on vient à en importer, encore n'a-t-on pu jusqu'ici conserver que la tortue de terre et celle d'eau douce.

2e *Ordre.* — **Les Sauriens.**

Dans cet ordre nous trouvons quelques familles qui vivent dans notre département. C'est pourquoi j'en donnerai d'abord les caractères principaux.

Les sauriens ont deux ou quatre membres ; quand il n'y en a que deux ce sont les postérieurs qui manquent, la queue est très longue et déprimée d'un côté à l'autre. Ce sont généralement des animaux qui progressent sur le sol, quelques-uns sont aquatiques. Leur corps est couvert d'une peau écailleuse, mais ces écailles sont isolées les unes des autres sans adhérence entre elles.

Le cœur est disposé comme celui des chéloniens, disons cependant que chez le crocodile, les ventricules ne communiquent pas. Les poumons sont vésiculaires et d'une structure fort simple. Ce sont deux sacs ou renflements elliptiques qui reçoivent chacun une bronche.

Ces animaux ont des dents que l'on distingue en palatines, vomériennes et maxillaires. L'accouplement est nécessaire à la fécondation. Ils ont une ou deux verges réunies ou distinctes, parcourues par des sillons où passe le sperme. Les œufs sont enveloppés d'une coque molle ou solide.

Cet ordre renferme quatre genres qui sont : les genres crocodile, géko et caméléon qui n'existent pas chez nous. Les lézards seuls y vivent.

Ce sont des animaux qui ont deux rangées de dents au palais : ces dents sont indépendantes des maxillaires, elles sont longues et terminées par des prolongements qui entrent dans une gaîne spéciale. Ils ont cinq doigts aux pieds antérieurs et postérieurs et le plus ordinairement deux verges. On en connaît quatre espèces. Savoir :

1° Le lézard vert, à la peau verdâtre, qui se rencontre beaucoup près de Paris, aux environs de Fontainebleau et dans notre département, aux alentours de nos maisons de campagne.

2° Le lézard piqueté, à la peau couverte de points noirs.

3° Le lézard gris ou de murailles, qui se rencontre dans les jardins, les murs, les arbres.

4° Le lézard gris des sables, qui fréquente les terres en friches, les tas de pierres.

Ces petits animaux aiment par dessus tout la chaleur, c'est pourquoi on ne les aperçoit hors de leur retraite et à très peu de distance, que lorsqu'il fait une bonne chaleur et un beau soleil. Ils ne vivent que d'insectes qu'ils recherchent dans les intervalles des pierres qui constituent les murs, ou des vers qui vivent à leur base. Ce sont de jolis petits animaux qui ont deux rangées de dents au palais, indépendantes des maxillaires. Elles sont longues, terminées par des prolongements qui entrent dans une gaîne spéciale. Ils ont cinq doigts aux quatre pieds. Ils sont très utiles.

3e *Ordre.* — **Ophidiens.**

Ces animaux ont le corps allongé, fusiforme, dépourvu d'appendices locomoteurs; ils rampent. Chez les vipères cependant on retrouve, au niveau du bassin, deux petits os qui semblent indiquer la présence des membres postérieurs ; mais il faut beaucoup de précautions pour les découvrir, car ils n'ont qu'à peine la grosseur d'une tête d'épingle. On trouve 150 à 160 côtes qui finissent à la queue formée de 200 à 300 vertèbres, unies l'une à l'autre par un petit ligament. Ils ont deux poumons dont un atrophié. Enfin on trouve toujours des dents vomériennes, maxillaires et palatines. Le pénis est sphérique et hérissé de pointes.

Cet ordre renferme deux tribus : les ophidiens venimeux et les ophidiens non venimeux, et six genres presque tous habitant les grandes herbes des forêts vierges des tropiques. Nous n'en trouvons que trois qui vivent chez nous ; l'un, la vipère nuisible ; l'autre, la couleuvre et l'orvet plus utiles que nuisibles nous les décrirons seuls ; les autres seront seulement cités dans le tableau suivant :

- **Ophidiens.**
  - *Venimeux.*
    - 1er genre : Crotale.
    - 2e — Boa constrictor.
    - 3e — Python.
    - 4e — Trygonocéphale.
      - 1° à lunettes.
      - 2° de Cléopâtre.
    - 5e — Vipère.
      - 1° Commune *.
      - 2° Cornue *.
      - 3° Céraste *.
  - *Non venimeux.*
    - 1° Couleuvre.
      - 1° à collier *.
      - 2° lisse *.
      - 3° vipérine *.
    - 2° Orvet.
      - Onguis fragiles.

5e *Genre des ophidiens venimeux.* — **Vipère.**

Caractères. — Les vipères sont des animaux très venimeux; leur tête est élargie vers sa base, rétrécie près des yeux, en forme de V, elles ont des taches brunes qui se subdivisent à leur partie postérieure à la manière d'un cœur de carte à jouer. Les vipères de Paris ont sur le dos une bande en zigzag sur la ligne médiane, d'autres ont des taches noires sur les côtés et enfin beaucoup ressemblent à la couleuvre dans le reste de leurs caractères. Elles ont aussi près de la queue des plaques divisées.

L'appareil venimeux des vipères est toujours placé à la mâchoire supérieure. Cet appareil est formé d'une glande centrale composée d'un bon nombre d'acinis; ces acinis appartiennent au tube central et leur produit est venimeux. Ce tube se renfle de plus en plus et vient s'ouvrir dans la dent en un trou qui lui est destiné. Là il parcourt un certain trajet, dans l'intérieur du crochet. Quand l'animal ne se sert pas de ses crochets, ils sont recourbés en dessous du palatin dans une gaîne spéciale.

Quand la vipère mord, au contraire, les crochets se redressent, les muscles masseters et les muscles particuliers ont pour but de comprimer la glande et de chasser le venin dans la plaie. Ces dents se brisent quelquefois, mais il en repousse d'autres qui viennent remplacer les premières.

Ces animaux tuent leurs victimes par le venin qu'ils injectent dans leurs plaies. On sait aussi que les serpents se procurent encore leur nourriture en ouvrant la bouche; les petits serpents et les petits reptiles s'y précipitent; lorsque leur proie est réduite en bouillie ou en une substance molle et ductile, l'animal l'humecte de son venin, qui agit à la manière d'un ferment. Les morsures des serpents et des couleuvres sont souvent importantes à examiner, il est donc essentiel de pouvoir distinguer une morsure de l'un ou de l'autre de ces deux animaux. La morsure de la couleuvre a deux rangées remarquables par l'arc à croissant qu'elles décrivent. Les vipères au contraire ne tracent que deux pointes à la manière d'une piqûre.

La principale espèce est la vipère commune. Les animaux de cette espèce ont des zigzags sur le corps qui s'altèrent et changent de forme avec l'âge. On en trouve un grand nombre de variétés en France, principalement dans le département de la Côte-d'Or.

La deuxième espèce, la vipère cornue, dont le museau a un prolongement corné, osseux à la base. Sa taille est plus grande que l'espèce précédente.

La troisième espèce, vipère dite céraste, est un animal remarquable par la présence de deux cornes placées en avant du frontal près de l'œil, les cornes sont recourbées à la base où elles ont un noyau osseux particulier. On la rencontre dans les lieux arides et arenacés de la basse Égypte. Sa peau est écailleuse et se détache tout d'un bloc de la partie antérieure à la partie postérieure, elle s'atténue près des yeux et recouvre la cornée.

Caractères généraux. — Les œufs des vipères ont une coque opaque forte. Ces animaux les pondent dans la terre humide, dans les fumiers, partout en un mot où la fermentation peut agir sur eux à la manière de la chaleur d'une couvée. Certains d'entre eux sont vivipares.

Toutes ces vipères vivent dans notre département, surtout dans nos bois qui poussent sur la roche comme dans le Petit-Juré, les petits bois de Resson, la forêt de Massonge et les friches de Ligny.

C'est un animal très dangereux à l'homme et c'est un fait bien établi, que le poison de la vipère, dans des circonstances favorables à son action, produit une prompte décomposition du sang; comme beaucoup d'autres poisons, il n'agit que quand il est introduit directement dans le sang. Il ne produit pas la moindre action, si on le place sur la langue. Il se décompose à l'instant dans l'estomac ou le foie, sans occasionner le moindre effet nuisible.

Mais l'action est terrible, quand le venin est introduit directement dans la circulation et d'autant plus redoutable que la vipère est plus grosse, que le poison est plus abondant dans le réservoir des crochets, que la saison est plus chaude et que l'homme est plus prédisposé à une altération du sang par l'échauffement ou la fatigue. C'est pour cela que les serpents des tropiques doivent être d'autant plus dangereux que la chaleur persistante dispose naturellement le sang à s'altérer aisément.

D'ordinaire, la blessure fait mal immédiatement comme la piqûre d'une abeille : bientôt un affaiblissement général, une langueur mortelle, l'impossibilité d'avancer indique que le virus s'est répandu dans la masse du sang et a déterminé l'état morbide du système nerveux central. Une soif insatiable accompagne d'ordinaire les indices généraux de la maladie, qui se continue par la diarrhée, les vomissements, plus tard le délire et conduit à la mort.

On peut quelquefois, par une fièvre violente et des transpirations abondantes, obtenir la guérison. Elle s'obtenait autrefois, mais toujours difficilement, chez les chiens de chasse si souvent exposés à la morsure de la vipère, en administrant immédiatement à l'intérieur de l'alcali volatil ou ammoniaque, en pratiquant quelques mouchetures et des frictions avec le même médicament sur la région enflammée. Mais je le répète, il faut agir de suite sans aucun retard. Ce mal général, occasionné par la décomposition du sang, est accompagné de violents symptômes locaux. Le membre mordu enfle énormément. Quelquefois même l'engorgement s'étend sur tout le corps, la morsure devient bleu noirâtre, le membre complètement insensible; souvent cette insensibilité ne disparaît qu'à la longue, preuve évidente de l'action énergique sur le système nerveux.

Comment doit-on se défendre de ces accidents? D'abord il faut éviter de s'exposer à être mordu, ce qui est d'habitude très facile.

La vipère, surtout la vipère porte-croix, est un animal indolent, apathique, qui aime le soleil et les endroits secs. Elle choisit pour sa résidence les coteaux pierreux couverts de buissons clairsemés, comme Maestrick, les hauteurs de Resson et les coteaux sud de Ligny, là elle se cache dans des retraites à fleur de terre ou s'étend au soleil dans une immobilité complète. Elle ne poursuit ni ne fuit. Elle ne mord que si elle est attaquée ou agacée, ce qu'on fait le plus souvent sans le savoir. Aussi, ne mord-elle d'ordinaire que des gens occupés à ramasser du bois ou à cueillir des fraises ou des mûres, ou des plantes, ou des chiens occupés à chasser. Des bottes et un bon pantalon protègent complètement contre la morsure de nos serpents venimeux. Avec un bâton ou une simple badine, on peut briser l'épine dorsale de la vipère et la mettre hors d'état d'attaquer. « Il m'est arrivé de tuer une vipère qui dormait sur le chemin et sur laquelle des promeneurs avaient passé avant moi sans la remarquer. On regarde avec soin autour de soi quand on est dans les localités où se trouvent les vipères, et on ne met jamais la main dans les trous qu'on n'a pas pu auparavant sonder de l'œil ou de la canne » (Carl Vogt).

Traitement. — Quand on a eu le malheur d'être mordu, il faut immédiatement agrandir la plaie avec un couteau ou une forte épine et faire couler le plus de sang possible en laissant pendre le membre mordu et en lavant la morsure si on le peut, avec de l'eau tiède oxygénée, lysolée, phéniquée, et une fois que la plaie est bien nettoyée il faut la sucer, sang et venin, car nous avons dit plus haut que ce dernier était inoffensif sur la langue et dans l'estomac, à condition bien entendu qu'on ait les gencives saines et fermes.

Cette opération faite, il faut lier fortement le membre au-dessus de la morsure, pour arrêter la circulation et empêcher que le venin ne se mêle à la masse du sang.

Ce que l'on peut faire, il faut le faire promptement et énergiquement. On déchire un morceau de son vêtement, pour entourer son doigt ou la patte de son chien ; on prend son couteau, on fait une incision, on suce, on crache et on recommence à sucer ; tout cela doit être l'ouvrage de quelques secondes, car le cœur de l'homme et du chien va vite et en une minute, la masse du sang a parcouru le corps entier.

Pour compléter et assurer la guérison, M. Kauffmann, professeur à l'école vétérinaire d'Alfort, conseille d'injecter, avec une seringue de Pravaz, deux ou trois gouttes d'une solution de permanganate de potasse ou d'acide chromique, à 1 0/0, exactement au point de pénétration de chaque crochet. Il faut que le liquide pénètre dans les tissus, à la même profondeur que le venin. Pour assurer complètement le succès, on fait encore trois ou quatre injections semblables autour du point mordu.

Quand on ne possède pas de seringue Pravaz, ce qui est le cas le plus fréquent, il suffit d'inciser rapidement chaque piqûre sur une assez grande profondeur et d'y verser ensuite deux ou trois gouttes des solutions indiquées ; ensuite on exprime bien le sang des tissus ; on fait saigner le plus possible, et, pour terminer, on y applique un petit pansement imbibé de la solution d'acide chromique à 1 0/0.

Si au moment du traitement, la tuméfaction a déjà acquis un certain volume, il faut pratiquer des injections ou des lavages, après avoir fait des mouchetures avec la pointe d'un couteau ou d'un canif, dans l'engorgement.

A ce traitement local, il faut joindre un traitement général, pour prévenir complètement l'absorption du venin déposé dans la plaie par les crochets du reptile.

Ce traitement consiste à administrer par petites doses des infusions toutes chaudes, édulcorées d'alcool pur, fine champagne, cognac, eau-de-vie de marc et cinq ou six gouttes d'ammoniaque.

Ainsi que nous l'avons déjà dit, la vipère ne mord l'homme, que lorsqu'elle y est contrainte pour se défendre ; elle se nourrit de petits animaux, qu'elle peut engloutir complètement et parvient rarement à saisir des oiseaux à cause de son indolence et de sa lenteur.

Le hérisson est l'ennemi acharné de la vipère, nous l'avons dit. Mais la martre et la belette, le putois, l'hermine et aussi la buse et la boudrée, ne craignent pas plus que lui la morsure de la vipère et la saisissent quand ils la trouvent sur leur chemin. Le venin n'agit pas non plus sur les animaux à sang froid, comme la grenouille.

Tous les ophidiens non venimeux existent dans notre département : on trouve les couleuvres et les orvets dans toutes nos montagnes et nos haies.

Le premier genre, la couleuvre est remarquable par la présence de plaques divisées en une ou deux pièces placées à la base de la queue, ces plaques sont divisées par un sillon médian, tandis que les plaques des espèces précédentes sont partout planes. Leur tête est allongée sans dépression latérale et peu élargie à la base.

La première espèce, couleuvre à collier, est colorée fréquemment en brun foncé et cendré à la base du corps ; les parois latérales sont également tachées de couleurs variables ; la ligne médiane est colorée en jaune à la base du corps. La tête a aussi des taches et elle est pourvue d'un collier incomplet de cette couleur ; souvent même une teinte verte, continue la coloration ; dans ce dernier cas la couleuvre est dite verte et jaune.

La deuxième espèce, couleuvre lisse, n'offre rien de bien particulier.

La troisième espèce, couleuvre vipérine, ressemble beaucoup à la vipère par la disposition de ses écailles. De ces trois espèces de couleuvre on ne trouve dans les prairies vertes de la Meuse que la couleuvre à collier. Elle se nourrit de grenouilles et de souris.

C'est un animal dont la morsure est tout à fait inoffensive pour l'homme, elle n'a pas de venin.

Elle peut être classée dans le nombre des animaux indifférents.

Mais il n'en est pas ainsi pour le deuxième genre. L'orvet (onguis fragiles).

Ce pauvre petit serpent cylindrique de couleur brune ou argentée que nous rencontrons dans les endroits gazonnés, les sentiers des bois, le long des haies et des buissons, qu'autrefois je m'amusais à prendre, pour le faire se casser ; avance en rampant lentement, se brise facilement quand on le frappe et meurt le plus souvent victime de notre colère contre les serpents. Cette ardeur à le poursuivre cesserait certainement, si les gens voulaient bien se persuader que l'orvet n'est pas un serpent, mais un lézard sans pattes, organisé de la même façon, se nourrissant de la même manière, de limaces, de limaçons et de vers.

Vogt raconte qu'il a ouvert des douzaines d'orvets, que toujours il a rencontré des limaces et des limaçons des champs.

Il ne tette ni les brebis, ni les vaches, pas plus que la couleuvre à collier, qui va dans le voisinage des étables déposer ses œufs dans les tas de fumier en fermentation. Il ne rend pas aveugles, en passant sur les yeux, des personnes qui dorment et ne pénètre pas non plus dans l'estomac par la bouche ouverte, pour mordre le cœur, comme le disent les ignorants.

C'est un innocent et très utile petit animal que nous devons conserver et même propager dans nos jardins et nos vergers !

Quatrième ordre. — **Batraciens.**

Les Batraciens ont la peau nue absolument dépourvue d'épithélium ; elle est seulement recouverte par une série de glandules disposées latéralement.

Ces animaux éprouvent une série de métamorphoses qui les isolent tout à fait des animaux précédents.

Ainsi dans le jeune âge au sortir de l'état embryonnaire ils n'ont pas encore de membres, leur queue est très longue, ils sont à l'état de larves, on leur a donné le nom de têtards. Dans cet état, leurs poumons sont absolument formés par un système branchial comme celui des poissons, les branchies sont disposées latéralement tout près du cou, fixées à des prolongements de l'os hyoïde. Avec l'âge, ces dispositions changent ; tout ce système se transforme : la tête grossit considérablement, la queue s'atrophie d'arrière en avant, les branchies se détruisent. Il en est de même d'une valvule, sorte d'opercule qui mettait l'eau en communication avec ce centre de respiration. Enfin la peau se déchire, les membres naissent, les poumons poussent, et l'animal a les formes que nous lui connaissons habituellement (grenouille). Ces animaux ont donc un mode de respiration tout à fait particulier ; en effet, il est aquatique dans le jeune âge et aérien dans l'âge mûr. Le cœur a deux oreillettes à cavités distinctes, il n'y a qu'un ventricule. La circulation est excessivement active ; sur une grenouille où on avait fait la section de la moelle épinière, la circulation s'est continuée pendant encore deux heures. Quand le cœur se contracte, la substance musculaire pâlit, quand le sang afflue au contraire, elle rougit beaucoup. Chez ces animaux, il n'y a pas d'accouplement, le mâle se cramponne sur la femelle quand a lieu le moment de la ponte, et arrose les chapelets d'œufs, qui sortent de l'oviducte. Les œufs sont toujours disposés sur le bord des rivières, dans les ruisseaux, dans les mares.

Nous trouvons dans cet ordre cinq genres, tous bien connus dans nos mares et nos étangs où ils vivent et accomplissent leur rôle de destructeurs d'insectes, de vers, de limaces et de limaçons.

Le 1er GENRE. — **La grenouille.**

A quatre pieds et pas de queue, pas ou très peu de côtes, ses doigts sont palmés quatre antérieurs et cinq postérieurs, la peau est nue, non tuberculeuse. L'air est dégluti par un muscle particulier comme nous l'avons vu dans les caractères généraux.

On en connaît deux espèces : 1° La grenouille verte dont la peau est verte en dessous du corps, son cri est très désagréable, surtout la nuit.

2° La grenouille d'eau douce ou rousse,

qui fréquente les prairies cultivées, et s'engourdit parfois l'hiver.

2e GENRE. — Raine ou Rainette.

Pourvues de pelottes visqueuses à tous les doigts, à l'aide desquelles elle s'attache aux arbres. Sa taille est petite, son coassement désagréable.

L'espèce à tête verte est la plus connue.

3e GENRE. — Crapaud.

Cet animal a les pattes courtes, la peau couverte de granulations glanduleuses qui secrètent une matière blanche irritante, liquide et visqueuse. Ils sont dépourvus de dents, sont granivores et omnivores.

L'espèce commune dont la peau est très verruqueuse, dont les pattes sont courtes, a le teint fauve.

La 2e espèce — Crapaud brun — a des taches plus ou moins larges et foncées.

Les autres espèces sont : 3° le crapaud à ventre jaune ; 4° crapaud variable ; 5° crapaud accoucheur qui s'attache à la femelle pendant le moment où les œufs abandonnent le cloaque, il enroule ces œufs à la face interne de ses cuisses, les arrose de sa liqueur procréatrice et plonge ensuite dans l'eau qui délaie la matière agglutinatrice et laisse les œufs s'écouler dans la vase.

Le crapaud, c'est notre auxiliaire le plus utile, quoique fort laid, il est vrai, troublant le calme du beau clair de lune par une chaude nuit d'été en répandant une forte odeur d'ail. Cette laideur a été cause que le gamin de Paris, comme celui de Resson ou de Véel appellent leur adversaire « crapaud », quand ils veulent lui témoigner un profond mépris. Mais heureusement que ce ne sont pas toujours les plus laids les moins utiles ! c'est pourquoi tous les êtres de la création trouvent des amis.

Ainsi il y a quelques années seulement, nous envoyions une grande quantité de crapauds aux Anglais qui les payaient bel et bien un shilling, la livre ou la douzaine, pour les placer dans les jardins maraîchers où on leur préparait des abris. Les Anglais avaient raison, car dit Vogt : « J'avais dans mon jardin un crapaud brun, gros comme le poing. Il rôdait le soir, hors de son buisson et allait sous un banc. Je veillais soigneusement sur lui ; une femme qui l'aperçut un jour le tua d'un coup de bêche et crut avoir fait une belle action ; mais les limaçons mangèrent le réséda qui embaumait tout autour du banc. »

Le crapaud est aussi un auxiliaire indispensable aux vignerons, car les vignes ont pour habituées plusieurs espèces d'insectes destructeurs, qui attaquent les bourgeons pendant la nuit et qui se retirent dès le jour dans la terre autour des ceps. Ils ne peuvent donc être chassés ni par les oiseaux insectivores, qui ne prennent leur proie qu'au vol et pendant le jour, ni par les autres animaux, tels que les lézards, qui sommeillent la nuit.

A chacun son rôle dit Beaupré. « Le crapaud se met à l'affût dès que vient le soir, surtout après les pluies chaudes qui l'engagent à quitter sa retraite et à faire entendre ce coassement, que l'on a comparé au tintement d'une cloche agitée dans le lointain. A mesure que les insectes sortent de leur réduit, il les saisit au passage. »

Il fait aussi une guerre acharnée aux cloportes, aux limaces et aux limaçons. Il faut rendre justice à qui de droit. Depuis que l'instruction pénètre jusque dans les plus humbles hameaux et les plus malheureuses familles, les préjugés s'en vont à grands pas et ceux du crapaud sont nombreux. Les maraîchers français, commencent à suivre l'exemple de l'horticulteur anglais, à l'acclimater dans leurs jardins et à utiliser ses services.

Disons donc, Messieurs les cultivateurs, maraîchers et vignerons pour le crapaud, avec l'ancien poëte :

> Croyez-moi : laideur et bonté.
> Valent mieux que faste et beauté.

et avec La Fontaine.

> Garde-toi, tant que tu vivras,
> De juger les gens à la mine,

Victor Hugo, notre grand poète humanitaire, l'a moralisé dans le petit dialogue suivant :

> « Viens vite, Pierre, viens voir
> Un affreux crapaud tout noir ! »
> Disait Paul à petit Pierre,
> « Nous allons le tuer, ça va nous amuser. »

Et Paul prend un bâton et son frère une pierre.
Ils courent au crapaud pour le martyriser,
Un âne en ce moment, traînant une charrette
Allait mettre le pied sur le corps de la bête;
Il s'arrête
Et s'en va de côté pour ne pas l'écraser.
« Paul, alors dit à petit Pierre,
Qui laisse tomber ses cailloux :
Ah! qu'allions nous faire mon frère?
Un âne est moins méchant que nous. »

Après tout cela on conviendra avec moi qu'il faut conserver et faciliter la reproduction, de ce laid, je l'admets, mais bon et très utile animal!

4e Genre. — Pipards.

Animaux dépourvus de langue, dont les doigts sont excessivement fendus en quatre prolongements. Les mâles des pipards ramassent les œufs après la fécondation les placent sur le dos des femelles qui plongent et s'en débarrassent pour éclore ensuite sous la forme de têtards.

5e Genre. — Salamandre.

Caractères. — Pattes longues, queue très développée et déprimée latéralement, peau noire très glanduleuse. Les glandes sont disposées en séries linéaires; les branchies chez les jeunes sujets sont disposées sous la forme de houppes flottantes, toujours dégarnies de plaques operculeuses.

1re espèce. Salamandre terrestre, dont le corps est couvert de glandes. Cet animal fréquente beaucoup les terrains fourragers et surtout dans les moments des coupes. Les petits naissent vivants.

2e espèce. Salamandre aquatique. Celle-ci pond des œufs; sa queue est déprimée d'un côté à l'autre, elle renferme les espèces dites : nacrées, crétées, pointillées palmipèdes.

Les genres Protéo, Sirène, Axoloff sont des animaux qui gardent leurs branchies toute leur vie et possèdent quand même des poumons, ils peuvent donc vivre indifféremment dans l'un ou l'autre des éléments. Ils sont étrangers à nos pays. Les sirènes ont deux pieds. Elles ne vivent pas chez nous.

Tous ces batraciens se recommandent à notre amitié et à nos soins attentifs. L'Église elle-même savait bien que les cuisses de grenouilles étaient un mets délicat, c'est pour cela qu'elle les a placées avec les poissons parmi les repas les plus maigres.

Les petites salamandres d'eau, dites critons, aux nageoires larges et plates vivent dans les flaques d'eau et les fossés de vers et de limaces et d'insectes.

La grande salamandre terrestre vit de la même façon, dans les bois humides : on en trouve dans les bois de la Woëvre, aux environs des étangs.

Ce petit animal aux taches jaunes à peau noire qui sécrète un mucilage visqueux et blanc, qui répand une odeur d'ail et quelques propriétés caustiques, a été fort mal jugé dans les premiers âges du monde à cause probablement de ses propriétés. Ainsi lorsqu'on irrite les salamandres elles répandent un liquide abondant qui peut éteindre des charbons incandescents, ce qui paraît avoir donné naissance à la fable qui les fait vivre dans le feu, qui les fait danser au milieu d'une fournaise, dit Benvenuto Cellini.

Quatrième embranchement. — Poissons.

Les poissons forment le quatrième embranchement des vertébrés.

Ce sont des animaux généralement ovipares, à sang froid, dont la respiration est toujours aquatique, dont les membres sont transformés en nageoires. Les poissons n'éprouvent jamais de métamorphose comme la grenouille nous en a donné un exemple.

Sous le rapport de la forme, les poissons sont extrêmement variables : d'une manière générale ils ont celle d'une ellipse plus ou moins allongée et déprimée latéralement.

Certains poissons ont une forme presque cylindrique; on dit alors qu'ils sont serpentiformes et cette forme comporte l'absence de nageoires et des nageoires rudimentaires; d'autres sont aplatis, rubanés dans leur longueur; d'autres au contraire sont globuleux; certains sont discoïdes, aplatis d'un côté à l'autre; quelques-uns sont prismatiques; d'autres se rapprochent du rhomboïde; enfin quelques-uns sont complètement asymétriques, ils semblent comme contournés sur eux-mêmes, présentant leurs deux yeux d'un même côté.

Le corps des poissons est recouvert de

productions épidermiques écailleuses; ces productions sont implantées dans le derme; elles s'imbriquent et rendent la surface du corps comme couverte d'une carapace. Chez les poissons qui s'éloignent du type, les productions s'atténuent de plus en plus et ne se réduisent plus chez quelques-uns qu'à de petits tubercules granuleux comme on l'observe chez l'anguille; par contre, il est certains poissons qui présentent, comme chez la tortue, une véritable carapace formée d'une substance solide et calcaire; chez d'autres, ces boucliers sont armés de pointes plus ou moins longues.

Squelette. — Le squelette des poissons présente des différences notables si on le compare à celui des animaux que nous avons parcourus; en effet, certains poissons présentent un squelette osseux, calcaire, solide dans toutes les parties, même celles qui sont les plus ténues, les côtes, les nageoires.

D'autres au contraire, et ce sont ceux des divers échelons, ont un squelette que nous pourrions appeler ostéo-cartilagineux en raison des différentes natures des pièces qui concourent à sa formation.

Enfin, il existe un troisième groupe qui comprend des animaux dont le squelette est uniquement cartilagineux et dans la structure desquels ne se développent jamais de noyaux osseux. La diversité des formes du squelette résulte également de la diversité des formes des poissons. En effet, la tête a une forme toute particulière, et elle est formée par un grand nombre d'os, principalement développés dans le sens de la hauteur. Ces os sont distincts, mobiles pendant une grande partie de l'existence.

On compte six pièces frontales, ou six frontaux particuliers divisés en frontaux antérieurs au nombre de deux, deux frontaux postérieurs et deux supplémentaires. Il y a également trois pariétaux : un supérieur et deux latéraux. Il y a cinq pièces à l'occipital, disposées comme celles des fœtus de mammifères ou comme celles des oiseaux. Le spinoïde présente deux pièces distinctes dont une concourt à la formation de la cloison inter-orbitaire. La mâchoire supérieure se compose de deux os inter-maxillaires et deux maxillaires proprement dits. Enfin, à la mâchoire inférieure se trouve un certain nombre de pièces osseuses qui vont s'articuler au mastoïdien du temporal.

Le condyle de l'occipital se trouve être une pièce unique et médiane; il n'y en a jamais deux. L'appareil operculaire offre une disposition remarquable chez les poissons dont le squelette est osseux.

Cet appareil annexé à la respiration ou plutôt aux organes qui l'accomplissent est formé de quatre pièces; une en avant très convexe à la partie supérieure, une autre dite pré-operculaire, une troisième nommée sous-operculaire, et enfin une quatrième située en arrière. Ces parties sont réunies et soudées entre elles; elles s'articulent directement au temporal; elles sont mues par un système musculaire assez complexe, qui les rapproche ou les éloigne de la ligne médiane selon les mouvements de va-et-vient de l'eau qui se rend ou sort des branchies.

L'appareil hyoïdien extrêmement compliqué est annexé aux branchies : il est composé de différentes pièces dont les unes supportent les arcs branchiaux, dont les autres se portent à la langue et en forment la base.

La colonne vertébrale offre une disposition tout à fait particulière et différente, par conséquent, de celle que nous avons vue jusqu'ici : aussi, il n'existe chez les poissons, ni cou, ni vertèbres cervicales, ni vertèbres lombaires et sacrées proprement dites.

Le corps de toutes les vertèbres ne présente point de tête à la partie antérieure, ses deux extrémités se mettent en rapport par des surfaces concaves creusées d'une cavité assez profonde, sorte de trou plus ou moins parfait rempli, chez l'animal vivant, par une substance molle, quelquefois fibreuse.

La moelle épinière passe au-dessus du corps des vertèbres où elle est protégée par un appareil ligamenteux particulier.

Les apophyses épineuses et transversales des vertèbres sont en général très longues et dans les espaces qu'elles laissent entre elles, ou au delà, on trouve une série d'os appelés inter-épineux, qui portent chacun à leur extrémité une tige mobile nommée rayon servant à soutenir les membranes des nageoires impaires et dorsales.

Enfin le corps des vertèbres se trouve creusé à la base d'une cavité allongée dans laquelle est logée l'aorte.

On conçoit l'utilité de l'aorte, protégée par une muraille osseuse à cause de la fréquence des contractions du sang qu'elle renferme.

La cavité thoracique est assez simple, elle est circonscrite par des côtes allongées et effilées à leur extrémité libre, des arcs osseux ou cartilagineux qui ont peu de connexion entre eux et jamais avec le sternum qui fait complètement défaut.

Les membres sont rudimentaires, ils sont transformés en nageoires, tous les rayons osseux sont atrophiés.

Les membres antérieurs et les nageoires pectorales sont ceux où l'avortement est le moins marqué, ils sont représentés à droite et à gauche par une sorte de ceinture osseuse, partant du crâne où elle s'attache et composée de plusieurs pièces soudées, savoir : un os sus-scapulaire, un os scapulaire et un troisième appelé huméral : c'est à cette ceinture que s'attachent les petits os des nageoires pectorales, lesquels représentent les extrémités des membres thoraciques.

Quant aux membres postérieurs, ils sont beaucoup moins développés encore et représentés également par deux petites nageoires dites nageoires abdominales.

Le *bassin* qui leur sert de support n'est plus qu'un petit os lenticulaire, perdu dans les chairs, ainsi que nous l'avons déjà vu chez les serpents. La position de cet os et des nageoires qui l'accompagnent varie dans les différentes espèces. Ainsi on les trouve surtout dans les régions thoraciques et quelquefois tout près des nageoires pectorales et dans ce cas on les nomme nageoires jugulaires.

On trouve encore à la partie postérieure du corps et sur le plan médian au-dessus du cloaque une nageoire impaire et deux lobes réunis et toujours parallèles au grand axe de l'animal. Ces derniers ont reçu le nom de nageoires anales, il y a encore d'autres nageoires impaires qui prennent le nom des régions qu'elles affectent, telles sont : les nageoires dorsales, les nageoires caudales, etc.

Système nerveux. — Chez les poissons, le système nerveux est tout à fait incomplet, aussi ce sont des animaux très stupides, sans intelligence ni instinct remarquable (1).

Le cervelet n'est formé que par un lobe médian; les deux autres sont avortés. En avant du cervelet, sont deux lobes creux, qui représentent les tubercules bigéminés et plus antérieurs encore sont deux autres lobes, mais pleins, représentant les hémisphères cérébraux.

Ceux-ci sont placés en arrière de deux éminences arrondies très marquées : ce sont les *lobes olfactifs*.

On voit d'après ces dispositions que le cerveau, ou du moins ses parties constituantes, sont disposées en séries continues, à la manière des anneaux d'une chaîne, de chaque côté des corps rétiformes ou des grosses pyramides, des bulbes où l'on trouve deux lobules supplémentaires.

L'œil a une conformation toute particulière et tout à fait digne de remarque. Ainsi, il n'y a pas de paupières mobiles; l'œil est placé sous la peau extrêmement atténuée pour recouvrir la cornée. Entre les paupières et la peau on trouve un espace libre, qu'on pourrait à la rigueur prendre pour l'espace où existe la glande lacrymale des animaux qui en sont pourvus. Disons cependant que chez les oiseaux cet appareil n'existe pas et qu'il ne secrète jamais de larmes. Malgré cette disposition de la cornée, l'œil est extrêmement mobile. La cornée est plane, mais le cristallin est tout à fait sphérique. La cornée est pourvue de cercles cartilagineux, comme les yeux des rapaces.

On sait qu'en physique les rayons lumineux plongés d'un milieu moins dense ou moins réfringent, comme l'air, dans un

(1) Je pourrais citer cependant, comme exception la carpe de M. Cloquemin, ex-manufacturier de Bar-le-Duc.

Cette carpe, a aujourd'hui 15 ans, pèse 3 kilos et vit dans un petit bassin, alimenté par les eaux de la ville, fabriqué en rocailles, dans le milieu d'une cour bien aérée : elle est seule de son espèce, vivant en compagnie de quelques vairons.

Quand des étrangers approchent du bassin, pour l'admirer, elle fuit et se cache dans les anfractuosités du rocher, tandis que si c'est son maître qui l'appelle, elle vient, saisir en dehors de l'eau, le morceau de pain qu'il lui présente.

milieu plus dense ou plus réfringent comme l'eau, éprouvent le phénomène de la réfraction. C'est-à-dire, pour le cas qui nous occupe, que les rayons tendent à se rapprocher d'une ligne dite normale perpendiculaire à la surface où passent les rayons lumineux.

D'après cela tous les rayons qui passent de l'eau dans l'œil du poisson n'éprouvent pas de réfringence avant d'arriver au cristallin.

On voit en effet que le cristallin se trouve enveloppé dans un milieu liquide qui prend le nom, en avant, d'humeur aqueuse et d'humeur vitrée en arrière.

La connexité du cristallin, la densité de sa substance sont donc deux causes qui remédieront à la disposition première et qui tendront doublement, et par la connexité et par la densité, à faire converger les rayons lumineux sur la choroïde et la rétine.

Les nerfs optiques ont une forme toute particulière, ils s'entrecroisent sans commissure, c'est-à-dire sans se confondre.

L'oreille est tout à fait simple, ainsi il n'y a pas de conque, pas de conduit auditif, pas d'oreille moyenne, pas de conduit tympanique, etc. Il y a trois canaux demi-circulaires placés dans le crâne, et souvent dépourvus d'enveloppe osseuse.

Les cavités nasales sont placées antérieurement; elles se terminent en cul-de-sac et n'ont pas de rapports avec l'appareil respiratoire. Elles sont tapissées intérieurement par une muqueuse plissée, qui remplace la pituitaire, et où s'étalent les nerfs olfactifs généralement imparfaits.

Le goût est très imparfait; la langue est peu mobile, pourvue d'un support hyoïdien, osseux, épais, corné et recouvert de papilles dures et coniques ou espèce de dents.

Le toucher est également fort obtus et s'effectue par les appendices appelés barbillons, sorte de tentacules placées près de la bouche.

Appareil digestif. — Le système dentaire des poissons est assez complet, les dents sont disposées en séries continues et généralement sur des plans différents, ce qui fait qu'elles s'usent alternativement, celles qui ne sont pas encore soumises à l'usure sont obliques par rapport aux premières; elles se redressent successivement quand les autres ne fonctionnent plus comme on l'observe chez le requin.

Il y a ordinairement toutes les sortes de dents que nous avons vues chez les reptiles, elles sont désignées d'après les mêmes noms. Ainsi il y a des dents maxillaires, des dents vomériennes, des dents sphénoïdales, et même des dents pharyngiennes. Toutes ces dents sont allongées et terminées en pointe. La présence ou l'absence de ces dents sert à distinguer les espèces.

Le pharynx des poissons est large, il s'élargit de plus en plus en allant vers l'œsophage et est peu distinct de ce dernier. Il sert au passage de l'air.

L'œsophage est court, très large. L'estomac est également élargi, longitudinal, peu renflé, il ressemble à celui des serpents : il est allongé, ovoïde et est accolé à la rate. La rate est cordiforme. Le Pancréas est une véritable glande formée de plusieurs cœcums, sorte de culs-de-sacs, sous la forme de rosaces d'où découle un enduit qui vient se verser dans l'intestin près de l'orifice pylorique, il y a toujours des valvules. L'intestin est court et n'a souvent pas la longueur du corps ; chez d'autres, il est un peu plus long et présente un certain nombre de circonvolutions réunies par un mésentère. Il est tapissé par une muqueuse vasculaire et possède des villosités souvent très longues découpées sur leurs bords. Elles ont des cellules supplémentaires implantées sur leur face à la manière du chevelu des racines des plantes.

L'intestin est pourvu à l'intérieur d'une valvule circulaire en spirale excessivement curieuse, comme on le voit chez le lapin et le lièvre.

Chez le poisson le gros intestin est peu marqué, chez quelques-uns il se rend au cloaque, chez d'autres, il se rend directement à la partie postérieure du corps. Les glandes des poissons sont généralement très petites, les glandes salivaires n'existent pas, le pancréas est excessivement grand, le foie est allongé, ellipsoïde, aplati, il est placé tout près de l'estomac, son canal cholédoque se rend très près du pylore. La structure est très remarquable, le tissu adipeux y est excessivement abondant, il y a plusieurs vésicules biliaires placées antérieurement tout près du cœur, leurs canaux excréteurs sont très allongés.

Le diaphragme manque complètement et la cavité abdominale est tapissée d'une séreuse qui communique à l'intérieur par des canaux particuliers qui peuvent permettre à l'eau de pénétrer dans la cavité.

L'*appareil respiratoire*. — La respiration chez les poissons s'effectue par un ensemble de phénomènes, tout-à-fait nouveaux; c'est une respiration branchiale, la respiration nécessite la présence d'un appareil particulier composé de l'opercule dont nous allons donner la composition. C'est une plaque osseuse mobile formée de 4 pièces distinctes : à la face interne de l'opercule sont des arcs mobiles appelés arcs branchiaux, au nombre de 4 plus ordinairement, et pouvant aller jusqu'à 5, 6, 7. Les arcs sont fixés supérieurement au crâne et inférieurement à l'appareil hyoïdien. Ils portent à leur convexité une rainure où passent les vaisseaux sanguins et présentent du côté de leur concavité des arêtes destinées à arrêter les corps étrangers. A ces arcs s'attachent des membranes muqueuses extrêmement fines, ces membranes, divisées en deux feuillets, s'attachent à la convexité des branchies ou des arcs branchiaux et possèdent dans leur intérieur des divisions de l'artère pulmonaire.

Quand on retire l'animal de son élément, l'appareil branchial bleuit; il rougit, au contraire, quand on le plonge dans l'eau.

Le mécanisme de la respiration est facile à comprendre; en effet, nous avons dit que ni l'eau, ni l'air, ne pénètrent par les cavités nasales, pour se rendre aux branchies, parce qu'elles ne sont pas en communication avec cet appareil : c'est donc par la bouche seulement que passe l'eau nécessaire à la respiration, puis elle gagne les branchies, s'étale sur les arcs branchiaux, circule entre les feuillets membraneux qui enveloppent les artères à la manière de la séreuse des poumons : enfin elle soulève l'opercule pendant le temps qui correspond à l'aspiration et s'échappe au dehors.

Pour certains poissons l'appareil operculaire n'est pas absolument composé de la manière que nous venons de décrire. En effet, chez l'anguille il présente deux ouvertures spécialement destinées à rejeter l'eau qui vient de régénérer le sang des branchies par l'oxygène qu'elle tient en dissolution.

Nous avons dit que les poissons placés hors de l'eau ne peuvent vivre par suite de l'affaissement des lamelles branchiales les unes sur les autres. Pour remédier à cet inconvénient, certains poissons, qui peuvent vivre un certain temps dans l'atmosphère, possèdent dans la partie supérieure des branchies un certain nombre de cellules aquifères, sorte de réservoirs d'eau qui se contractent quand les branchies ou la respiration réclament le besoin d'eau. Leur contraction chasse l'eau qui se répand sur les arcs branchiaux.

La circulation est encore tout à fait caractéristique. En effet, chez les poissons il n'y a qu'un cœur et un plexus.

L'oreillette et le ventricule sont uniques; avant de pénétrer dans l'oreillette, les veines caves se réunissent pour former un bulbe unique, en avant de l'oreillette, qui se contracte indépendamment de celle-ci. L'oreillette unique est découpée sur les bords, dilatée dans son fond. Le ventricule est unique, triangulaire à sa base ou supérieurement, terminé en pointe inférieurement. A ce cœur succède un système veineux nommé artère branchiale qui se dilate, se renfle en un sinus très contractile, qui lance le sang dans les branchies; le sang s'y étale dans les artères dont nous avons spécifié la forme et le trajet et revient par sept ou huit veines qui se réunissent en un trou principal qui constitue une aorte placée sur la ligne médiane. C'est dans cette aorte que s'opère la contraction qui lance le sang artériel dans toutes les parties du corps; d'ailleurs, nous avons décrit sa position et ses appareils protecteurs et raison de son utilité.

Nous voyons donc que cette circulation est tout à fait différente de celle qui nous a déjà occupé et qu'ici le sang artériel ne vient jamais au cœur, qui ne reçoit que du sang veineux, et que l'aorte remplace le cœur gauche des animaux dont la circulation est plus complète.

Appareil reproducteur. — Chez les poissons l'appareil reproducteur est encore autrement organisé que chez les animaux précédents.

Les ovaires sont encore au nombre de deux, mais d'un développement considérable ; ce sont deux sacs énormes, cylindriques, ovoïdes qui s'étendent depuis le cœur jusqu'à la nageoire anale ; ils sont tapissés par une membrane muqueuse en rapport par sa partie antérieure avec le péricarde. Ces ovaires contiennent les œufs et leur nombre est souvent énorme, il est très facile rien qu'à l'apparence de reconnaître des femelles pleines par le développement de leur corps, latéralement les viscères abdominaux sont refoulés dans les cavités pendant le frai. Dans ce moment, les femelles pondent des quantités d'œufs innombrables ; on sait en effet que quelques espèces peuvent donner jusqu'à plus d'un million d'œufs à chaque ponte ; les œufs sont petits, colorés en jaune pâle. Leur saveur est assez agréable. L'oviducte est excessivement développé chez les poissons à génération vivipare ; il l'est moins chez les ovipares.

Le mâle a deux testicules également très volumineux et très allongés ; ils longent l'espace compris depuis le cœur jusqu'à l'anus ; les testicules sont donc intérieurs ; ils sécrètent un liquide qui se concrète à la chaleur et à l'air. Le sperme ne contient de spermatozoïdes qu'à l'époque des pontes ou huit ou quinze jours avant le frai.

Chez la plupart des poissons, il n'y a pas d'accouplement, le mâle répand sa semence en grande quantité sur les œufs des femelles ordinairement déposés sur le bord des eaux.

Chez certains poissons, les cartilagineux par exemple, il y a des organes d'accouplement : c'est un organe qui augmente de volume à l'époque du frai, les spermatozoïdes fécondent les œufs dans l'ovaire ; dans ce dernier cas les poissons naissent vivants.

Peu de poissons font des nids, la plupart abandonnent leurs œufs ou leurs petits s'ils naissent vivants ; souvent même la mère mange ses petits par suite de ses instincts carnassiers.

D'autres femelles ont un certain soin de leurs petits, mais elles n'hésitent pas à les manger quand elles souffrent de la faim ou quand ces derniers sont en danger d'être la proie d'autres poissons plus forts qu'elle.

On reconnaît le mâle ou la femelle chez l'animal vivant, en pressant l'anus d'avant en arrière, si c'est un mâle il en sort un liquide blanc qui est la *laite* ou *sperme*.

L'*appareil urinaire* est très volumineux ; ce sont deux glandes énormes qui naissent dans la cavité thoracique, passent au-dessous du cœur et se continuent jusqu'à l'anus.

De ces organes naissent deux uretères, qui se rendent de la partie postérieure du cloaque à la rencontre de la vessie. Disons cependant qu'à l'autopsie on ne rencontre jamais d'urine dans la vessie des poissons, ce qui est dû à sa contraction musculaire qui chasse l'urine dehors.

Chez les poissons, il y a un organe aérifère tout-à-fait nouveau qu'on désigne sous le nom de vessie natatoire. Cette vessie, qui naît près du cœur et qui se prolonge très loin postérieurement, est piriforme ; sa pointe se dirige en arrière, elle est renflée antérieurement. La forme est néanmoins variable suivant les espèces. Chez quelques-uns elle est simple ; chez d'autres aplatie, bifide, plus ou moins développée ; elle peut même, dans certains cas, surpasser le développement des nageoires. A l'intérieur elle est tapissée par une membrane muqueuse, simple et très flexible ; extérieurement au contraire elle est membraneuse nacrée. Dans la plupart des cas elle communique par des canaux avec l'œsophage : chez certaines espèces ces conduits sont oblitérés.

Cette vessie contient ordinairement un mélange d'acide carbonique et d'oxygène. D'une manière générale, les poissons qui habitent au fond de l'eau ont une vessie pleine d'acide carbonique, ceux qui vivent à la surface l'ont pleine d'oxygène. On ne sait pas parfaitement d'où viennent ces gaz : on a prétendu qu'ils venaient directement de l'air dissous dans l'eau ; d'autres ont supposé une sécrétion interne de la vessie.

On ne sait pas non plus parfaitement, comment agit la vessie natatoire ; ce qui semble, c'est qu'elle a été donnée aux poissons, pour engendrer ou diminuer à volonté la pesanteur spécifique. On sait en effet qu'ils peuvent la comprimer ou la dilater sous l'influence d'un muscle volontaire.

Certains poissons ont à la base du corps un appareil électrique tout à fait particulier, ce sont deux lamelles formées de différentes parties. Ces lamelles sont osseuses recouvertes par une matière gélatineuse. A cet appareil est annexé un système glandulaire très complet. Enfin il est complété par un nombre prodigieux de petits nerfs qui s'y répandent en réseau. Cet appareil électrique est remarquable chez les poissons du genre torpille. C'est un appareil de défense pour ces animaux qui peuvent à leur gré augmenter ou diminuer les décharges. Les torpilles vivent en Amérique. On ne peut les acclimater dans nos pays. Ces poissons sont des animaux carnassiers; ils avalent leur proie au lieu de la mâcher; du reste ils ont un appareil masticateur tout à fait incomplet. Souvent ils se nourrissent d'autres poissons, souvent de leur progéniture; certains mangent des crustacés après en avoir brisé les enveloppes solides. D'une manière générale disons encore que, comme chez les oiseaux qui vivent de crustacés, c'est un bec corné qui leur permet de briser la coquille.

Il en est aussi qui vivent d'herbages, de vase, de vers, etc.

Les poissons habitent toutes les eaux, telles que les eaux salées, les eaux douces, les eaux courantes, les eaux dormantes. Tous n'habitent pas à la même profondeur; les uns fréquentent la surface des eaux, d'autres vivent toujours à des distances plus ou moins éloignées de cette surface, et ceux-ci vomissent quand on vient à abaisser la colonne d'eau qui les couvrait, c'est-à-dire quand on les rapproche de la surface. Enfin, il est des poissons qui habitent à la fois les eaux salées et les eaux douces; ceci se remarque surtout à l'époque du frai. On voit des poissons de mer qui remontent les fleuves et font des parcours de soixante à quatre-vingts lieues, c'est ainsi qu'on a pêché dans le Rhône et même dans la Saône des poissons qui vivent une partie de l'année dans l'eau salée.

Les poissons recherchent pour déposer leurs œufs des eaux tranquilles et émigrent pour cela en quantités quelquefois immenses, comme la morue, les harengs, etc.

Beaucoup de poissons existent dans nos rivières et nos cours d'eau, tous sont comestibles, utiles par conséquent; mais les uns sont carnassiers et les autres vermivores ou omnivores. C'est pourquoi je me contenterai de décrire les caractères généraux et les noms des espèces qui vivent chez nous.

Les poissons comprennent plus de six cents espèces connues; nous en laisserons une grande quantité, pour ne nous occuper que de celles qui sont servies sur nos tables ou qui sont les plus connues.

Sans vouloir donner ici une nomenclature exacte des poissons, disons qu'on a fait deux groupes bien distincts : 1° les poissons osseux; 2° les poissons cartilagineux.

Les poissons cartilagineux sont ainsi nommés à cause de la nature de leur squelette. Ils ont une position et une natation horizontale, ils sont dépourvus de maxillaires supérieurs et d'inter-maxillaires. Leurs dents palatines et ptérygoïdiennes sont implantées dans la peau des lèvres. Ces poissons s'accouplent et sont dits *ovo-vivipares;* on en fait deux groupes. 1° Ceux dont les branchies sont fixes; 2° ceux dont les branchies sont mobiles. Le deuxième groupe est dépourvu d'opercules qui sont remplacés par six ou huit fentes d'où s'écoulent les eaux qui ont servi à la respiration.

TABLEAU DES DIFFÉRENTS POISSONS.

4e *Embranchement.* **Poissons.**	CARTILAGINEUX.	1° Lamproie; 2° Requin; 3° Scie; 4° Raie; 5° Esturgeons { Torpille;

4e Embranchement. Poissons. — OSSEUX.

1° Saumons { Vulgaire ; Truite saumonée* ;
2° Truite* ;
3° Brochet* ;
4° Carpe* ;
5° Barbeau* ;
6° Garde*, Gardon ;
7° Plies ;
8° Carrelet ;
9° Limande ;
10° Turbot ;
11° Soles ;
12° Anguilles* ;
13° Murènes ;
14° Gymnotes ;
15° Perches* ;
16° Boulereau* ;
17° Scombres ;
18° Epinoches* ;
19° Espadon.

Les genres qui existent dans nos rivières sont peu nombreux et tendent à disparaître à cause du trop grand nombre de pêcheurs et surtout des maraudeurs de nuit. Encore une fois ici, on peut dire qu'en France les lois sont faites pour ne pas être observées. On divise les poissons en carnassiers se nourrissant d'autres poissons et en mangeurs de vers ou d'herbes.

Les poissons carnassiers sont : le brochet, la perche, la truite, le boulereau ; ce poisson qui tient de la perche et du goujon remonte les grands fleuves et s'égare souvent dans le canal de la Marne au Rhin dans lequel on le pêche quelquefois. C'est un bon poisson, appelé dans nos pays, goujon-perche.

Les poissons omnivores ou herbivores sont le barbeau, les carpes, et les épinoches : ces dernières petites, aux arêtes piquantes sur le dos, ont des mœurs très curieuses. Elles font un nid à la manière des oiseaux avec des brins de bois, elles le suspendent près de la vase sur plusieurs roseaux entrelacés.

Je ne parlerai ni du vairon, ni du chabot appelé *baveu* dans nos pays et qui, une fois la tête enlevée, constitue de si bonnes fritures. Je ne dirai rien non plus de tous nos petits poissons blancs descendant tous du genre carpe. Cependant je ne veux pas terminer ce chapitre sans dire un mot de la loche, dite loche franche, *moutelle* en Bourgogne, *mouteuille* dans le pays messin. Ce joli et si vif petit poisson appartient à la famille des cobites du genre carpe. Il était très nombreux autrefois, dans les rivières de l'Ornain, de la Saulx et de la Chée. Alors on le pêchait avec des troubles et on en prenait des quantités énormes. Aujourd'hui on pourrait dire qu'il n'existe plus, car c'est à peine si les pêcheurs en prennent quelques-unes. On ne se souvient plus de ces bonnes fritures de loches que l'on mangeait dans tous les villages situés sur le haut-Ornain surtout et c'est grand dommage. Aussi vais-je donner un moyen de le multiplier, heureux si je puis contribuer à le faire réapparaître sur nos tables !

Au mois de mars, dit Joignaux, on ouvre dans une rivière ou un ruisseau, une fosse de 7 à 8 décimètres de profondeur, sur 23 de longueur et 11 ou 12 de largeur. On met des petits cailloux au fond de la fosse. On la couvre de claies et on l'entoure à 16 centimètres des bords, de planches placées de champ. Entre les claies et les planches on entasse du fumier. On ménage dans les planches, en amont et en aval, deux ouvertures : l'une pour laisser entrer l'eau, l'autre pour la laisser sortir. Ces deux ouvertures doivent être revêtues d'une plaque de métal percée de trous.

On introduit dans ces fosses, des loches qui pondent dans les cailloux, qui se nourrissent du jus de fumier et des vers et qui multiplient prodigieusement.

Si on peut le faire, il le faut, car c'est un poisson utile à l'alimentation de l'homme et puisque le conseil général vote une allocation de 1.000 francs pour repeupler d'écrevisses nos cours d'eau, on doit par la même occasion essayer le repeuplement aussi par les loches ou cobites.

Les poissons en général de nos petites rivières, outre qu'ils sont un met délicat et très nourrissant pour l'espèce humaine, lui servent encore à la préserver des nombreux insectes ou papillons qui voltigent à la surface des eaux.

Ce sont donc des animaux utiles à tous les points de vue. Il est triste de voir nos cours d'eau se dépeupler de plus en plus sans qu'on songe sérieusement à empêcher un mal qui va de jour en jour en augmentant. Quand donc la loi sera-t-elle inscrite en lettres d'or dans toutes les consciences humaines? Alors les hommes seront plus sages, et les gardes, gendarmes, etc., auront un rôle facile à remplir, moins pénible qu'aujourd'hui puisqu'ils n'arrivent pas à le remplir complètement. Ce jour serait vite arrivé si tous voulaient se mettre à la besogne, les plus sages donnant l'exemple aux moindres et sévissant contre les mauvais?

Caractères particuliers des poissons cartilagineux.

1er GENRE. — **Lamproie.**

Animal dont le corps est long, serpentiforme et dépourvu de nageoires pectorales, 7 fentes de chaque côté.

2e GENRE. — **Requin.**

Carnassier très vorace dont le corps est long qui peut atteindre jusqu'à 20 ou 30 pieds, le requin a un appareil masticateur très bien développé; il y a 10 à 12 rangées de dents qui s'usent successivement, les dents sont très acérées.

3e GENRE. — **La Scie.**

Dont la bouche est très longue et prolongée par une pièce solide, flexible, recouverte d'une peau visqueuse et où s'insèrent des dents aiguës. Cette arme qui lui sert contre ses ennemis la rend très dangereuse.

4e GENRE. — **Raies.**

Animaux très communs dont le corps est aplati, discoïde, souvent triangulaire, ils ont la bouche et toute la tête contournée sur elle-même. Les dents sont aplaties comme une mosaïque. On en connaît beaucoup d'espèces remarquables par des couleurs plus ou moins prononcées et par des écailles plus ou moins saillantes. Animal très comestible.

5e GENRE. — **Esturgeons.**

Animaux triangulaires, toujours dépourvus de dents, qui remontent les fleuves pendant le frai qu'on rencontre dans la Méditerranée. Les esturgeons-torpilles étaient très estimés des Romains.

Deuxième groupe. — Poissons osseux.

Ces poissons ont un squelette osseux à tous les âges. Ce centre osseux est très marqué, appareil operculaire aux branchies qui ont des fentes comme les cartilagineux.

1er GENRE. — **Saumons** (*Salmo*).

Appareil branchial complet, 5 arcs de chaque côté, ils ont également un appareil masticateur pourvu de dents palatines, maxillaires, ptérygoïdiennes, vomériennes, ces dents sont petites et recourbées. Le corps est tacheté sur la ligne médiane et sur les parties latérales.

On connaît le saumon vulgaire qui remonte les fleuves pendant le frai. On rencontre encore la truite saumonnée qui habite les fleuves et qui s'acclimate très bien dans l'eau du bassin du bois de Boulogne.

2e GENRE. — **La truite.**

Qui vit dans les eaux vives, surtout dans celles des terrains primitifs et de transition, dans les ruisseaux, les cascades.

3e GENRE. — **Brochet.**

Dont le museau est très long et pourvu d'une dépression sur les naseaux. Ce sont des espèces très voraces, qui vivent dans les eaux des étangs et des rivières et qui détruisent un grand nombre d'autres espèces de poissons.

4e GENRE. — **Carpe.**

Poisson très connu, qui vit dans les eaux douces et les étangs. La chair est molle, blanche ; mais elle a un goût de vase, quand elle ne séjourne pas dans les eaux vives. Elle est très commune dans les rivières de France, écailles longues, vessie natatoire disposée en 2 poches.

5e GENRE. — **Barbeau.**

Présentant 4 barbillons à la bouche.

6e GENRE. — **Gade-Morue.**

Poisson de mer. La chair est bonne, on la sale comme les sardines; nageoires ventrales courtes.

7e GENRE. — **Plies.**

Ce sont des poissons plats dont le corps est brun d'un côté et décoloré de l'autre; tout le corps est bombé, ce qui fait que les yeux sont d'un seul côté; généralement à droite, dans une cavité unique.

8e GENRE. — **Carrelet.**

Remarquable par un tubercule à la tête.

9e GENRE. — **Limande.**

Dont les yeux sont portés à droite et dont la chair est bonne à manger.

10e GENRE. — **Turbot.**

Dont la forme est celle d'un rhomboïde. Leurs yeux sont portés à gauche.

11e GENRE. — **Soles ou perdrix de mer.**

Poissons plats dont les branchies sont contournées, très convexes.

12e GENRE. — **Anguilles.**

Animaux carnassiers dont le corps est serpentiforme et les nageoires très petites. Glandes près de la vessie.

13e GENRE. — **Murènes.**

Ces animaux sont encore des poissons carnassiers très voraces, leur appareil branchial est très petit; ils vivent au fond de l'eau. Les Romains les aimaient beaucoup, pour leur goût délicat; on prétend même qu'ils les nourissaient avec la chair de leurs esclaves infidèles. Cette espèce est devenue rare.

14e GENRE. — **Gymnotes.**

Remarquable par la présence d'un appareil électrique. Cet animal paraît être exclusivement propre à l'ancien continent. On ne peut pas l'acclimater dans nos pays.

15e GENRE. — **Perches.**

Dont le museau est dépourvu d'oreilles et les nageoires caudales très près du thorax.

16e GENRE. — **Boulereau.**

17e GENRE. — **Scombres.**

Dont les espèces sont nombreuses et multipliées.

18e GENRE. — **Epinoches.**

Qui possèdent des nageoires sous forme d'épines saillantes. Elles sont remarquables par les nids que font les femelles. C'est un véritable bateau qu'elles construisent dans les ruisseaux, qu'elles recouvrent d'une toiture, comme une petite maisonnette. Les femelles et les mâles veillent tour à tour à la conservation des œufs. Ils emploient beaucoup de ruses pour les préserver de leurs ennemis.

19e GENRE. — **Espadon.**

Remarquable par un énorme prolongement de la mâchoire supérieure. Ce prolongement est déprimé de dessus en dessous et armé de dents de scie. Cet animal est redoutable pour ses ennemis. Souvent il implante sa défense sous la coque des vaisseaux pour s'éviter la peine de se fatiguer et de nager.

2e grand embranchement.

Les Mollusques.

Les mollusques forment le deuxième grand embranchement de la classification de Cuvier. Ce sont des animaux caractérisés par l'absence de squelette extérieur et intérieur, ils sont extrêmement mous et dépourvus de membres thoraciques et abdominaux. Les appareils respiratoires et circulatoires sont très complets, mais il n'en est pas de même pour les autres appareils qui sont bien inférieurs à ceux des animaux des degrés plus élevés dont nous avons fait l'étude.

Bien que les mollusques aient des apparences extérieures très diverses, ils n'en ont pas moins dans leur organisation individuelle beaucoup de rapports qui lient leur chaîne sans marquer de séparation bien distincte.

Ils ont généralement le corps recouvert d'une enveloppe solide, sorte de test, appelée coquille, dont les dispositions sont variables avec les espèces. Au-dessous de cette enveloppe et directement en rapport avec l'extérieur, chez les mollusques à peau nue, est une seconde enveloppe générale qui rappelle un peu le tissu cutané des mammifères. On a donné à cette enveloppe rude, quelquefois écailleuse et poilue, le nom générique de manteau.

Ainsi chez les uns, la peau est nue, chez les autres elle est poilue ou écailleuse.

Généralement, le corps n'est pas cylindrique, il est formé de deux moitiés latérales inégales dont on peut avoir une idée très nette chez les mollusques à coquilles.

Chez les mollusques, on remarque à la partie antérieure de la tête et sur différentes parties du corps des appendices de formes extrêmement différentes suivant les espèces : ces appendices sont destinés à la natation, à la mastication, à l'olfaction, à la préhension, à la perception des objets et à la locomotion.

La peau est épaisse, molle et pourvue d'un appareil glanduleux complet; c'est elle qui subit différentes modifications et constitue le manteau.

Le manteau affecte différentes formes qui servent à caractériser les espèces : ainsi chez les unes, c'est un sac où toute la partie antérieure du corps se replie quand l'animal rentre dans sa coquille. Chez d'autres, c'est une simple expression épidermique comme on l'observe chez les Gastéropodes. Chez d'autres encore il est constitué par deux parties mobiles s'écartant ou se rapprochant comme les feuillets d'un livre suivant des mouvements volontaires. Dans tous les cas, il présente sur sa face interne, un appareil musculaire composé de muscles minces membraneux qui servent à la mobilité propre du manteau et aux jeux des appareils locomoteurs : ils entraînent passivement la coquille et l'animal progresse, mais la progression ne s'exécute pas partout de la même manière.

Indépendamment de ces mouvements généraux, il s'opère encore des mouvements partiels, surtout chez les mollusques bivalves qui ouvrent ou ferment leur coquille, selon qu'ils veulent ou manger ou se sauver de leurs ennemis naturels.

Ces mouvements sont puissamment favorisés par la présence d'anneaux fibreux jaunes, solides et élastiques, dépendant du tissu musculaire. Cette disposition est très remarquable chez les acéphales.

La coquille n'est pas toujours de même configuration : tantôt elle est formée d'une seule pièce variable dans sa forme, quelquefois symétrique, le plus souvent spirivalve comme on le remarque principalement chez les coquillages de mer.

Quand elle est bivalve, les spires qui la composent sont tantôt semblables, tantôt symétriques. Les deux valves sont réunies l'une à l'autre par un lien fibreux, jaune, élastique, qui leur permet de jouer comme les deux lames d'une charnière; il y a en outre des muscles spéciaux qui leur font exécuter des mouvements particuliers. A la mort, les tissus se relâchent, les muscles s'amollissent et la coquille reste ouverte.

Appareil digestif. — Dans beaucoup de mollusques, la bouche est constituée en avant par deux mâchoires horizontales : tantôt elles sont molles et fibreuses, tantôt elles sont cartilagineuses et ressemblent assez aux mandibules des oiseaux. Elles sont articulées à la partie antérieure et supérieure de la tête, tout près des yeux.

Dans quelques espèces, il y a un appareil masticateur à la mâchoire supérieure pourvu d'une dent canine.

Le pharynx est une cavité très simple tapissée à sa paroi supérieure par une plaque écailleuse, qui rappelle assez l'appareil dentaire dont nous avons parlé chez les poissons.

L'estomac offre des dispositions diverses, suivant qu'on examine un mollusque carnassier ou herbivore.

Chez les premiers, il est uniloculaire, chez les autres, il peut présenter jusqu'à trois et même quatre renflements, dont le premier très allongé, à parois minces et de forme ovoïde rappelle le jabot des oiseaux. Le deuxième porte le nom de gésier; il est épais, rugueux à sa face interne. Enfin, les autres rappellent par leur disposition l'estomac des ruminants.

Mais quelle que soit l'analogie qui rapproche ces deux viscères, ils sont tout à fait différenciés par ce seul fait que les bœufs, chameaux, etc., ruminent et que les mollusques ne ruminent jamais.

Bien que la rumination ne s'effectue pas chez les mollusques, les aliments n'en sont pas moins bien triturés. Nous trouvons en effet dans la muqueuse stomacale, chez les estomacs simples ou multiples, des pièces dures, solides, velues, aiguës, sortes de dards d'une structure remarquable qui rappellent les graviers des gésiers de certains gallinacés et qui en ont les usages.

L'intestin est très remarquable, avec de nombreuses circonvolutions surtout chez les mollusques herbivores; il est pourvu sur certains points de son trajet de renflements tubuleux et d'un cul-de-sac à entrée petite et resserrée, servant à recueillir le chyle; ce sont donc des organes digestifs tout à fait propres aux mollusques. L'intestin se rend à la partie postérieure du corps; mais il n'a rien de commun avec les uretères et les organes génitaux : il n'y a en effet jamais de cloaque; il se recourbe d'arrière en avant et vient se rendre près de la bouche tout près des ouvertures génitales.

Les glandes annexées à l'appareil digestif ont une structure très complexe, elles sont toutes parenchymateuses à la manière du foie et du pancréas des animaux supérieurs.

Leur foie est très allongé, bleuâtre et enroulé d'un tour et demi autour de l'intestin. Cette disposition est encore particulière aux mollusques. On sait en effet que le développement du foie est toujours sous la dépendance des organes circulatoires : son mode de sécrétion est tout à fait caractéristique; ainsi, dans les premiers moments du repas, il produit un fluide clair, incolore et contenant plus de glucose; au contraire, vers la fin de la digestion, il sécrète un liquide plus épais, coloré en jaune, amer, et qui a toutes les propriétés de la bile.

Appareil respiratoire. — Cet appareil a des dispositions excessivement nombreuses. Ainsi chez les uns, c'est une respiration aquatique; chez les autres, il est disséminé, etc. Dans les premiers temps de l'existence, il est disséminé par tout le corps et représenté par des cils vibratiles à la manière de ceux de la muqueuse de la trachée ou de la trompe de Fallope; ce sont des cils qui, par leurs vibrations successives, se mettent à chaque instant en rapport avec une nouvelle eau ou un air plus pur.

Chez d'autres ou souvent chez les mêmes, mais à une plus haute période de la vie, apparaissent des appendices ou ailes placées en avant de la tête, où le sang se vivifie.

Mais généralement, après ces modes de respiration, qui sont toujours l'apanage des jeunes animaux, apparaît une respiration localisée plus complète; c'est ainsi que chez les uns elle devient vraiment aquatique, chez les autres vraiment aérienne.

Quoi qu'il en soit, jamais cet appareil n'est fondé sur un type propre à l'embranchement; tantôt, chez les aériens, le poumon est ovoïde, tantôt tubuleux, prolongé comme chez les reptiles ou les poissons. Chez d'autres, il y a un plus ou moins grand nombre de poumons localisés et placés tantôt au dos, au ventre, aux cavités thoraciques ou abdominales. On leur donne le nom de *chambres respiratoires ou pulmonaires*.

Chez ceux à respiration branchiale, les branchies ont aussi des formes très variables : tantôt ce sont des lames empilées les unes sur les autres, comme on le remarque chez les céphalopodes; tantôt ce sont des espèces de peignes pourvus d'un axe central d'où émergent perpendiculairement des divisions latérales; tantôt enfin ce sont des branchies arborescentes, comme un arbre touffu, et pourvues de filaments très flexibles, déliés, qui augmentent la surface sur laquelle l'air et l'eau peuvent agir.

Appareil circulatoire. — Chez les mollusques, l'appareil circulatoire offre une disposition très complexe. Ainsi il y a un cœur aortique constitué par une oreillette et un ventricule toujours en communication. L'oreillette reçoit le sang, le transmet au ventricule par ses contractions et celui-ci le lance dans toutes les parties du corps. La position et le volume du cœur aortique sont sous la dépendance de l'organisation intime de l'individu : tantôt on le trouve en avant du corps et tantôt en arrière, quelquefois tout près des yeux, souvent au voisinage du rectum qui forme un anneau pour lui livrer passage.

L'appareil circulatoire présente encore à examiner deux cours veineux, ces deux cours sont placés tout près des branchies, ils reçoivent le sang des veines caves pour le lancer dans les organes réparateurs (poumons ou branchies).

Du cœur aortique part un système artériel assez complexe. Les artères offrent, dans certains points de leur parcours, des diverticulum, sortes de réservoirs à parois minces d'où naissent des capillaires. Une artère peut ainsi présenter dans son parcours plusieurs dilatations analogues. Il en est de même du système veineux qui présente des lacunes dans plusieurs points de son trajet.

Le sang des mollusques n'est pas coloré, d'où le nom d'animaux à sang blanc par lequel on les a désignés quelquefois; il a une coloration légèrement rosée, violette ou bleuâtre; il est chargé de corpuscules qui n'ont ni la forme sphérique et elliptique des globules des animaux déjà connus; leur forme est très irrégulière et ne peut pas être bien définie.

Système nerveux. — Ce système est généralement simple, ainsi il n'y a pas de cavité, de réceptacle pour loger l'appareil de l'innervation se composant de deux ganglions énormes placés en avant des organes digestifs, comme on le remarque chez les céphalopodes.

Ces deux ganglions occupent des places respectives nettement déterminées. Ainsi le premier est placé en arrière de la bouche, au-dessus de l'œsophage, c'est le ganglion céphalique ; l'autre est au-dessous de l'œsophage, c'est le ganglion sous-œsophagien.

Ces deux forts ganglions sont réunis par des filets latéraux et émettent d'autres filets qui se rendent à toutes les parties antérieures du corps, bras, tête, etc.

Ces ganglions donnent naissance sur leurs parties latérales à de forts rameaux nerveux qui, à droite et à gauche, mais jamais dans le plan médian, donnent des filets secondaires destinés aux organes digestifs reproducteurs du manteau, aux muscles du corps, etc., etc. Ces filets sont renflés en ganglions dans différents points de leur étendue.

Organe des sens. — Quant aux organes des sens, ils sont généralement imparfaits.

L'œil cependant semble faire exception; ainsi on trouve bien chez les céphalopodes une cornée transparente, un cristallin, une humeur vitrée, une humeur aqueuse, etc. ; mais on voit que le nerf optique, au lieu d'être un faisceau nerveux unique, comme nous l'avons vu, se compose de plusieurs ramifications nerveuses non anastomosées qui percent la sclérotique en des points différents pour venir isolément constituer la rétine, le cas est encore particulier à ces animaux.

Les yeux n'occupent pas toujours la même disposition ; c'est ainsi que chez les escargots, nous les voyons placés à l'extrémité des tentacules et représentés par les points noirs qui les terminent là, ils y sont enveloppés par leur capsule qui contient tous les éléments de la vue, liquide, cristallin, nerf, etc.

L'oreille est représentée par deux cavités, une droite et une gauche, situées près des ganglions céphaliques, elle est assez incomplète, il n'y a pas de canaux demi-circulaires, pas de tympan ; pas d'os comme nous l'avons vu chez les mammifères et les oiseaux, tout est remplacé par des productions solides qui rappellent la disposition qu'on observe chez les poissons dégradés.

La gustation paraît ne pas exister, il en est de même de l'olfaction.

Le toucher est assez parfait : on voit en effet, qu'il y a dans leur peau de longues branches nerveuses très fréquemment anastomosées. Ce sont les tentacules qui paraissent être les agents de ce sens. On voit d'ailleurs qu'elles précèdent toujours la masse du corps et qu'elles s'invaginent sur elles-mêmes quand elles rencontrent des obstacles.

Appareil reproducteur. — L'appareil reproducteur éprouve beaucoup de modifications dans le parcours des espèces. Ainsi il y a des animaux à sexes séparés, mais peu distincts, il y en a d'autres dans cette même catégorie, dont les organes génitaux sont très apparents.

Il en est qui sont hermaphrodites et qui se fécondent eux-mêmes, comme on le remarque pour les huîtres : d'autres de ce même groupe ont au contraire une fécondation réciproque, comme les escargots.

Quoi qu'il en soit, les mâles ont des testicules très longs, tubuleux, appelés réservoirs spermatophores, ils sont enroulés en spirale et contiennent un liquide visqueux très fourni de spermatozoïdes, surtout à l'époque du printemps. On peut en rendre la présence très évidente, car ils sont très mobiles et plus gros que ceux de beaucoup d'autres animaux.

Parfois il y a un pénis, souvent il manque ; quand il existe, il est très développé, blanc et se renverse sur lui-même ; sa longueur change avec les espèces ; cependant il est toujours pourvu d'une pièce solide sorte de dard calcaire, qui paraît être destiné à exciter la femelle.

L'appareil reproducteur des femelles se compose d'un double ovaire tubuleux et qui donne naissance à des œufs d'une structure assez compliquée. Ainsi, ils ont une enveloppe calcaire solide. Ces œufs, au moment de la ponte, chez les espèces aquatiques, sont couverts d'une matière visqueuse qui les réunit les uns aux autres. Souvent ils flottent dans l'eau et ont l'apparence d'un chapelet allongé.

Quand les femelles pondent des œufs, elles les entourent d'une capsule fibrineuse, demi-solide, sorte de produit de sécrétion auquel on a donné le nom de ovigère.

Organes de sécrétion. — Les organes de sécrétion sont excessivement remarquables chez les animaux de cette classe. C'est une sécrétion générale qui a lieu sur toute la surface du corps et à laquelle on a donné un nom particulier.

D'autres sécrètent des produits analogues à la soie qui les fixent aux rochers.

Dans beaucoup d'espèces, la coquille est également sécrétée par la peau, elle est formée de filaments perpendiculaires à la coquille ; en dehors de celle-ci, il y a une autre enveloppe solide, de nature calcaire et extérieurement une dernière couche de nature épithéliale qu'on enlève toujours quand on prépare des coquilles pour les conserver dans les collections.

D'autres sécrètent une matière colorante noire dite Sépia très remarquable chez les céphalopodes ; on s'en sert pour fabriquer l'encre de Chine.

Chez d'autres, tels que les pholades, il y a une sécrétion particulière qui perce les pierres des rochers où ils se fixent.

Aristote avait anciennement divisé les mollusques, en mollusques nus et mollusques à coquilles.

Linné les avait réunis aux vers et aux mouches. C'est Cuvier qui les classa le mieux.

L'embranchement comprend six classes :

1re Les céphalopodes.
2e Les ptéropodes.
3e Les gastéropodes.
4e Les acéphales.
5e Les brachiopodes.
6e Les cirrhopodes.

En voici la classification suivant leurs caractères généraux.

CLASSIFICATION

Troisième embranchement. — **Mollusques.**

				Classes	Genres
A Tête	Distincte, à tentacules	Très longs, entourant la tête, servant de pieds ou de bras.		1° *Céphalopodes.*	1° Poulpes. 2° Seches. 3° Nautiles. 4° Argonautes.
		Antennes courtes ou nulles	nageant à l'aide de membranes latérales.	2° *Ptéropodes.*	1° Clio. 2° Limacine.
			se traînant sur un disque ventral.	3° *Gastéropodes* à poumons.	1° Aphyes. 2° Tritonies.
				à branchies.	1° Limace. 2° Escargot.
	Non distincte	Sans tentacules		4° *Acéphales.*	1° Huîtres. 2° Moules. 3° Pholades. 4° Tarets.
		à tentacules charnus non articulés.		5° *Brachiopodes.* 6° *Cirrhopodes.*	1° Térébratules. 2° Lingules. 3° Orbicules.

Presque tous ces mollusques ne vivent que dans la mer, quelques-uns sont connus pour leurs propriétés médicinales. Je ne les décrirai pas; je me contenterai de dire que le genre seche est un céphalopode dont l'os, dit os de seiche qui lui sert de coquille rudimentaire est composé de carbonate de chaux, qui sert en médecine comme absorbant. Elles sécrètent en outre un liquide noirâtre plus ou moins intense, qui sert à préparer la couleur appelée à Rome sépia, que l'on emploie en peinture.

Les autres mollusques, qui nous intéressent surtout sont les gastéropodes, parce que c'est dans cet ordre que nous trouvons ces mollusques si nuisibles à nos jardins potagers ou fleuristes et à nos fruits ; mais très utiles au point de vue de l'alimentation publique. Ils ont quatre ou seulement deux tentacules. Ceux qui en ont quatre sont tous terrestres : ceux qui en ont deux sont ou aquatiques ou terrestres. Dans le tableau suivant nous nommerons la série des genres principaux de cet ordre.

1° Tétracères ou à quatre tentacules.	nus	manteaux formant un repli en forme de boucles. .		Limace.
		manteau sans repli		Vaginelle.
2° Testacés ou à coquille.	tortillon nul ou rudimentaire anus et trou respiratoire	à l'extrémité postérieure du corps . . .		Testacèle.
		au côté droit du manteau		Parmacelle.
à coquille.	tortillon roulé en spirale	coquille incomplètement recouvrante.	manteau recouvrant la coquille.	Vitrine.
			manteau non recouvrt.	Ombrette.
		coquille recouvrante	Hélice ou	Escargot.

Dicères ou à deux tentacules.

1° Nus				Onchidie.
2° Testacés.	A. Coquille à spire plane.			Planorbe.
	B. Coquille à spire saillante.	Pas de dents aux bords de la coquille	Pas de plis à la columelle. bouche à droite.	Lymnée.
			Pas de plis à la columelle. boucheàgauche.	Physe.
			plis à la columelle	Auricule.
		Dents.	à la lèvre droite seulement.	Scarabée.
			à la lèvre et à la columelle.	Pietin.

1er *genre*. — **Les limaces**, qui forment le premier genre, sont toutes très nuisibles et trop connues pour que je les décrive. Je me contenterai de dire, qu'elles sont faciles à reconnaître à leur corps nu, plat inférieurement et convexe supérieurement où il offre un repli du manteau en forme de bouclier. Leurs yeux sont placés au sommet des plus longs tentacules (cornes). Ces animaux sont tous nocturnes, herbivores et frugivores. On connaît un grand nombre de variétés de limaces; les unes rouge brique, rouge foncé, rouge brun; en en voit d'autres grises, jaunes, etc. On dirait à voir ces couleurs si variées, qu'elles les empruntent aux plantes et aux fleurs qui les nourrissent. Ainsi la limace rouge, est celle que nous rencontrons fréquemment dans nos campagnes et qui mesure de 11 à 13 centimètres. La limace rouge vermillon, la limace bronzée et la limace noire n'en sont que des variétés.

On nomme arion des jardins une limace de 30 à 40 millimètres de longueur, d'un roux malpropre, mélangé de gris et de verdâtre. La tête et les tentacules (cornes) sont noirs. Elle se tient dans les bois, près des fossés, sous les pierres et les feuilles mortes. Au jardin elle attaque les chicorées.

On nomme limace cendrée ou grande limace grise, une espèce de 16 centimètres de longueur, commune dans les caves, les serres à légumes, les laiteries. Le soir, elle visite aussi les jardins.

On nomme limace tachetée, ou limace des caves, une espèce rousse ou jaunâtre, marquée de taches claires. Elle a de 10 à 12 centimètres de longueur. Elle s'engourdit à peine en hiver et fréquente les caves et les celliers.

On nomme Limace agreste, une limace grise ou roussâtre de quatre à cinq centimètres de longueur. C'est la plus nuisible de toutes dans les champs et les jardins. Mais peu m'importe qu'elles appartiennent à telle ou telle variété : toutes sont très nuisibles et causent de grands dégâts dans nos jardins surtout où, le soir d'une journée chaude et pluvieuse, elles se mettent en campagne pour prendre, à l'abri de la lumière et du bruit, leur repas quotidien. Mais heureusement aussi, qu'il y a bon nombre de sentinelles vigilantes dans ces mêmes jardins bien entretenus. Le bon crapaud, lui aussi se met en campagne doucement, lentement, se traînant sur son gros ventre sur la piste de la limace, qu'il ne tarde pas à découvrir et à dévorer. Le hérisson notre paisible et bonasse porc-épic nous aide aussi avec le corbeau, le choucas, les taupes et la musaraigne, les canards et les poules, à nous débarrasser de ces hôtes gluants.

Malgré ces aides que la nature a créés tout exprès pour l'homme; malgré la quantité innombrable qu'ils dévorent; le développement des limaces est si rapide pendant tout l'été que l'on n'arrive jamais à bout de s'en débarrasser complètement.

Beaucoup de moyens ont été indiqués pour les détruire, tous sont bons; mais insuffisants. Cependant il est intéressant de connaître les principaux. Voici ceux qui me semblent les plus pratiques.

On attire facilement les limaces, en plaçant sur le gazon, pendant la nuit une planche mouillée, qu'on arrose pour entretenir l'humidité autour.

Dans les plates-bandes, on place çà et là des morceaux de courge dont elles sont friandes. Ce dernier moyen a le mauvais côté de ne pouvoir être employé qu'en automne et c'est au printemps que les limaces font le plus de mal en mangeant les jeunes plantes. Pour s'en débarrasser à cette époque de l'année, il faut se servir des cendres de bois et pour plus d'efficacité, des cendres de four à chaux, plus corrosives sur les larves visqueuses que la cendre ordinaire.

On les répand sur le sol où se trouvent les plantes à préserver, ainsi que sur elles-mêmes, et surtout sur la face inférieure de leurs feuilles. On peut se servir pour ce travail du soufflet à soufrer la vigne.

Un autre procédé, consiste à répandre le soir, du son sur le sol. On trouve, le lendemain matin, toutes les limaces et escargots du voisinage en train de se repaître de son, dont ils sont très friands. On peut ramasser les escargots à la main pour les manger; quant aux limaces, on se munit d'une grande épingle à chapeau, ou d'une aiguille à tricoter et on les y enfile les unes après les autres ou à la brochette.

Il ne reste plus qu'à déposer les captures dans un vase rempli d'une forte solution de sulfate de cuivre qui les tue instantanément.

4e genre des Gastéropodes

Escargot

Animal très connu et mangé dans le courant du printemps, après l'abstinence d'hiver (Il dégarnit son estomac avant de dormir). C'est un animal dont les excréments sont colorés en vert foncé et dont la nourriture se compose de jeunes pousses.

C'est sans contredit le genre qui renferme les espèces les plus nombreuses et les plus variées, aussi en a-t-on établi plusieurs sections, d'après les caractères tirés de la coquille, et que beaucoup d'auteurs considèrent comme des genres. Les principales sont les suivantes :

1° Vrais Hélices dont l'ouverture est plus large que longue et un peu en croissant.

2° Les Bulliers, qui ont l'ouverture plus haute que large.

3° Les Agathines, qui ont la bouche également plus haute, plus large, mais non bordée.

4° Les Maillots (*pupa*) dont la spire est allongée, obtuse, la bouche très petite et garnie de dents.

5° Les Clausilies (*clausilia*) dont la coquille est pointue, la bouche dentée avec une lame calcaire qui forme une sorte de cloison.

Toutes ces espèces, avec beaucoup d'autres, que je ne puis citer, recherchent en général les lieux sombres et humides. Ils sont très abondants dans nos jardins, nos vignes et nos vergers. Ce sont, comme les limaces, des animaux qui causent de grands dommages à nos légumes et à nos fruits.

Mais, puisque dans notre département nous nous servons de plusieurs espèces pour en faire un mets délicat, nous devons les considérer comme des animaux utiles, du moins les espèces comestibles.

Ces espèces sont : 1° l'hélice vigneronne, qui vit en abondance dans nos vignes, porte une coquille univalve, turbinée, presque globuleuse, de couleur rousseâtre, avec des lignes transversales très peu distinctes.

Comme notre gros escargot des bois, des haies et des champs, il peut à volonté rentrer la totalité de son corps dans l'intérieur de sa coquille et aux approches de l'hiver il s'y renferme complètement en bouchant l'ouverture au moyen d'une membrane mince et calcaire dite opercule.

Cet escargot est très recherché dans nos campagnes pour ses propriétés culinaires. Il est plus délicat que l'escargot des champs.

2° L'hélice chagrinée, que l'on trouve aux environs de Paris seulement et que l'on mange aussi.

3° L'hélice lactée qui vit dans les vignes des environs de Perpignan, il est mangé aux environs de Valence.

4° L'hélice némorale est le petit escargot jaune rayé de brun que l'on trouve dans les jardins et les bois. Il y en a des variétés de toutes couleurs. Ils sont comestibles; mais ils sont trop petits et leur corps est trop peu charnu, pour qu'on les utilise.

Comme mets nourrissant, l'hélice mignonne est une variété de l'hélice némorale.

Ce petit escargot blanc, un peu plat, se trouve dans les bois ou aux bords des ruisseaux. Tous ces mollusques ont à peu près les mêmes mœurs. Nous en dirons quelques mots, car ils sont très recherchés et d'une grande utilité dans nos pays où ils servent à la nourriture de l'homme.

Mœurs. — Les escargots à l'approche de l'hiver se logent dans les trous des murs, dans la terre, les haies et sur la berge des fossés, dans la mousse, au midi le plus ordinairement et à quelques centimètres seulement de profondeur. Ainsi cachés ils s'enferment dans leur coquille, au moyen de l'opercule crétacé qu'ils sécrètent et qui les couvre complètement. Ils ne sortent de là que vers le mois d'avril, par un temps tiède et pluvieux. A cette époque, ils sont comme en hiver très friands; car ils ont vécu de leur propre substance, ils sont délicats.

Plus tard, lorsqu'ils voyagent, qu'ils mangent de l'herbe, de la salade, ils ne valent plus rien, ils sont coriaces, sales et souvent dangereux. Les escargots sont l'objet d'un grand commerce en hiver. Ils se vendent sur le marché de Bar, en février, mars et avril par sacs qui sont quelquefois même expédiés sur Paris.

Ils sont gros et dodus si l'opercule bouche complètement l'orifice de la coquille.

Pour les conserver on les ramasse au printemps, on les parque dans un endroit clos de mur, à l'ombre des arbres et près d'un ruisseau, si c'est possible; ce parc s'appelle une escargotière. Louis Poirson au Rond-Chêne en avait établi une derrière son séchoir des houblons, à l'ombre d'un bois touffu. Mais les escargots, malgré les murs parvenaient à fuir; aussi plus malin qu'eux, Louis ferma le mur par une petite palissade plantée de longues pointes, très rapprochées les unes des autres : le fer étant lisse et froid, nos bons escargots se contentèrent de se blottir sous l'abri du milieu ou contre le mur en planches du séchoir et ne sortirent plus.

On peut aussi les empêcher de fuir de l'escargotière en semant sur le talus, du thym, du cerfeuil, de la sariette, de la menthe et du persil.

Autrefois on disait : « l'escargot est l'huître du pauvre », mais aujourd'hui, riches et pauvres le recherchent, surtout lorsqu'il est bien préparé, comme on le fait presque partout dans la Meuse, surtout à Ligny, Revigny et Verdun. Dans l'Aube, du côté de Troyes, l'escargot est très recherché, il est l'objet d'un grand commerce qui tient de l'industrie.

Non seulement l'escargot est un aliment utile, mais il sert aussi en médecine, moins cependant aujourd'hui qu'autrefois. On préparait un bouillon d'escargots, comme adoucissant dans les affections des bronches et des poumons. On fait aussi un sirop d'escargots.

Cet usage de manger les escargots se perd dans la nuit des temps. Les Romains les estimaient déjà, car ils en faisaient des parcs où les escargots finissaient par acquérir un volume considérable.

Quoique les sexes du colimaçon soient réunis, il doit y avoir accouplement, pour la reproduction, qui se fait pendant toute la belle saison, lorsque la terre est mouillée. Les œufs sont ordinairement blanchâtres, arrondis et enveloppés d'une couche calcaire formée de petits cristaux de carbonate de chaux : ils sont disposés sur les feuilles au pied des végétaux, sur les troncs d'arbres, etc. Les petits ne tardent pas à éclore, ils sortent avec leur coquille encore fragile, très petite, mais peu à peu celle-ci se durcit et grossit : l'accroissement des petits colimaçons, qui est d'abord assez rapide, le devient beaucoup moins ensuite.

Les escargots vivent plusieurs années.

Nous terminerons l'histoire des mollusques, par les acéphales; les moules, les huîtres, etc., que l'on ne trouve que dans la mer et qui, presque tous servent, non de nourriture, mais plutôt comme apéritif aux palais délicats, aux estomacs maladifs ou gourmands (1).

(1) Aux époques primaire et secondaire, notre pays a été envahi par les eaux de la mer, aussi rencontre-t-on, de grandes quantités de coquillages fossiles dans les terrains qui bordent les rivières d'Ornain et de la Saulx. Dans les marnes des collines de Tronville, qui sont exploitées pour la fabrication de la chaux hydraulique, on rencontre des mollusques fossiles de grandes dimensions, des ammonites, voire même des vertèbres ayant appartenu aux mastodontes.

Ces mollusques fossiles se rencontrent aussi mélangés dans certains sables de nos environs, surtout dans les sables verts des Argonnes, en compagnie d'ossements exclusivement calcaires ou phosphatés formant les coprolithes qui sont transformés en phosphates fossiles par l'agriculture.

Les espèces térébratules, lingules et orbicules, de la classe des Brachiopodes se retrouvent aussi chez nous à l'état de fossiles, dans la couche néocomienne, des terrains des vallées de l'Aire et des Argonnes.

Quant à la sixième classe, les Cirrhopodes, que plusieurs auteurs ont placés dans les articulés, sont des animaux singuliers et marins, fixés aux rochers, soit par un pédicule mobile, comme dans les anatifes, soit par leur base comme dans les balanes ou glands de mer et les coronules. Nous n'en dirons rien.

3e *embranchement*. — **Articulés.**

C'est surtout dans celui-là, que nous trouverons ces infiniment petits, si nuisibles par leur nombre et les dégâts qu'ils commettent à notre agriculture; les maux qu'ils occasionnent quelquefois à l'homme et aux animaux, qu'ils occasionneraient bien plus encore, si à côté et pour les détruire, en grande quantité nous n'avions pas ces bons auxiliaires ailés qui, tout en travaillant pour nous, remplissant le devoir que la nature leur a imposé, nous égayent par leurs chants si multiples et si mélodieux.

Cette étude des articulés, dans lesquels nous avons les insectes et les papillons, doit donc être faite le plus complètement possible, car presque tous vivent à nos dépens. J'essayerai de la mener à bien, et pour cela, je me servirai des notes que j'ai prises dans ma jeunesse, alors que j'aimais à chasser au crépuscule, les hannetons et les cerfs-volants. Je me servirai de la belle collection et des notes de M. Bernard, mon compatriote de la Moselle, qui après l'exécrable annexion de notre beau département, revint à la patrie mère et fut nommé instituteur à Trémont.

Pendant qu'il remplissait cette noble profession à Boulay, il recueillit, à sa sortie de l'école normale de Metz, tous les insectes qu'il put prendre, les classa dans des boîtes *ad hoc* et en fit ainsi une charmante vitrine malheureusement enfouie dans des armoires.

Un pareil travail ne doit pas rester sans récompense, aussi ferai-je aujourd'hui l'éloge de la collection de M. Bernard. Je citerai textuellement les lieux où il a recueilli les belles variétés qu'il possède. Du reste, je suis heureux de le publier ici. Je n'ai pas été le premier, ni le seul à reconnaître le mérite de cette collection car sur la prière de M. l'inspecteur primaire et par lui-même cette collection fut exposée à Paris dans la section d'ornithologie et obtint la juste récompense qu'elle méritait (une médaille d'or). J'en aurai dit assez sur l'importance que je crois donner à ce traité des insectes nuisibles et utiles à l'agriculture si j'ajoute, que les ouvrages de M. Brevïquier de Verdun et la magnifique collection de Louis Poirson, du Café des Oiseaux de Bar, m'ont aidé à faire une étude complète des papillons et des insectes que l'on rencontre en si grand nombre dans la Meuse.

Que tous reçoivent ici l'hommage de ma reconnaissance.

Articulés ou Annelés.

Les articulés et les annelés forment le troisième embranchement de la classification de Cuvier.

Cet embranchement comprend un grand nombre d'animaux et on en fait 6 groupes ou 6 ordres distincts pour en faciliter l'étude.

					Classes.
Articulés.	Pas de membres.				1o Annélides.
	Membres.	Plus de six.	Respiration branchiale.	Une coquille	2o Crustacés.
				Pas de coquille.	3o Cirrhopodes.
			Respiration trachéenne.	8 pattes.	4o Arachnides.
				plus de 8 pattes.	5o Myriapodes.
		Au nombre de six			6o Insectes.

Les caractères généraux et bien tranchés que tous ces animaux présentent sont les suivants :

Le corps est normalement annelé, c'est-à-dire pourvu d'anneaux transverses dont les saillies et les enfoncements sont plus ou moins marqués chez les différentes espèces.

Les appareils locomoteurs ne sont pas constants; quand ils existent, leur forme est toujours symétrique. Dans beaucoup d'espèces, on trouve une sorte de squelette extérieur dont une pièce médiane et principale forme la base, et des pièces latérales articulées à la première, forment les appareils locomoteurs; souvent ce squelette acquiert une dureté pierreuse, d'autres fois il est flexible. Tels sont pour le premier cas, certains crustacés et pour le second un grand nombre d'insectes. Le système nerveux des articulés est tout à fait caractérisé. Ainsi il se présente d'abord dans une position tout à fait différente de celui que nous avons vu jusqu'à présent. La masse nerveuse est placée à la base de l'appareil digestif, elle est constituée par une série de ganglions réunis entre eux, et dont le premier est placé au-dessus de l'œsophage. De tous ces ganglions émergent une foule de rameaux qui se rendent dans tous les organes qui doivent en être pourvus. Tels sont les caractères les plus saillants des annelés.

1re CLASSE. — Annélides.

Ainsi nommés parce que leur corps, ordinairement mou et de forme cylindrique, est partagé en un certain nombre d'anneaux ou segments (vers de terre, sangsues).

Ces animaux sont encore désignés sous le nom de vers à sang rouge. Leur corps est parcouru de divisions transverses qui segmentent le corps en un grand nombre de parties; chez certains d'entre eux, les divisions sont peu marquées et sont remplacées par des replis cutanés. Tels sont les sangsues, les lombrics. Le premier anneau représente la tête assez peu distincte, à l'œil nu. Chez beaucoup d'annélides, cette tête porte la bouche, l'appareil masticateur et les ganglions sus-œsophagiens.

Les appendices locomoteurs manquent dans la plupart de ces animaux.

Appareil digestif. — La bouche est tubuleuse. Certains d'entre eux ont des mandibules; mais elles sont flexibles, molles, et souvent elles ne sont formées que par une plus grande épaisseur de derme, souvent aussi elles sont remplacées par des ventouses ou suçoirs.

Appareil respiratoire. — Les organes de la respiration n'ont rien de bien saillant, tantôt ils sont aériens, tantôt ils sont aquatiques. Les poumons des premiers sont des organes fort simples; ce sont des petites cavités aréolaires, coniques ou cylindriques et toujours en communication avec l'air extérieur : par leur fond ces cavités se prolongent en tubes trachéens qui se répandent et se subdivisent dans l'intérieur du corps, ainsi que nous le verrons chez les insectes.

Ceux à respiration aquatique ont des appareils disposés, comme chez les poissons, avec des arrangements généralement simplifiés : ainsi les branchies sont toujours extérieures au moins dans la plupart des cas; tantôt ce sont des arbuscules ramifiés, tantôt des pinceaux étalés, tantôt des panaches réfléchis et leur position, relativement au corps, est encore excessivement variable. On les trouve chez les uns à la tête, chez les autres près du thorax, tantôt encore dans les régions abdominales, dorsales, etc. Ces caractères servent à distinguer les espèces.

L'appareil circulatoire a ici, des différences anatomiques très marquées : ainsi il n'y a pas de cœur proprement dit; il y a un vaisseau d'où émerge un système veineux : les deux circulations sont jointes, d'une part par les capillaires du corps, d'autre part par les appareils respiratoires. On voit donc qu'ici l'appareil circulatoire représente une grande ellipse dont le grand diamètre répond au grand axe du corps.

Les annélides sont des hermaphrodites à la manière des mollusques. Néanmoins leur accouplement est réciproque.

Ces animaux ont des mœurs paisibles, on les rencontre dans les eaux stagnantes, dans la vase, dans les marais, les fumiers, dans l'air, dans l'eau, etc.

Cette classe se divise en trois ordres, neuf genres et beaucoup d'espèces, en voici le tableau synoptique.

Ordres.	Genres.	Espèces.
1° Les Tubicoles. . . .	1° Serpules. 2° Sabelles. 3° Amphitrites.	Les différentes espèces habitent la mer.
2° Les Abranches . . .	1° Lombrics.	Lombric terrestre ou ver de terre.
	2° Sangsues.	Sangsue verte. — grise. — dragon.
3° Les Dorsibranches. .	1° Néréides. 2° Eunices. 3° Amphinomes. 4° Arénicoles.	Les différentes espèces habitent la mer ou les sables qui la bordent.

Comme on le voit, peu d'espèces vivent dans notre département. De tous les annélides, les abranches seuls y vivent et seront étudiés. Les uns sont utiles en médecine, ce sont les sangsues ; les autres sont nuisibles, les lombrics.

2e ORDRE. — Abranches.

Animaux dont les organes respiratoires sont disséminés. La peau est elle-même un organe respiratoire ; elle est toujours dépourvue de mucus dans toute son étendue, il n'y a pas de branchies, ni de respiration trachéenne, c'est de là que leur vient leur nom. Ils comprennent :

1er *Genre.* — Lombric.

Ces animaux ont le corps pourvu de nombreuses stries, ils sont dépourvus de dents, d'appareils locomoteurs, d'organes du tact (tentacules). L'intestin est droit, un peu ridé dans sa longueur ; on peut le rendre très visible en incisant la peau sur la région dorsale. En l'incisant sous le corps on trouve la chaîne ganglionnaire nerveuse dont nous avons parlé. Ici les nerfs sont nombreux, très multipliés, car les sections d'un corps de lombric, donnent des tronçons qui s'agitent longtemps encore après la section.

Les lombrics sont hermaphrodites et les orifices sexuels sont placés sur le milieu du corps. Ils s'accouplent en juin à l'époque où ils sortent de terre.

L'oviducte de la femelle est large, flexueux, il se dilate au voisinage de l'anus et les œufs éclosent dans son intérieur, ce qui fait dire des lombrics qu'ils sont vivipares. Parmi les espèces le lombric terrestre est le plus connu, on le trouve dans la vase ; il se plaît dans les lieux humides et cause de grands ravages par son mode d'alimentation : il se nourrit, en effet, comme les vers blancs des fraisiers, des jeunes herbes, des racines tendres. On le trouve plutôt près des jardins, près des cours d'eau qu'à la campagne. Tous les lombrics sont nuisibles. Ils sont très estimés des volailles. C'est pourquoi il serait facile pour les détruire de mettre les canards dans les vergers.

« J'ai cru pendant longtemps que les lombrics ou vers de terre étaient inoffensifs, mais j'ai eu la preuve du contraire en Belgique. Ils détruisent en peu de temps des planches de légumes. Ils attaquent surtout les choux qu'on vient de repiquer ; ils réussissent à les courber, à les enfouir par la tête et à les dépouiller de leurs jeunes feuilles. Qu'en font-ils ? Je l'ignore.

« Dans l'Ardenne belge, chaque fois qu'on fait des repiquages de choux, on a soin d'éparpiller, sur la terre des planches, de l'herbe tendre et verte, afin d'amuser les vers. Le fait est que pendant qu'ils tirent cette herbe à eux et l'enterrent, ils ne touchent pas aux plantes repiquées.

« J'affirme la chose par expérience. Les gros vers ne sont pas ceux qu'on redoute : les plus dangereux sont des vers qui ont une grande agilité ou, comme l'on dit, une vivacité d'anguille.

« En été par les nuits pluvieuses, les Ardennais prennent leurs lanternes, courent au jardin et font une chasse active aux vers de terre.

« En France, ces vers ne nous ont jamais causé d'inquiétude et c'est avec raison ».

JOIGNEAUX.

2e *Genre.* — **Sangsues.**

Leur corps a une disposition tout à fait remarquable, il est oblong, renflé dans sa partie moyenne, ridé transversalement; des saillies très marquées au dos et moins saillantes au ventre qui est d'une couleur plus pâle que le dos.

Les sangsues ont deux ventouses, une située tout près de la bouche dont l'animal se sert pour sucer le sang; une autre près de la queue à l'aide de laquelle elle prend des points d'appui et se fixe pour progresser; c'est une espèce de crampon qui saisit, dans les endroits visqueux où vit cet animal, des morceaux de terre, des herbes ou tous autres objets qui sont sur son passage.

Le canal intestinal est droit comme celui des lombrics, il a dans quelques points de son étendue des renflements raviformes appelés *poches stomacales* où s'accumule le sang qu'elles absorbent quand elles piquent leurs victimes; on en compte onze paires sur la longueur de l'intestin. Ce sont des animaux hermaphrodites, les sexes sont placés dans divers endroits selon que l'on regarde le mâle ou la femelle. Chez le premier le pénis est en avant du corps; chez le second, il est placé dans le milieu de son étendue.

La période d'incubation se fait après l'accouplement de vingt-cinq à trente jours environ. Pendant ce temps les femelles se retirent dans les lieux humides, vaseux, elles creusent une cavité qu'elles tapissent d'une couche glaiseuse, qui s'épaissit, s'agglutine et finit par former une espèce de cocon autour des œufs pondus dans la cavité. Le nombre des œufs peut s'élever jusqu'à vingt, ils éclosent et percent l'enveloppe au bout de vingt-cinq jours. Dans ces dernières années on a fait venir des sangsues de Hongrie et on les élève aux environs de Bordeaux, où on les nourrit de vieux chevaux.

Les pharmaciens les conservent dans des marais artificiels, ils les placent alors dans des pots de grès remplis de vase et maintenus humides par des procédés particuliers.

On connaît aujourd'hui plus de quarante à cinquante espèces de sangsues qui se distinguent les unes des autres par la présence, l'absence ou la disposition de certaines taches dorsales. Nous n'en décrirons que quatre.

1re Espèce. — *Sangsue grise ou sangsue médicinale.* — Son corps est olivâtre et pourvu de six bandes longitudinales coloriées en brun et placées sur le dos. Ces taches sont interrompues par les solutions de continuité des anneaux transverses. Cette sangsue est une des plus employées en médecine.

2e Espèce. — *Sangsue verte.* — Beaucoup plus mouchetée que la précédente, possédant, comme caractère distinctif, une coloration brun verdâtre des régions abdominales.

3e Espèce. — *Sangsue dragon.* — Très commune en Afrique. Elle a six rangées de points noirs sur le dos remplaçant les bandes longitudinales de la sangsue grise. Les parties antérieures de son corps sont colorées en brun orangé. Cette sangsue a trois dents disposées régulièrement à la mâchoire sur une ligne médiane, et deux latérales; ces dents ont les bords irréguliers, comme les dents d'une scie. Quand la sangsue pique, elle appuie sa ventouse sur la peau, puis sur la turgescence qu'elle produit, elle fait trois coupes avec ses dents et aspire le sang qui coule de la blessure par la ventouse elle-même. Elle se détache de sa victime quand ses poches stomacales sont pleines; celles-ci peuvent contenir jusqu'à 15 grammes de sang, c'est-à-dire cinq fois le poids de tout le corps de l'animal. Les sangsues qui viennent d'être employées ne peuvent plus servir qu'après un temps assez long, il faut en effet que tout le sang que contient leur estomac soit digéré, ce qui ne se fait que très lentement.

On peut en leur faisant dégorger le sang dont est rempli leur appareil les faire resservir plus promptement. Il suffit alors de les plonger dans l'eau sucrée ou de l'eau contenant du chlorure de sodium (sel marin).

4e Espèce. — *Hémopis ou sangsue de cheval.* — La sangsue du cheval est d'une taille beaucoup plus grande que la sangsue médicinale. Elle n'a pas de bandes dorsales; mais elle a des rangées de points noirs au nombre de quatre à six. Cette sangsue est très commune en France, dans les terrains fangeux, dans les marais, les eaux stagnantes; son appareil dentaire est beaucoup plus faible que chez les précédentes. Elle a également trois dents mais faibles. Ces sangsues piquent, elles agissent très bien sur les peaux flexibles telles que les muqueuses des voies aériennes et digestives.

Elles s'attachent à tous les animaux, cheval, âne, dromadaire, etc.

Dans les réservoirs où l'on tient captifs des brochets et des anguilles, il n'existe jamais de sangsue.

Usages. — Ces annélides sont surtout employés en médecine dans les maladies congestives. Elles remplacent aujourd'hui la saignée à laquelle on recourait autrefois, souvent avec déraison, mais que la médecine d'aujourd'hui a le tort d'avoir complètement abandonnée.

Depuis longtemps les marais du Berry et du Nivernais produisaient les sangsues en France, aujourd'hui ces *sangsuries* sont épuisées : toutes celles qui se consomment nous viennent de Bohême et de Hongrie où on les élève dans des marais artificiels. Pour les nourrir, on place dans ces marais des vieux chevaux qui ne peuvent plus travailler; les sangsues grimpent et s'attachent aux membres, suçant jusqu'à la dernière goutte, le sang que possèdent ces pauvres animaux.

On trouve communément dans nos marais, nos ruisseaux et même nos puits, une espèce de sangsue d'une teinte plus foncée que la sangsue officinale, que l'on nomme vulgairement *sangsue de cheval*, dont la piqûre passe pour malsaine, ce qui est faux. Elle s'attache souvent sous la langue et au palais des chevaux et des vaches qui vont boire dans l'eau. On peut facilement en débarrasser ces animaux en leur mettant dans la bouche un peu de sel ou en les gargarisant avec de l'eau fortement vinaigrée.

On trouve encore dans bon nombre de petits ruisseaux de notre département une petite sangsue appelée dragonneau. Elle a le corps très grêle, très long et ressemble à un gros crin pointu aux deux bouts.

2e CLASSE. — Crustacés.

Les crustacés, ainsi que l'indique le nom, ont le corps formé d'anneaux ou segments distincts, composés de matière chitineuse ou calcaire (carbonate de chaux), qui vivent dans les eaux douces ou salées.

Il est à remarquer que lorsqu'un crustacé perd un de ses membres, pince ou patte, le moignon qui reste en reproduit un semblable.

Ce sont des animaux caractérisés par une enveloppe solide, ainsi que le crabe et l'écrevisse nous en offrent un exemple. Mais cette enveloppe n'est pas calcaire, pas plus qu'elle n'est un produit de sécrétion cutanée. C'est une matière à organisation spéciale produite par un système glandulaire intermédiaire et placé entre le derme et l'épiderme. On sait, en effet, qu'en ouvrant la carapace d'un homard, on trouve au-dessous une substance rudimentaire qui doit remplacer celle d'un âge plus avancé. Ils éprouvent donc aux différentes époques de la vie des mues souvent répétées; leurs pieds sont articulés ; ce sont des tubes garnis de muscles spéciaux qui les font mouvoir angulairement et latéralement par charnière.

Appareil digestif. — Chez les crustacés l'appareil masticateur est formé de deux mâchoires latérales qui se meuvent horizontalement par rapport à la direction du corps; ils sont pourvus de palpes.

L'appareil respiratoire est composé de branchies lamelleuses ou disposées souvent en panaches; elles s'attachent latéralement tout près des pieds et on les voit fonctionner quand on enlève une des pièces latérales du thorax. La position de leur point d'attache varie; tantôt elles sont sous le ventre, d'autres fois sous la queue, mais le cas est beaucoup plus rare.

Appareil circulatoire. — Ici comme chez les annelés types, la circulation est double; il y a un vaisseau ventral qui tient lieu de cœur aortique, et un vaisseau dorsal qui reçoit le sang veineux pour le transporter aux branchies. On a divisé les crustacés en cinq grandes familles, savoir :

ORDRES	FAMILLES
1° Décapodes	1° Crabes. 2° Écrevisses, homards, crevettes.
2° Stomapodes.	
3° Amphipodes	Crevettes d'eau douce ou chevrettes.
4° Isopodes.	Cloportes.
5° Branchiopodes.	
6° Phyllopodes.	

1re famille. — Décapodes.

Les décapodes sont ainsi nommés à cause de la présence de dix doigts formant cinq paires latérales et régulières. La tête est nue au cervelet, et ne forme pas de séparation; dans certains cas, il y a une sorte de pédicule, ce qui fait dire que la tête ou le corps sont pédiculés.

Ici nous trouvons, comme chez certains mollusques et chez les gallinacés cinq pièces osseuses dans l'estomac, dont les fonctions nous sont connues. Enfin l'intestin est droit, divisé en deux parties ramifiées comme deux grappes ou deux cœcums d'oiseaux.

Espèces. — Les crabes vivent sur le bord de la mer, où pendant le jour ils restent cachés sous les pierres. Ils en sortent la nuit, marchent et courent en tous sens, souvent avec une grande rapidité, mais principalement sur le côté, pour chercher leur nourriture qui consiste dans la chair de toutes sortes d'animaux privés de vie (1).

Les écrevisses ont à peu près les mêmes manières de vivre que les crabes. Les principales espèces sont : les homards ou écrevisses de mer, les langoustes et l'écrevisse commune ou fluviale. Elles sont recherchées sur les tables, où elles deviennent malheureusement de plus en plus rares en France.

Le pagure ou Bernard l'hermite est une petite espèce marine qui se loge dans les coquilles univalves.

Les crevettes dont les principales espèces sont : la crevette des ruisseaux et la crevette marine sont délicates au palais des amateurs.

(1) Quelques espèces de crabes sont bonnes à manger, surtout : 1° le crabe commun ou ménade, 2° l'étrille commune, 3° le tourteau, qui pèse quelquefois jusqu'à 3 kilogrammes et mesure jusqu'à 0m,25 de largeur, 4° la maia : tous sont l'objet d'un grand commerce sur les bords de la Méditerranée où ces crabes abondent.

Les cloportes vulgairement connus sous les noms de porcelets ou cochons de saint Antoine habitent les lieux humides, sous les pierres, dans les fentes des murs, les écorces d'arbres, certaines espèces appelées armadilles se roulent complètement en boule, se cachent pendant le jour et sortent la nuit pour chercher leur nourriture qui se compose principalement de matières végétales en décomposition ; cette façon de se nourrir pourrait difficilement leur mériter notre haine, mais comme ils attaquent aussi les fruits savoureux qu'on garde en cave, tels que les poires, dans les parties où la peau est déjà endommagée et qu'ils entament les fruits sur les espaliers, on fait bien de chercher à en détruire le plus possible. Ils ont une prédilection particulière pour certaines espèces de semis et de boutures, surtout pour les pétunias dont ils dévastent souvent les couches.

3e classe. — Cirrhopodes.

Les espèces renfermées dans cette classe sont marines et sont attachées à toutes sortes de corps submergés, rochers, carènes de vaisseaux.

Toutes vivent dans la mer.

Cette classe n'offre que deux genres remarquables.

1° Les Anatifs; 2° Les Balanes.

Les anatifs ou pouce-pied ont une coquille composée de cinq à sept pièces, offrant la forme de l'orteil ou pouce du pied de l'homme, portées à l'extrémité d'un tube charnu, par lequel ces mollusques sont fixés aux corps solides qu'on trouve dans la mer.

Les balanes ont une coquille de plusieurs

pièces inégales, dont la base est fixée sur quelques corps solides, et même sur les tortues et sur les baleines, d'où vient sans doute leur nom.

3e *Embranchement.* — **Articulés.**

1° ORDRE. — Arachnides.

Les arachnides ont spécialement été étudiés par Latreille, qui les a classés entre les crustacés et les insectes, et en a formé un ordre à part.

D'une manière générale, les arachnides (ou *araignées*) ont des caractères tout à fait tranchés. D'abord leur tête est confondue avec le tronc pour former une seule pièce dite céphalo-thorax.

Cette disposition est frappante chez les acares. Beaucoup d'arachnides sont dépourvus d'antennes. Ils ont généralement des palpes, organes tactiles implantés près de la bouche. Leurs yeux sont simples, la cornée n'a qu'une seule facette; mais ces yeux sont en nombre variable.

La bouche a deux mandibules disposées comme les deux bras d'une pince très utilement employés chez les acares parasites. Les pieds sont au nombre de huit, sauf les espèces parasites qui font exception. Enfin, on rencontre encore sur les parois abdominales et sur différents points des parties latérales du corps des stigmates, sortes de stomates qui communiquent plus profondément avec les trachées et les poumons des appareils respiratoires.

Les arachnides n'éprouvent jamais de métamorphoses générales, si ce n'est des mues, dans la jeunesse, qui changent avec elles la disposition ou le nombre des appareils locomoteurs. On les a divisés en deux grandes familles.

1° Ceux à respiration pulmonaire;

2° Ceux à respiration trachéenne.

La première famille comprend des animaux pourvus de deux mandibules ou deux palpes, d'une seule lèvre, et de deux à huit stigmates latéraux et d'autant de poumons très visibles chez certaines espèces, peu visibles, chez les espèces plus petites. L'appareil circulatoire offre la disposition type, c'est-à-dire deux vaisseaux, un ventral, un dorsal d'où émergent des systèmes correspondants, soit artériels soit veineux, huit pattes.

Ces arachnides se trouvent partout, dans les caves, les greniers, les chambres, les écuries, etc.

Les araignées forment le principal genre.

Elles sont caractérisées par des palpes qui ont la forme de pieds placés en avant du corps.

Ces palpes portent les organes génitaux, au moins, chez le mâle, dans le dernier article de leur longueur, du moins on le croyait autrefois : mais depuis les travaux de Trévisance on sait qu'ils sont placés à la partie postérieure de l'abdomen qui est dépourvue d'anneau.

Il se trouve aussi à cet endroit, une sorte de renflement mollasse, pourvu de cinq ou six mamelons, dits *tétégères*, préposés à la sécrétion de la soie.

Cette soie est d'abord un liquide visqueux dont s'emparent les pattes postérieures pour le tirer en fil.

Les araignées sont des animaux très féroces, carnassiers même, surtout les espèces de grande taille des pays chauds.

Elles se construisent des toiles avec un art admirable pour s'emparer des insectes dont elles font leur nourriture, en leur suçant le sang.

Elles entourent aussi leurs œufs d'un tissu particulier, qu'elles tissent comme un cocon. On les trouve à la ville, à la campagne, dans les habitations, en un mot partout.

En Afrique, la cigale par exemple se construit des toiles avec des fils extrêmement blancs et ce sont ces filaments qui, chassés par des vents périodiques tombent dans diverses contrées où on leur a donné le nom impropre de *fils de la Vierge*. Les arraignées ont été divisées en deux classes :

1° Les araignées fileuses qui, pour prendre au vol les insectes, disposent artistement une toile variant de formes et de grosseur suivant les espèces ;

2° Les araignées chasseresses ou araignées-loups, qui ne font pas de toile. Elle se mettent simplement dans une cachette, d'où elles s'élancent sur leur proie vivante.

L'une et l'autre de ces espèces possèdent

de fortes mandibules garnies de crochets, qui sont percés, à peu près comme les dents venimeuses des serpents, et qui communiquent avec une poche à venin. Elles entrent ces crocs aigus dans le corps de leur victime qui est presque aussitôt paralysée et tuée par l'action du poison ; elles sucent l'intérieur, puis laissent tomber la carapace vide. Les araignées sont cruelles et insatiables, elles tuent tout ce qui tombe en leur pouvoir. Elles entourent de leurs fils les animaux plus petits et ceux dont elles n'ont pas besoin pour leur nourriture immédiate, afin de les garder jusqu'à ce qu'elles aient l'occasion ou le besoin de les sucer. Cette cruauté explique la façon particulière, dont l'accouplement et la reproduction s'effectuent chez ces animaux. Les palpes des mâles sont faites en forme de cuillères et peuvent recevoir dans leur cavité la liqueur fécondante. Les mâles remplissent avec soin ces palpes, quand ils se décident à aller trouver, dans leurs toiles, les femelles, la plupart du temps plus grosses et plus fortes de moitié.

On peut souvent observer pendant les beaux jours d'été, les amours des araignées qui filent si souvent leurs toiles sur les vignes. Le mâle s'approche avec des précautions infinies ; au moindre mouvement de la puissante femelle, il recule avec frayeur ou se laisse tomber à terre au bout d'un fil.

Dès qu'il a touché les orifices sexuels de la femelle avec ses palpes, celle-ci s'apprivoise et se laisse féconder ; la fécondation accomplie, il se retire au plus vite, parce que même après ce doux service d'amour, sa vie est en danger (Carl Vogt).

A la fin de l'été on trouve souvent les araignées vagabondes, chasseresses ou araignées-loups, avec une poche attachée au derrière, dans laquelle elles portent leurs œufs ou leurs petits à peine éclos. Elles s'élancent d'un bond sur leur proie et il est vraiment curieux d'observer comment elles guettent les mouches sur une muraille blanche bien éclairée par le soleil.

La mouche se repose tranquillement, se nettoie avec ses pattes de devant, l'araignée-loup court sur elle, mais de telle façon que la mouche lui tourne constamment le dos et ne puisse pas la voir. Si la mouche se retourne, l'araignée fait un circuit pour reprendre son poste par derrière ; si la mouche tourne plusieurs fois à droite et à gauche, il semble que l'araignée soit liée à son dos par une ligne invisible tant elle la suit exactement dans ses circuits en s'approchant de plus en plus de la mouche pendant ses évolutions. Enfin elle est auprès, alors d'un bond vigoureux, elle se précipite comme un tigre sur sa tranquille proie qu'elle ne lâche pas, même en tombant de la muraille et la suce à l'instant. A la famille des araignées-loups appartient la tarentule, espèce de lycose très commune aux environs de Tarente en Italie qui passe pour très dangereuse aux yeux des habitants du pays. Ils disent que la maladie que cause la morsure de cet animal ne se guérit qu'avec le secours de la musique et d'une danse violente. La maladie en question n'est autre chose qu'une espèce d'hypocondrie, produite dans les villes si sales du midi de l'Italie, par la vie sédentaire principalement chez les femmes ; qui guérit souvent par les sueurs abondantes résultant des mouvements violents auxquels ils se livrent pendant les deux ou trois heures de danse qu'ils exécutent souvent au son de la musique (C. Vogt).

La tarentule est affreuse mais utile comme toutes les araignées, pour détruire les mouches. Je terminerai l'histoire des araignées en disant que nous trouvons encore chez nous l'araignée aquatique qui vit sous l'eau dans une cloche de toile très serrée, qu'elle accroche à quelque corps, pour de là, au moyen de bulles d'air qu'elle emmagasine et qui lui sont nécessaires pour vivre, saisir au passage les petits insectes dont elle se nourrit.

Quand j'aurai dit que le faucheur, que nous connaissons tous parce qu'étant enfants nous nous amusions à les saisir, pour leur arracher leurs longues pattes qui se contractent, pendant plusieurs minutes, en exécutant des mouvements semblables aux faucheurs ; quand j'ajouterai qu'ils sont très utiles parce qu'ils se nourrissent d'insectes auxquels ils font toute la nuit une guerre acharnée, j'aurai, je crois, fait comprendre combien la famille des arachnides est utile.

Quant au 2e genre, les scorpions, peu

vivent chez nous. Ils se distinguent par leur corps très long, pourvu antérieurement de deux palpes très fortes, terminées en pince à la manière de deux doigts ; la queue est mince, le corps est pourvu de six anneaux transverses. Les scorpions ont, à la partie postérieure du corps, un appareil à venin d'une composition simple : c'est un dard percé d'une ouverture qui se recourbe en avant, comme de véritables trocarts à ponctions.

On connaît un grand nombre d'espèces, savoir :

Le scorpion d'Europe que l'on trouve dans le midi ; il a de deux à trois centimètres de longueur, mais ses piqûres ne sont pas venimeuses. Cet animal est très répandu : on le trouve dans les lieux humides, tels que les caves, les hangars, etc. ; il recherche la chaleur. On en rencontre même dans les lits, quand ces lits sont au rez-de-chaussée.

La 2e espèce, scorpion roussâtre, dont la taille est de huit à neuf centimètres, à la teinte roussâtre : il vit aussi dans le midi de la France. Sa piqûre est venimeuse et elle l'est d'autant plus vite que la saison est plus chaude et que le pays où elle habite est plus au midi.

La 3e espèce, le scorpion tunisien, que l'on rencontre dans le nord de l'Afrique, a 15 à 16 centimètres de longueur. Sa piqûre est mortelle et plus dangereuse encore que celle de la vipère. Les animaux atteints de ses morsures meurent au bout de quatre à cinq heures. Les chiens résistent plus longtemps ; ils sont d'abord étourdis par la douleur de la piqûre ; puis à cet étourdissement succède une fièvre ardente, une somnolence très grande, enfin de fortes convulsions et la mort. L'homme succombe rapidement. Les cadavres de ces victimes entrent en putréfaction promptement.

Le porte-pince est un petit scorpion inoffensif, qui n'a pas de queue ni de venin ; qui vit de petits insectes, de nuit, principalement dans les vieux livres et vieux meubles. Il marche en tous sens avec beaucoup de vivacité.

2e famille. — Arachnides a respiration trachéenne.

Les animaux de cette famille ont de deux à quatre yeux, une trachée rayonnante et ramifiée latéralement dans toutes les parties latérales du corps. Cette trachée remplace les poumons.

Cette famille comprend un grand nombre de genres et d'espèces étudiés par Latreille.

On les divise en plusieurs catégories, qui sont :

1° Les arachnides trachéens terrestres que l'on rencontre sur les pierres, la terre, les arbres ;

2° Les arachnides trachéens aquatiques qui vivent dans l'eau, la vase, etc.

3° Les arachnides trachéens parasites que l'on trouve sur la peau et qui se creusent des sillons dans le derme.

Sans avoir égard à ces grandes divisions, nous examinerons différents genres dans l'ordre de leur importance au point de vue que nous pouvons avoir à en faire.

1° Les trombidions qui comprennent un grand nombre d'espèces très connues et surtout très abondantes dans les jardins, sur les espaliers, où elles causent beaucoup de ravages, parce qu'elles détruisent les jeunes plantes et les petits rameaux des arbrisseaux tendres. Leur forme est généralement arrondie. On les rencontre souvent aussi dans les fourrages verts, ils y restent même après que ces fourrages sont séchés et rentrés dans les greniers, où ils se multiplient par des pontes successives.

2° Les gamaces qui ressemblent beaucoup aux précédents ; ils semblent affectionner le tilleul plutôt que d'autres plantes.

On rencontre en effet beaucoup de feuilles de ces arbres sur lesquelles ils ont confectionné de petites toiles. Il en existe encore des espèces qui vont alternativement sur les arbres et sur les oiseaux et on comprend très bien comment les oiseaux peuvent en avoir, par suite de la fréquence de leur séjour sur les différents arbres, où ces arachnides ont établi leur demeure.

3° L'aripati. Espèce très répandue que l'on rencontre sur les arbres, dans les mousses, les fourrages, etc.

4° Les cheylètes, espèces très anciennement connues et décrites par Linné. Les espèces principales sont :

1° Cheyletus Eruditus qui vit dans les

vieux livres et dans les bibliothèques qui ne sont pas souvent dérangées.

2° Cheyletus Auditus qui vit dans les oreilles des animaux.

3° Cheyletus plarescente que l'on rencontre dans les peaux tannées et séchées très longtemps.

5° Les acares proprement dits qui comprennent :

1° Les acares opiniques, parasites de la peau des jeunes veaux qui ne déterminent jamais la gale.

2° Les acares triticés, que l'on trouve dans les farines de graine d'orge ou de céréales quelconques. Quand ils entrent dans un grain, ils le réduisent en poudre.

3° Les acares, ciro que l'on trouve dans les croûtes du fromage de Roquefort. Ces animaux se multiplient, et vivent en grande quantité, sur les fruits des cryptogames ou moisissures auxquels la fermentation et la putréfaction de ces fromages donnent toujours naissance.

6° L'alozone, dont les espèces sont nombreuses. Toutes vivent dans les fromages, dans les foins, les pailles, la litière des animaux, les fumiers, etc.

7° Les sarcoptes sont encore des animaux extrêmement répandus; leur corps est ovoïde à diamètres cependant inégaux, le longitudinal l'emporte sur le transversal. La tête est réunie à l'abdomen pour former une pièce unique que nous avons déjà désignée sous le nom de céphalo-thorax. Il y a quatre paires de pattes formant deux groupes : un antérieur et un postérieur. Les pattes des régions postérieures sont plus petites et ne s'aperçoivent pas quand l'animal est appuyé à son état normal, il faut le renverser pour qu'elles deviennent apparentes.

Leur extrémité postérieure comprend des parties renflées de diverses natures. On y trouve d'abord une ventouse, puis un pédicelle renflé, soyeux. On désigne le sommet de ces différentes parties sous le nom d'emplâtre.

L'*appareil digestif* est formé de deux mandibules. Il y a deux mâchoires portées en dehors et disposées en forme de pinces, absolument comme les pattes antérieures de l'écrevisse. Il y a aussi des palpes articulaires et une lèvre inférieure. L'œsophage est étroit. L'estomac est oblique, échancré, l'intestin est court, l'anus est placé à la partie postérieure et un peu au-dessous du corps.

Appareil génital. — Les sarcoptes ne sont pas hermaphrodites, le mâle est un peu plus petit que la femelle, ses pattes offrent aussi quelques différences anatomiques.

Les femelles pleines et sur le point de pondre s'attachent à l'épiderme des animaux, le déchirent, y creusent des sillons, sortes de galeries sinueuses et profondes; ces galeries ont toujours le diamètre de l'animal et pour les agrandir il va recommencer son ouvrage dès l'entrée, pour faire alors des cavités plus spacieuses. Les femelles travaillent généralement la nuit; c'est pour cela que les galeux éprouvent plus de démangeaisons la nuit que le jour. Leurs galeries creusées, elles y déposent leurs œufs de distance en distance, à des espaces souvent éloignés pour que les larves puissent trouver leur nourriture à l'époque de l'éclosion, et percent ensuite l'épiderme au-dessous pour qu'à l'éclosion les petits puissent respirer.

Les sarcoptes ont été divisés en deux catégories :

1° Ceux qui creusent ou sarcoptes proprement dits;

2° Ceux qui ne creusent pas ou acares.

Les acares de l'homme ont été étudiés depuis longtemps. Les Chinois paraissent s'en être occupés déjà dans l'antiquité, il en est de même des Arabes.

Abenzaa a beaucoup écrit sur les acares, de même qu'Ambroise Paré. En 1820, Galès, pharmacien, décrivait comme nouveau l'acare de la farine. Ce ne fut qu'en 1830 qu'un Corse, Renucci, étudiant à l'hôpital Saint-Denis, décrivit le véritable acare de la gale. L'acare du lama et aussi celui de l'homme ont quatre paires de pattes disposées en deux groupes.

L'acare proprement dit du cheval ou dermatodecte a, comme beaucoup d'acares non creuseurs, les pattes postérieures beaucoup plus longues que les antérieures. Cet animal ne creuse pas, il vit dans l'épiderme et dans les sillons et les crevasses fistuleuses de certaines maladies. Le sarcopte du cheval est au contraire un creuseur de première force et donne très bien la gale à l'homme. Les membres postérieurs sont peu visibles si on regarde l'animal sur la face dorsale. Nous en dirons autant des sarcoptes du lama, du dromadaire, du chien, du lion, etc.

L'*acare du chat* a à peu près la même configuration. Il en est de même de l'*acare des moutons*. Tous ces acares dont les mœurs sont les mêmes ne présentent de différences que dans leur forme plus ou moins allongée ou plus ou moins globuleuse.

Il est encore une espèce d'acare que nous devons indiquer, puisqu'elle appartient au cheval : c'est le Cymbiote, animal qu'on ne rencontre jamais au-dessus du jarret. Les larves des acares ont une paire de pattes de moins au groupe postérieur.

Les Ichsodes — tique-Ricin — sont remarquables par un plus ou moins grand nombre de palpes disposées régulièrement autour de la bouche. Ici les pattes sont rassemblées en un seul groupe, elles sont rapprochées en avant du corps et disposées sur deux séries latérales et régulières. Leurs palpes leur font aussi l'office de suçoirs. Leur corps est globuleux.

Ils se rencontrent dans les arbres, dans les bois. On les trouve aussi sur les chiens, les oiseaux, etc.

9° Le dermanysse est très commun chez les oiseaux ; il remplit les colombiers, les basses-cours et donne de fortes démangeaisons aux volailles. Leur volume augmente beaucoup avec la plénitude de l'appareil digestif. On voit souvent à l'époque des orages, des temps humides, les pigeons, les poules, se becqueter sous les ailes et en différents points du corps pour s'en débarrasser ; ces coups de bec déterminent souvent des maladies de la peau.

10° Le leptus est remarquable par l'absence de deux pattes, ce qui le rapproche des trombidions ; mais ces deux pattes lui reviennent à l'âge adulte, comme nous l'avons vu chez les acares.

L'espèce rouget vit ordinairement sur les arbres ; sa taille est très petite, 1/10 de millimètre de longueur. Sur la peau de l'homme il produit un renflement, qui n'a pas la gravité de celui de l'acare.

11° Le demodex est peu répandu. Sa taille est allongée, ses pattes sont courtes et cachées sous le ventre près la ligne médiane.

On en rencontre chez l'homme, dans les boutons ou les maladies de la peau de la face des jeunes gens. Ils se nourrissent de ces tissus cutanés et des matières sébacées sécrétées par les follicules de la peau.

Tous les arachnides à respiration trachéenne sont des animaux presque microscopiques, qui produisent sur les animaux et sur l'homme des maladies, dites de la peau, la gale, qu'on croyait autrefois d'une nature différente à cause précisément des moyens insuffisants d'observation.

Ces petits animaux sont munis de quatre paires de pattes terminées par une dent, avec laquelle l'ongle du tarse, qui est grand et recourbé, forme une pince. C'est avec cette pince ou ongle, qu'ils creusent les sillons dans l'épiderme et causent les démangeaisons et les pustules blanches qui en résultent. Tous ces animaux sont évidemment nuisibles ; il était autrefois difficile de les faire disparaître.

Aujourd'hui ces affections se guérissent en trois ou quatre jours avec quelques frictions de pommades soufrées et des grands bains sulfureux.

12° Les myriapodes sont des insectes généralement connus sous le nom vulgaire de mille-pieds ou mille-pattes ; ils ont le corps allongé et chaque segment porte une ou deux paires de pattes. Ils vivent dans les lieux obscurs, sous les pierres, sous les écorces d'arbres, dans le bois pourri, et se nourrissent de matières végétales et animales en décomposition.

Certaines espèces (scolopendres) vivent de proies vivantes, vers de terre, insectes, et sont très voraces. Ils sont donc très utiles.

Les myriapodes forment le passage entre les arachnides et les insectes.

Les espèces principales sont indiquées dans le tableau suivant :

Myriapodes	1° Iules	Iule terrestre.
		— des sables.
		— des arbres.
	2° Lithobies . . .	L. fourchue.
	3° Scolopendres .	Sc. électrique.
	4° Scutigères . .	Sc. anaréïde.

Les myriapodes, vulgairement connus sous le nom de mille-pieds, sont, comme l'indique leur nom, pourvus d'un grand nombre de pattes, ils n'en ont jamais moins de 24, ayant ordinairement une seule paire de pieds par anneau; il en est cependant qui en ont deux paires à chaque anneau. Ils n'ont pas d'ailes et leur corps est recouvert d'un grand nombre d'anneaux, jamais moins de douze ou treize, tous configurés de la même manière. L'abdomen n'est pas distinct, la tête seule, un peu renflée, est pourvue de deux antennes, de deux yeux ordinairement lisses et de deux mandibules. Les myriapodes n'éprouvent pas de métamorphoses; ils naissent ordinairement avec 6 pieds, mais le nombre de ceux-ci augmente peu après.

Ces annelés habitent les lieux obscurs, les caves, dans l'écorce du pied des arbres; ils paraissent alors se nourrir de sève.

Les iules ont le corps très allongé, jaunâtre, pourvu d'appendices blanchâtres. Ils ont deux paires de pattes par anneau; l'allure est lente et rampante. Ils vivent dans les fissures des arbres.

Les scutigères ont le corps membraneux, tandis que celui des précédents est assez résistant. Leurs antennes sont très longues. On les rencontre dans les interstices des charpentes et dans les fentes des vieux bois.

Les scolopendres sont très connus sous le nom vulgaire de mille-pieds; ils ont une seule paire de pattes à chaque anneau; mais ceux-ci sont très nombreux et se meuvent isolément. On en connaît une espèce qui a près de 300 pattes et par conséquent environ 150 anneaux. Leurs antennes sont longues et pointues. Ils vivent dans les lieux frais et obscurs. Le scolopendre électrique jette un trait lumineux sur son passage. On le trouve dans les endroits où on place le fumier, dans les étables, les celliers humides. Tous attaquent volontiers les fruits mûrs, les carottes. Des champs de betteraves ont été souvent ravagés par une espèce de mille-pieds, l'iule terrestre. Cette espèce, cylindrique, assez épaisse, longue d'un pouce, d'un gris d'acier foncé, creuse des trous profonds sous l'épiderme des betteraves autour du collet et mange les jeunes pousses. Les blessures de la racine laissent suinter un suc putride et nauséabond, les feuilles mal développées jaunissent et se flétrissent, et la racine, au lieu de grossir, finit par pourrir. C'est à lui qu'il faut attribuer les ravages observés en 1874 dans le département du Nord. On croyait alors que l'animal était une chenille. C'était un tort, car les mille-pieds ne subissent point de métamorphoses, ils posent leurs œufs, qui ressemblent à des gouttelettes de rosée, sur l'épiderme des racines ou dans la terre, et les petits qui en éclosent ont déjà en naissant la forme des parents, sauf un nombre moindre de pieds.

Les *lithobies* sont de petits myriapodes vivant en terre, dans les maisons, les cours, les jardins, les bois, se retirant souvent sous les pierres et fuyant la lumière.

Ils se nourrissent principalement de petits insectes et d'araignées.

3e *Embranchement.* — **Animaux articulés.**

LES INSECTES.

Nous entrons dans l'embranchement le plus important, car cette innombrable armée ailée, dans les différentes transformations de sa vie, est en guerre ouverte avec l'humanité.

La plupart de ces êtres nous paraissent relativement petits et peu visibles comme individus; mais ils sont dangereux en masse et prouvent bien qu'à la surface du globe l'influence des animaux dans la nature est en général d'autant plus grande que l'espèce est plus petite. Les infusoires microscopiques, les infiniment petits rhizopodes ou foraminifères, les polypes si exigus ont construit des montagnes, pendant que les puissants éléphants et les rhinocéros n'ont laissé que quelques os. Tout va de même! Là où le bon vouloir des princes prise plus haut le plaisir de la chasse que la sueur des travailleurs des champs, les dégâts que causent le sanglier et le chevreuil ne peuvent pas se comparer avec les dommages effroyables occasionnés par les chenilles, les larves de mouches, les sauterelles et toute cette armée si peu apparente (C. VOGT).

Sous le nom d'insectes, nous comprenons les animaux articulés, qui se distinguent par des différences très tranchées de tous les animaux que nous avons étudiés jusqu'à présent.

Ainsi, ils ont trois paires de pattes placées sur les parties latérales du thorax. Ils ont des ailes fixées au-dessus du thorax et des antennes indépendantes des mandibules. Tels sont les caractères les plus frappants de l'ordre.

Examinons maintenant la conformation générale et quelques caractères particuliers.

Le corps des insectes est enveloppé d'un étui plus ou moins épais formé d'anneaux plus ou moins complets et réunis par une peau molle que double, à la face interne, une couche de tissu musculaire. On a donné à ces anneaux solides, dont le nom varie d'une espèce à l'autre, le nom de *squelette extérieur*. Ces anneaux ont des dispositions tout à fait variées; tantôt ils sont formés d'une seule pièce, tantôt de plusieurs pièces réunies. On remarque dans plusieurs points de leur étendue des ouvertures dont nous verrons plus loin les usages et qui ont reçu le nom de *stigmates*. Ces anneaux qui divisent le corps en autant de segments particuliers vont successivement en décroissant d'avant en arrière, disposition qui permet toujours aux anneaux ou aux segments postérieurs de rentrer dans ceux qui les précèdent. Le corps a ordinairement treize ou quatorze segments qui représentent, autant par leur disposition que par leur structure, la carapace des animaux qui en sont pourvus, comme la tortue.

Les chimistes ont trouvé dans la composition de l'enveloppe des insectes une matière particulière qu'ils appellent *chitine*.

Les deux derniers segments sont atténués, transformés pour protéger et recevoir les organes génitaux du mâle et de la femelle

Le corps a été divisé en plusieurs parties pour en faciliter l'étude. Ce sont :

La tête, le thorax et l'abdomen.

1° *La tête*. — La tête des insectes est globuleuse ou sphéroïdale; elle est composée d'un grand nombre de pièces soudées entre elles à la manière des os du crâne. Le nombre et la disposition de ces pièces varient, mais leur connaissance devient facile par l'étude comparative des insectes des diverses espèces.

On y trouve deux organes impairs : 1° le *labre* ou lèvre supérieure, 2° la *lèvre inférieure* qui s'affronte avec le labre; 3° les mandibules, qui saisissent la proie; 4° les mâchoires à mouvements angulaires et presque horizontaux, terminées par des renflements rétrécis, acuminés, auxquels on a donné le nom de palpes.

Tous ces organes ne sont pas constants et souvent les mandibules et les mâchoires sont transformées en *suçoirs*. Ce suçoir, espèce de trompe rudimentaire, a la forme d'un très petit étui chagriné à sa face interne ou pourvu à cette même face de soies terminées en pointes et dentées sur leurs bords. C'est avec cet appareil qu'ils piquent leurs victimes pour tirer le sang dont ils se nourrissent.

Les *antennes* ou encore les *pennes*, communes à ceux qui sont pourvus ou non de suçoirs, sont des organes de *tact*, de formes très variées, situés sur le sommet ou sur les côtés de la tête; tantôt elles sont capillaires filiformes, tantôt cétacées, tantôt rétrécies alternativement, tantôt *plumeuses*, *pectinées*, en *panache* ou *lamelleuses*.

Ces caractères servent à la distinction des espèces.

2° *Le thorax*, qui est toujours distinct de la tête par un étranglement pédicellé, est muni d'un col très allongé. Il est composé de trois sommités, que l'on a appelées, par suite de leur position, le protothorax, le mésothorax, le métathorax.

A ces trois parties d'un même tout, on reconnaît deux régions : 1° *une supérieure ou dorsale* où s'implantent les ailes; 2° *une inférieure ou sternale*, qui donne attache aux pattes, quand ces appendices locomoteurs procèdent du thorax. Enfin, on y trouve aussi des ouvertures de formes différentes, ainsi que nous le verrons; ce sont des *stigmates*. Les *ailes* des insectes sont généralement au nombre de quatre; tantôt ces quatre ailes ont une structure analogue, tantôt elles sont complètement différentes les unes des autres. Ainsi, quand elles sont semblables, on les distingue en deux supérieures et deux inférieures; elles sont minces, membraneuses et parcourues dans leur longueur par des divisions trachéennes et artérielles. Quand les ailes sont différentes, les deux supérieures sont beaucoup plus épaisses; elles forment ce que l'on appelle les *élytres;* ce caractère est très saillant chez les hannetons. Quant aux inférieures, elles sont pêtites, généralement arrondies, blanchâtres; on les appelle les balanciers, parce qu'elles servent à régulariser le vol des élytres. Enfin, elles sont accompagnées de deux autres productions membraneuses que l'on nomme cuillerons. Les ailes s'attachent généralement sur la partie dorsale du mésothorax et du métathorax. Elles sont composées de pièces courtes de formes variables appelées *apodèmes articulaires* ou *osselets*. Le dernier qui représente le *tarse* est ordinairement terminé par des crochets et des pelotes visqueuses, qui permettent à ces animaux de marcher sur toutes les surfaces horizontales ou perpendiculaires à leur direction. Quant aux articles intermédiaires, ils sont presque semblables; toutes ces parties sont tubuleuses et les muscles qui les meuvent sont toujours internes.

3° *L'abdomen*. — Il est aussi formé de plusieurs anneaux complets plus ou moins amincis sur les faces latérales. Ces anneaux diminuent d'avant en arrière, de sorte que le dernier se termine en pointe. Parfois l'abdomen est ovoïde; tous les anneaux sont alors complets, et les plus développés sont au foyer de l'ellipse. Les derniers anneaux contribuent à la formation de la tarière de la femelle et du pénis chez le mâle.

L'abdomen est dépourvu de pattes chez l'adulte, mais il porte quelquefois chez les larves des appendices transitoires connus sous le nom de fausses-pattes.

Appareil digestif. — La plupart de ces animaux présentent une bouche pourvue d'antennes, de mâchoires, de mandibules ou d'une trompe qui les remplace. L'œsophage est étroit, peu développé. Il n'y a pas de pharynx proprement dit. A sa base l'œsophage est renflé pour former un premier estomac que l'on nomme jabot; un peu plus loin c'est un second estomac dont la membrane muqueuse a une organisation toute spéciale (c'est le *gésier*). Aux pièces solides annexées à la muqueuse sont dévolues les fonctions trituratoires. C'est pourquoi on l'a encore appelé *estomac triturant*. Il y a encore un troisième renflement dans lequel se sécrète le suc gastrique, ou un liquide analogue; c'est là que les aliments sont transformés en chyle. C'est pour cela qu'on l'appelle *estomac chylifique*.

Les intestins sont peu délimités de la partie postérieure du dernier estomac. Ils sont chez les uns très courts et très dilatés; chez d'autres, ils sont beaucoup plus longs, flexueux et étroits. Quelques-uns présentent des rétrécissements pour former le cœcum; chez d'autres le cœcum manque. Le gros intestin est plus ou moins renflé, généralement peu délimité, mais présentant constamment une énorme bosselure pour former le rectum. Les ouvertures anales et génitales sont distinctes, il n'y a jamais de cloaque.

Les annexes de l'appareil digestif sont peu nombreuses. On y trouve, à la suite de l'estomac chylifique, un grand nombre de vaisseaux auxquels on a donné le nom de vaisseaux biliaires, parce qu'ils sécrètent la bile. Ces vaisseaux sont très flexueux, ils se terminent à l'origine du pylore : souvent on rencontre dans son épaisseur des calculs qui renferment de l'urée, ce qui prouve la nature du fluide qui circule dans leurs parois.

Des glandes en nombre variable peuvent être annexées au tube digestif. — Ces glandes ne sont jamais parenchymateuses comme on le voit chez les espèces supérieures; ce sont des canaux tubuleux, renflés, rapprochés les uns des autres, courbés dans leur longueur, à la manière de l'épiderme du cheval.

On peut très bien voir toutes ces dispositions en mettant un de ces animaux sur le porte-objet d'un microscope, ou en imbibant le corps d'une eau acidulée qui rend la peau assez transparente pour qu'on puisse les voir à l'œil nu.

L'*appareil respiratoire* est toujours trachéen. La respiration s'effectue d'une manière toute particulière; il n'y a pas d'organe central, branchies ou poumons. L'ensemble des organes qui l'effectue se compose de tubes appelés *trachées* qui s'irradient dans toutes les parties du corps. Ces tubes reçoivent de l'air par des ouvertures extérieures que nous décrirons tout à l'heure, et vont régénérer le sang dans toutes les parties où il est accumulé. Ces ouvertures extérieures sont les stigmates, et les trachées qui les continuent se rendent aux appareils locomoteurs du thorax, à l'abdomen, aux antennes, etc.

On voit très bien la disposition de ces trachées dans les ailes de la libellule et de la mante.

Toutes ces trachées sont formées de deux membranes, une externe, une interne. L'externe est très contractile, l'interne est très mince, elle mue avec la peau aux époques des changements de téguments. Entre ces deux membranes il y a un fil roulé en spirale, qui rappelle l'organisation des trachées-artères. Quand elles sont renflées, on les appelle trachées vésiculeuses.

Nous avons dit que les trachées communiquaient à l'extérieur par les *stigmates*. Ces organes ont des formes extrêmement curieuses.

Généralement, ils sont composés de plusieurs pièces solides, circulaires, entourées de cils, dirigées de la circonférence au centre.

D'autres fois c'est une plaque qui s'ouvre à la manière d'un volet; d'autres fois enfin, ils simulent des opercules percés d'un grand nombre de trous. Dans quelques rares espèces la respiration semble être aquatique et se faire par des branchies toujours extérieures; mais cette respiration branchiale n'est qu'apparente; en effet, leurs branchies sont filiformes, capillaires, peu membraneuses, parcourues dans leur intérieur d'un plus ou moins grand nombre de trachées, d'une structure identique à celle des insectes aériens, et toujours ces animaux viennent respirer à la surface de l'eau. Cette respiration branchiale ne se fait remarquer que chez les insectes qui éprouvent des métamorphoses; c'est à leur deuxième modification qu'on les observe, c'est-à-dire à l'état de larve. Du reste, que ces larves vivent dans l'eau ou dans la terre, leur appareil respiratoire n'en porte pas moins le nom de branchie.

Quand la larve subit ses 3e et 4e métamorphoses, pour arriver à l'état d'insecte parfait, elle devient tout à fait aérienne.

Appareil circulatoire. — L'appareil circulatoire est tout à fait imparfait.

Il se réduit à un simple vaisseau dorsal contractile, au cœur fixé à la paroi supérieure de l'abdomen par des muscles aliformes et divisé en un certain nombre de chambres ou ventriculites. Ces chambres sont séparées par des replis membraneux offrant chacun deux orifices latéraux, par lesquels le sang pénètre du sinus péricardique dans le cœur. La systole s'effectue progressivement du ventricule postérieur vers l'antérieur, et les replis fonctionnent comme valvules pour empêcher la sortie du sang et son retour en arrière.

Appareil reproducteur. — Le mâle a deux glandes spermagènes très flexueuses et deux vésicules séminales très marquées: il a aussi comme organes complémentaires 2 ou 3 petites poches glanduleuses, qui ajoutent aussi leurs produits à ceux qui circulent dans le canal déférent. Le pénis est formé de plusieurs pièces armées de crochets, soit pour irriter la femelle, soit pour se fixer à ses organes.

L'ovaire de la femelle est tubuleux, dilaté à sa partie antérieure où les œufs doivent séjourner; tous les tubes s'abouchent à l'oviducte.

Enfin, on y remarque la présence d'une bourse dite *copulatrice*, qui rappelle la bourse de Fabricius, dont certains oiseaux sont munis. Les sexes sont toujours séparés, ce qui indique la nécessité de l'accouplement pour la conservation des espèces.

La plupart des femelles sont ovipares; cependant celles dont l'oviducte est ovo-vipare pondent des larves (larvipares) ; enfin il en est qui pondent des nymphes, qui ont déjà subi deux modifications dans l'oviducte, ce sont des *vivipares*.

Système nerveux. — Le système nerveux des insectes est placé au-dessous de l'appareil digestif. On y reconnaît antérieurement un ganglion céphalique et un sous œsophagien. Indépendamment de ces renflements ganglionnaires, il y a encore, au niveau de chaque anneau, de nouveaux ganglions desquels émergent un grand nombre de divisions nerveuses. Ces divisions nerveuses s'échappent de leur axe central par deux modes de racines, les unes sensitives, les autres motrices.

Mais il est bon de remarquer qu'ici la disposition des racines est inverse de celle que nous avons vue chez les vertébrés, par suite de la position du système cérébro-spinal placé sur tous les organes du corps.

Ce qui distingue principalement ces animaux des mollusques et des animaux inférieurs, c'est la présence du grand sympathique, ou d'un pneumo-gastrique, ou la présence d'un système ganglionnaire, comme les helminthes et les pentastomes nous en offrent un exemple.

Organes des sens. — Les *sens* sont fort délicats. Le tact s'exerce surtout au moyen des antennes et des pièces buccales. L'*odorat* a son siège dans les antennes. Les organes auditifs peuvent s'observer sur divers points. Les sensations gustatives paraissent être perçues par certaines régions de la bouche.

La *vue* s'effectue chez la plupart des insectes par un grand nombre d'yeux situés sur les côtés de la tête. Quand il n'y en a qu'un, il s'étend sur toute la surface de la tête et se nomme *ocelle*, comme on l'observe sur le taon.

MÉTAMORPHOSES.

Les insectes passent par des états successifs, avant d'arriver à celui d'insecte parfait. Ces états sont, dans l'ordre de leur formation :

L'œuf, la larve, la nymphe ou chrysalide et enfin l'insecte parfait.

1° L'*œuf* des insectes varie de forme, suivant les espèces et les lieux où il doit être placé. Tantôt les animaux les fixent sur les feuilles, tantôt sur les écorces des arbres; d'autres pondent dans les tissus organiques des végétaux et des animaux, d'autres dans l'eau, dans la terre, etc. En général tous ces œufs sont accompagnés d'une substance protectrice, variant suivant les milieux où ils doivent séjourner; toujours aussi, ils ont une matière alimentaire, substantielle, qui doit leur fournir leurs premiers éléments nutritifs, comme on le voit très bien chez l'abeille.

2° Les *larves* ou les *chenilles* naissent ordinairement dans de petites toiles sur les arbres, sur les feuilles; souvent aussi elles éclosent dans la terre, comme les larves du hanneton, souvent dans le canal médullaire de certaines graminées comme la cloropse, souvent sur des racines, comme des insectes analogues à la cloropse. Dans ce dernier cas, ils causent de grands dégâts parce qu'ils détruisent les jeunes pousses et les bourgeons terminaux.

Les larves peuvent avoir une infinité de formes suivant les espèces, mais jamais elles ne sont complètes, quelque élégantes qu'elles soient. Parfois elles manquent et d'appareils reproducteurs et d'ailes, comme les larves des sauterelles et des ligules. Elles varient d'aspect, selon que l'insecte parfait affecte telle ou telle forme ; souvent elles sont annelées, soyeuses, blanches, noires, etc...

La larve n'est jamais animal parfait. Mais à la limite de leur accroissement, les larves éprouvent des changements notables et marchent vers le troisième état qui est celui de la chrysalide.

En effet, avant d'arriver à leur troisième transformation, elles meurent 5 ou 6 fois; à mesure que leur volume augmente, le tégument se déchire sur la ligne médiane et il quitte bientôt le corps de l'animal, entraînant avec lui la muqueuse de l'intestin et des voies respiratoires. Cette période est toujours suivie d'un certain temps de souffrance qui se traduit par un sommeil prolongé.

3° Les *nymphes* ou *chrysalides* sont divisées en deux groupes bien tranchés, savoir :

1° Celles qui s'enveloppent dans un cocon (Exemple, les vers à soie), cocon produit par une sécrétion visqueuse qui se concrète à l'intérieur. 2° Les nymphes qui ne s'enveloppent pas dans des cocons. Dans ce dernier cas le tégument résultant du dernier changement de peau est beaucoup plus épais que les précédents et remplace le cocon du premier groupe ; telle l'œstre. Les nymphes changent de coloration à mesure qu'elles s'approchent de plus en plus de l'état d'insecte parfait. De blanches, elles deviennent noires, en passant par une foule de nuances intermédiaires. Puis à une certaine époque, les segments de la chrysalide se brisent et l'animal sort de l'intérieur.

Mais il éprouve souvent beaucoup de difficulté pour sortir de son enveloppe. Souvent il produit au point où il veut sortir une petite vésicule aérienne qu'il percute un grand nombre de fois pour briser son enveloppe extérieure. En réunissant plusieurs de ces nymphes dans un petit espace où le silence règne, on entend très bien le bruit que produit le travail. Pendant cette période, la nymphe reste immobile et paraît morte ; il faut la toucher ou la briser pour s'assurer du contraire.

C'est alors aussi que s'accomplissent des phénomènes qui semblent nécessiter par leur importance l'état de torpeur dans lequel elles semblent plongées. En effet, la plupart des segments du corps disparaissent ; il en reste trois plus marqués que les autres, qui sont destinés à marquer la séparation de la tête, du tronc et de l'abdomen. De même apparaissent les ailes, les antennes. L'appareil digestif change de forme ; le système nerveux renaît, mais avec une forme nouvelle sur une vieille souche : l'appareil respiratoire subit aussi d'importantes et rapides modifications. Indépendamment de ces changements physiques notables, il y a aussi un phénomène chimique remarquable. Ainsi en mettant un certain nombre de chrysalides sous une cloche bien fermée, on ne tarde pas à s'apercevoir qu'elle se remplit peu à peu d'acide carbonique et que les nymphes perdent en même temps une grande partie de leur tissu adipeux.

Les insectes sont surtout nuisibles à l'état de larves ou de chenilles. A l'état d'insectes parfaits, la plupart dépouillent les plantes de leurs feuilles ou de leurs fleurs.

Pour apprendre plus facilement, sans des connaissances approfondies en histoire naturelle, à reconnaître nos ennemis, je placerai ici un tableau établi par Carl Vogt ; il pourra servir de guide.

MÉTAMORPHOSES.	APPAREIL BUCCAL.	AILES		NOM des ordres.
		Nombre.	STRUCTURE.	
Complètes.	Masticateur.	Quatre.	Ailes antérieures cornées formant des étuis ou élytres. Ailes postérieures membraneuses repliées en deux.	Coléoptères.
Complètes.	Masticateur avec une langue en forme de trompe.	Quatre.	Membraneuses avec quelques rares nervures veinées.	Hyménoptères.
Complètes.	Masticateur.	Quatre.	Membraneuses à nervures réticulées.	Névroptères.

MÉTAMORPHOSES.	APPAREIL BUCCAL.	AILES		NOM des ordres.
		Nombre.	Structure.	
Complètes.	Suceur, trompe molle enroulée composée de deux moitiés latérales.	Quatre.	Couvertes de poussière colorée.	Lépidoptères.
Complètes.	Suceur, trompe molle dans une gaîne complète.	Deux.	Membraneuses avec nervures veinées.	Diptères.
Incomplètes.	Masticateur.	Quatre.	Ailes antérieures membraneuses, ailes postérieures pliées en forme d'éventail.	Orthoptères.
Incomplètes.	Suceur, bec perforateur articulé.	Quatre.	Ailes antérieures généralement à demi cornées. Ailes postérieures réticulées.	Hémiptères.

M. A. Raillet, professeur d'histoire naturelle, directeur de l'école vétérinaire d'Alfort, a établi la classification suivante, basée sur l'appareil buccal, le nombre des ailes et les métamorphoses.

APPAREIL buccal.	AILES.	MÉTAMORPHOSES.	ORDRES.
Broyeur.	Quatre antérieures en élytres, postérieures membraneuses.	Complètes.	Coléoptères.
	— antérieures chitinisées, postérieures membraneuses	Incomplètes.	Orthoptères.
	— toutes membraneuses finement réticulées.	Complètes ou incomplètes.	Névroptères.
Lécheur.	— toutes membraneuses.	Complètes.	Hyménoptères.
Suceur. .	— toutes membraneuses, recouvertes d'écailles	Complètes.	Lépidoptères.
	— antérieures variables, postérieures membraneuses.	Incomplètes.	Hémiptères.
	Deux (les postérieures étant transformées en balanciers).	Complètes.	Diptères.

En combinant ces deux classifications avec celles de Cuvier, Linné et Fabricius, nous dirons que :

Les insectes sont répartis en trois grandes divisions reposant sur l'absence ou le nombre de leurs ailes.

La 1re division comprend les *aptères* ou insectes dépourvus d'ailes.

La 2e division comprend les *tétraptères* ou insectes qui ont quatre ailes.

La 3e division comprend les *diptères* ou insectes qui n'ont que deux ailes.

La 1re division (*aptères*) comprend quatre ordres, renfermant des insectes nuisibles à l'homme, aux animaux et aux oiseaux. Voir le tableau des principaux genres et espèces :

	ORDRES.	GENRES.	ESPÈCES.
Aptères.	1° Thysanoures.	1° Lépismes. .	Lépisme du sucre, ou *poisson argenté* ou *artison*, dévore les tapisseries, les livres renfermés dans les bibliothèques qu'on n'ouvre pas souvent.
			Lépisme rubanée.
		2° Podures . .	Podure aquatique.
			— du bois.
	2° Parasites . .	Poux	Pou de la tête.
			— du pubis.
			— du corps.
			— du cheval.
			— de l'âne.
			— du bœuf.
			— du mouton.
			— du porc et de la volaille.
	3° Cystaptères.	Ricins.	Ricin du chien.
			— du paon.
			— du corbeau.
			— de la poule.
			— du pigeon, etc.
	4° Suceurs. . .	Puces.	Puce à bande, des rats.
			— du chien.
			— du chat.
			— de la taupe.
			— commune.
			— pénétrante ou chique.

1er Ordre. — Thysanoures.

Cet ordre est peu nombreux, il renferme des individus aptères et pourvus de six pieds seulement. Leur corps est terminé par un bouquet de poils, qui leur fait donner le nom de tétiandres.

Les espèces, lépismes, (vulgairement artison), dont le corps est couvert de petites écailles argentées, cherchent les lieux obscurs et ne marchent que la nuit. Ils sont très communs dans les habitations. Ils ont de longues antennes,

On en connaît une espèce particulière que l'on trouve dans les armoires, où elle vit de parcelles de sucre. C'est le lépisme du sucre.

Les podures sont des insectes fort petits dont la queue, molle et bifide, se replie sous l'abdomen et leur permet de sauter avec agilité.

Ils vivent tous sur les arbres, sous les écorces.

2e Ordre. — Parasites.

Les parasites sont des insectes malheureusement trop répandus. Aptères pourvus de six pieds, ils n'ont pas de soies à la partie postérieure de l'abdomen. Ils sont caractérisés essentiellement par leur appareil buccal disposé en suçoir.

Le seul genre est le pou.

Les poux sont connus de tout le monde; ils ont le corps formé de onze à douze segments dont trois au thorax, des antennes courtes, des pattes terminées par un ou deux crochets à l'aide desquels ils se fixent. Leurs suçoirs sont au nombre de trois renfermés dans une gaine munie de soies. Tous les poux sont ovipares, très prolifiques et vivent à la surface du corps, dans les lieux poilus, ou même sur la peau. On en connaît plusieurs espèces.

1° Le *pou de tête* qui est connu de tout le monde et que l'on rencontre toujours sur les jeunes enfants et quelquefois même chez les vieillards; son œuf éclôt au bout de dix jours (1). Ce n'est donc qu'à force de propreté et de soins que l'on peut se défaire de ces insectes.

2° Le *pou du corps* est plus grand que le précédent et d'une teinte uniforme; sa teinte varie avec la couleur des individus; c'est ainsi qu'il devient presque noir chez les nègres, blond chez les blonds et brun chez les bruns. Le pou du corps vit sur le corps de l'homme, notamment sur le dos et la poitrine, et se dissimule dans ses vêtements. La femelle dépose ses œufs dans les coutures des vêtements, de telle sorte que les personnes malpropres, telles que les mendiants qui changent trop rarement de linge, sont infestés de ces parasites.

3° Le *pou du pubis* connu vulgairement sous le nom de morpion, a le corps plus court et l'abdomen triangulaire. Il a les pattes très fortes et tient ferme, sur les poils du pubis. Lorsqu'il est très répandu sur un individu, il vient quelquefois établir son domicile dans la barbe et quelquefois même dans les sourcils et les cils. Il est très tenace, très petit, aussi est-il très difficile de s'en défaire. On y arrive cependant en employant la pommade mercurielle, l'eau de Cologne ou l'eau lysolée.

4° L'espèce trichodectus a beaucoup de rapports avec la précédente. Les trichodectes ont la tête large, déprimée latéralement à la naissance des yeux. Ils sont munis d'une large bande transversale; sur chaque anneau et de chaque côté s'en remarque une longitudinale. Les crochets qui terminent les pattes sont grêles.

Cette espèce renferme un grand nombre de variétés. Les principales sont : 1° Le Trichodecte du cheval (trichodectus equi), que l'on rencontre sur le cheval et qui est le même que celui de l'âne.

Ce sont ces animaux qui produisent, surtout sur les jeunes chevaux, ces démangeaisons si désagréables. Pour les en débarrasser, une simple onction avec de l'huile d'arachide ou d'olive suffit la plupart du temps.

5° L'hématopinus, dont la tête est extrêmement allongée, les pattes courtes et fortes, peut attaquer l'épiderme.

On en connaît plusieurs espèces, qui sont :

1° L'*hématopinus sus* ou du *porc* qui a la tête brune et les suçoirs très allongés.

2° L'*hématopinus bos* ou du *bœuf*, dont les pattes sont très fortes, l'abdomen très renflé.

3° L'*hématopinus asinus* qui a beaucoup d'analogie avec celui du cheval.

4° L'*hématopinus cafra* dont l'abdomen est très allongé, rougeâtre et hérissé de soies. Comme les trichodectes, ils occasionnent des démangeaisons très vives. Mais ceux-ci vivent surtout sur les vieux chevaux, au voisinage de la crinière, sur l'encolure. L'eau sulfureuse ou de tabac suffit pour les faire mourir.

3e Ordre. — **Cystaptères ou Ricins.**

Les ricins sont munis de six pattes; les deux antérieures très courtes, les deux mitoyennes plus longues. Leur tête est allongée et leurs antennes sont filiformes. On en connaît plusieurs espèces.

1° Le *ricinus canis* qui se rencontre sur tout le corps du chien, mais principalement aux oreilles. Il est d'un jaune rougeâtre et plus petit que le pou. Il en existe plusieurs autres espèces qui sont particulières aux oiseaux sur lesquels elles se multiplient très rapidement. On les rencontre dans les plumes surtout celles de la tête, sur le bec, autour des yeux, chez la corneille, le corbeau, etc.

4e Ordre. — **Suceurs.**

Les suceurs sont des insectes dépourvus d'ailes et munis d'un suçoir à deux lames aiguës munies de deux écailles.

(1) Ce pou est apte à la reproduction au bout de 18 jours, et on a calculé que deux générations de poux peuvent donner jusqu'à 125.000 individus.

Métamorphose complète. — Cet ordre ne comprend qu'un seul genre, la puce.

La puce, connue de tout le monde et surtout des femmes sur qui elle se plaît, est un animal caractérisé par un corps ovoïde et peu allongé. La longueur de ses pattes postérieures la dispose parfaitement pour le saut; aussi toute proportion gardée, est-ce l'animal qui saute le mieux. Elle est très prolifique et cependant elle ne pond que peu d'œufs à la fois, qu'elle dépose sur la plume ou le duvet ramassé dans les coins ou les interstices. Ces œufs éclosent avec rapidité, après cinq jours en été, neuf ou onze en hiver. La larve qui en sort est blanche et légèrement rougeâtre, elle ne tarde pas à se renfermer dans une coque soyeuse blanchâtre, où elle passe à l'état de nymphe pour en sortir bientôt à l'état d'insecte parfait. On en connaît plusieurs espèces, qui sont :

1° La puce commune (*pulex irritans*), qui vit sur l'espèce humaine et qui comprend plusieurs variétés.

2° La puce du chien qui peut aussi vivre sur l'homme, mais seulement un ou deux jours.

3° La puce du chat qui se comporte sur l'homme comme celle du chien.

4° La puce de la taupe.

5° La puce pénétrante ou chique ou bichot qui existe entre les deux tropiques, où on la rencontre dans les bois.

Tous ces animaux sont nuisibles à la santé de l'homme et des animaux. Comme remède, il n'y a que l'hygiène et les soins de propreté qui aient raison de ces infiniment petits êtres importuns. Il faut tondre les animaux pour les en débarrasser, ou les frictionner avec l'essence de térébenthine coupée d'eau, le pétrole, le jus de tabac, le lysol, tous médicaments parasitaires qu'il faut étendre d'eau dans la proportion de 3 0/0, soit 30 grammes par litre d'eau.

	ORDRES.
Tétraptères. Renferment les ordres suivants. . .	1° Coléoptères;
	2° Orthoptères;
	3° Hémiptères;
	4° Névroptères;
	5° Hyménoptères;
	6° Lépidoptères.

1er Ordre. — Coléoptères (ailes à étui).

Les individus appartenant à cet ordre sont très nombreux et très remarquables. Ils sont pourvus de quatre ailes distinctes; les deux supérieures, épaisses, solides, crustacées sont appelées *élytres;* les deux inférieures sont membraneuses et se plient en travers sous les supérieures lorsque l'insecte est au repos. Ils ont deux mandibules et deux mâchoires, deux antennes à onze segments, deux yeux à facettes et six ou sept anneaux à l'abdomen, un ou cinq articles aux pattes. Ils éprouvent des métamorphoses complètes et passent par quatre états successifs.

Cet ordre a été subdivisé en quatre sections d'après les articles qui composent le *tarse*, partie qui correspond au pied : savoir :

1er ordre : *Coléoptères*. . . .	1re section	Pentamères;
	2e —	Hétéromères;
	3e —	Tétramères;
	4e —	Trimères.

1re *Section.* — **Les Pentamères** (5 articles à tous les tarses).

Cette section renferme 6 familles :

1re section : *Pentamères.*
- 1° Les Carnassiers (vivant d'autres animaux), 6 palpes et antennes filiformes;
- 2° Les Brachélytres (élytres courts), 4 palpes, élytres très courts;
- 3° Les Serricornes (antennes en scie), 4 palpes, antennes dentées en scie;
- 4° Les Clavicornes (antennes en massue), 4 palpes, antennes grossissant vers leurs extrémités;
- 5° Les Palpicornes (antennes en massue perfoliée), pattes ordinairement en forme de rames;
- 6° Les Lamellicornes (antennes en masse feuilletée), antennes terminées par un paquet de lames disposées comme les feuillets d'un livre.

1re famille. — Les Pentamères se divisent en pentamères carnassiers terrestres et en pentamères carnassiers aquatiques.

Les carnassiers terrestres renferment 2 tribus et 12 genres désignés dans le tableau suivant :

	TRIBUS.	GENRES.
1er Ordre : **Coléoptères.** 1re Section : *Pentamères.* 1re famille : **Carnassiers terrestres.**	1° Les cicindéliens	1° Les cicindèles. 2° Les élaphres.
	2° Les carabiques	3° Les brachines. 4° Les lébies. 5° Les dromies. 6° Les clivines. 7° Les harpales. 8° Les féronies. 9° Les chloénies. 10° Les calosomes. 11° Les carabes. 12° Les bembidiums.

1re Tribu. — Les Cicindèles.

Elles ont les élytres durs et le corselet plus étroit que la tête. Leur corps est orné de brillantes couleurs métalliques; elles courent et volent avec beaucoup d'agilité, mais leur vol n'est pas soutenu et ne dépasse guère quelques pas. On les trouve dans les lieux secs et arides; elles sont très voraces et font continuellement la guerre aux autres insectes. Leurs larves également très voraces vivent dans les terrains meubles ou sablonneux exposés au soleil. La larve est nuisible, l'insecte utile

Les espèces les plus communes sont : la cicindèle champêtre, la cicindèle hybride et la cicindèle allemande. Je n'en décrirai aucune particulièrement, car on en connaît plus de 500 espèces.

Les élaphres ont de la ressemblance de forme avec les cicindèles : ils ont les yeux gros et leur couleur est ordinairement bronzée; ils sont très agiles et habitent les lieux vaseux sur le bord des eaux.

Les principales espèces sont : élaphre des rivages; élaphre uligineux ; élaphre aquatique.

2e Tribu. — Les Carabiques.

Les carabiques jouent dans la classe des insectes le même rôle que les carnassiers parmi les mammifères. Obligés de vivre de matières animales, tantôt ils se tiennent en embuscade pour surprendre leur proie sur les gazons. Ils sont au reste très voraces, mais ne chassent guère que la nuit.

Tous ces insectes répandent une odeur fétide, et quand on les saisit, ils dégorgent par la bouche, et lancent quelquefois par l'anus une liqueur âcre et caustique qui peut causer momentanément une douleur très vive semblable à celle que produit l'action du feu.

On ne connaît qu'un petit nombre de larves. Elles sont en général molles ; leur corps est formé de 12 anneaux : elles ont 2 courtes antennes et une bouche armée de fortes mandibules. Elles vivent presque toutes en terre. On connaît 10 genres qui tous vivent chez nous et nous sont presque tous utiles. Ce sont :

Les brachines qui ont les élytres tronqués. Leur abdomen, les dépassant, renferme une liqueur caustique ou volatile que l'animal fait sortir à volonté, lorsqu'il est poursuivi par ses ennemis ou quand on le touche. Cette liqueur sort avec explosion sous la forme d'une fumée bleuâtre, d'une odeur pénétrante et assez corrosive pour noircir les doigts de l'observateur. Ils habitent sous les pierres dans les lieux secs et chauds.

Les principales espèces sont : le brachine pétard et le brachine pistolet.

Les lébies ressemblent aux brachines ; le corselet est aussi large que long; le corps très aplati manque d'organes propres aux singulières explosions dont nous avons parlé plus haut.

Ces insectes vivent sous les pierres, les écorces d'arbres, et dans les gazons ; ils sont très agiles et ornés de riches couleurs.

Les principales espèces sont : lébie chlorocéphale, lébie à tête bleue et lébie porte-croix.

Les dromies diffèrent des lébies en ce que leur corselet est presque aussi long que large. Ils ont du reste les mêmes mœurs.

Les principales sont : dromie linéaire, dromie testacée, dromie quadrimaculée, dromie quadrimotée, et la dromie mélanocéphale.

Les clivines sont de petits insectes à corps convexe et à corselet orbiculaire. Elles habitent les lieux un peu humides et se plaisent dans les terres légères ou sablonneuses des rivages; c'est particulièrement au printemps qu'on les rencontre. Les principales espèces sont la clivine bronzée et la clivine bossue.

Les harpales ont le corps assez allongé et leur corselet n'est pas très court; leur tête n'a point de cou distinct.

Ces insectes n'offrent point de couleurs brillantes pour la plupart. Ils habitent sous les pierres, dans les lieux obscurs, courent vite et font la chasse aux insectes plus petits qu'eux.

Les principales espèces sont : la harpale sabulicole, la harpale chlorophane, la harpale puncticolle, la harpale brévicolle, la harpale ruficorne, la harpale grise, la harpale bronzée, la harpale semiviolacée, etc.

Les féronies ont les mêmes mœurs que les harpales.

Les principales espèces de ce genre sont : le pœcile cuivré, le pœcile mi-parti, le pœcile agréable, — la platisme mélanaire, la platisme nigrette, la platisme noire, — l'abax striolé et l'abax ovale, — le zabre bossu, — l'amare fauve, l'amare triviale, l'amare familière, — le sphodre aplati, le sphodre terricole, — le calathe tête noire et le calathe en deuil.

Les chloénies ont le corselet plus étroit que les élytres, et presque carré. Elles sont revêtues de belles couleurs. Elles ont les mêmes mœurs que les espèces des deux genres précédents.

Les principales espèces de ce genre sont : la panagée grande-croix et la panagée quadripustulée, — la calliste lunulée, — la chloénie des champs, la chloénie vêtue, la chloénie nigricorne, la chloénie corne noire.

Les calosomes ont l'abdomen presque carré et le corselet en forme de cœur.

Ces insectes peu nombreux en espèces sont ordinairement parés des plus belles couleurs métalliques. Ils vivent de chenilles qu'ils vont chasser sur les arbres avec beaucoup d'agilité. Ils sont très utiles à l'agriculture. Les espèces les plus connues sont : Le calosome sycophante, le calosome inquisiteur et le calosome points dorés.

Les carabes ont le corps très allongé, convexe, le corselet échancré postérieurement, presque carré, plus large et arrondi devant et presque aussi arrondi que les élytres.

Les carabes se tiennent le plus ordinairement, le jour, sous les pierres, les mousses, dans les forêts et les montagnes ; beaucoup d'espèces vivent dans nos champs, nos jardins et près de nos habitations. Ils courent très vite, sont très carnassiers et font continuellement la chasse aux larves et aux insectes. Ils sont sous ce rapport très utiles à l'agriculture. Leurs larves, qui sont presque toutes noires, vivent dans la terre. Très carnassières et très voraces, comme toutes les larves, elles détruisent beaucoup d'insectes parfaits et de larves, voire même celle du hanneton. On doit donc bien se garder de les détruire comme font certaines personnes qui écrasent indifféremment tous les insectes qu'elles rencontrent.

On connaît plus de 25 espèces de carabes. Mais il n'y en a que quelques-unes dans notre département.

Les plus connues sont : Le carabe procuste, ou coriace, ou procuste chagriné ; le carabe enchaîné, le carabe des champs, le carabe grillé, le carabe granulé, le carabe morbilleux, le carabe doré, le carabe agréable, le carabe purpurin, le carabe convexe, le carabe du jardinier.

L'espèce appelée zabre fait exception. Elle est nuisible surtout à l'état de larve. Celle-ci de couleur brune foncée en avant, claire en arrière, vit pendant deux ou trois ans dans des trous de plusieurs pouces de profondeur.

Elle en sort la nuit, pour fouiller, avec ses mandibules, au pied des tiges de blé, les couper quand elles sont jeunes et les entraîner dans son trou. Les zabres sont ordinairement peu nombreux ; Carl Vogt raconte cependant que, dans une province de la Belgique, sur 457 hectares de seigle, 114 furent complètement rasés par les zabres ; où l'insecte avait passé, le moissonneur ne trouvait plus rien. Contre ces armées ailées on connaît peu de remèdes. Au moment des labours, les volailles seules peuvent rendre quelques services. Le brulis d'éteules serait le moyen le plus certain ; mais il faudrait que cette mesure fût générale.

Les bembidions sont de petits insectes qui vivent dans les lieux humides, sous les pierres et dans les gazons au bord de l'eau.

On connaît plus de 200 espèces.

Les principales de nos pays sont :

Le bembidion articulé, le bembidion quadrigutulé, le bembidion quadrimaculé, le bembidion à pieds rouges, le bembidion brûlé et le bembidion gouttelette.

Pentamères carnassiers aquatiques.

Ces insectes ont le corps ovale, convexe, le corselet beaucoup plus large que long, les deux premiers pieds propres à la course et les quatre derniers comprimés, ciliés en forme de rame.

Les carnassiers aquatiques se divisent en quatre genres : 1° les dytiques ; 2° les colymbètes ; 3° les hydropores ; 4° les gyrins. Le tableau suivant nous donnera les principales espèces.

	GENRES.	ESPÈCES.
1er Ordre : **Coléoptères.** *Pentamères.* 2e famille : **Carnassiers aquatiques.**	1° Dytiques.	1° Bordé. 2° Sillonné.
	2° Colymbètes.	1° Brun. 2° Fuligineux. 3° Chalconate. 4° Didyme. 5° Bipustulé.
	3° Hydropores	1° Inégale. 2° Halensis. 3° à 6 pustules. 4° Ruffrons. 5° Hérythrocéphales. 6° Granulaire.
	4° Gyrins ou tourniquets	1° Gyrin nageur.

1er Genre. — Les Dytiques. Le mot signifie plongeur. Ces insectes s'éloignent rarement de l'eau dans laquelle ils font la chasse aux autres insectes dont ils se nourrissent.

Leur corps est elliptique ou arrondi ; leur tête assez grosse est un peu enfoncée dans le corselet, les yeux sont très gros, arrondis, saillants ; le corselet est plus large que long.

Quoiqu'ils soient très carnassiers à l'état parfait, leurs larves le sont encore davantage puisqu'elles se dévorent entre-elles.

Ces insectes vivent surtout dans les étangs et les marais, d'insectes de toutes sortes, d'araignées, de mouches et même, dit de Géor, de sangsues. Ils se servent des ailes qu'ils ont sous les élytres, chaque fois qu'ils veulent se transporter d'un étang à un autre, et pour cela, ils attendent le coucher du soleil ; leur vol est lourd, bourdonnant comme celui du hanneton. Les élytres des mâles sont toujours lisses, ceux des femelles sont sillonnés par des stries dans le sens de la longueur. Les espèces les plus communes sont : le dytique bordé et le dytique sillonné.

2e Genre. — Les colymbètes ressemblent en petit aux dytiques, dont ils ont les mêmes habitudes ; ils vivent dans l'eau douce.

Les espèces les plus communes sont : le colymbète brun, le colymbète fuligineux, le colymbète chalconate, le colymbète didyme et le colymbète bipustulé.

Ces deux genres sont très utiles ; ils détruisent d'autres insectes qui leur servent de nourriture.

3e Genre. — Les hydropores ont les mêmes habitudes que les espèces précédentes et comme elles habitent les eaux douces. Les espèces les plus communes sont : hydropore inégal, hydropore Halensis, hydropore à 6 pustules, hydropore rufifron, hydropore hérythrocéphale, hydropore granulaire.

4e Genre. — Les gyrins ou tourniquets ont reçu ce nom de l'habitude qu'ils ont de courir en tournoyant avec rapidité à la surface des eaux. Ces insectes volent bien, mais rarement ils se servent de leurs ailes, si ce n'est pour changer d'habitation. On connaît plus de 50 espèces dont une quinzaine habitent l'Europe. L'espèce la plus commune est le gyrin nageur, d'un noir brillant. Il est si mobile dans ses mouvements, qu'il ressemble à une perle qui glisserait sur l'eau.

2e Famille. — Les Brachélytres
(*Élytres courts.*)

Cette famille renferme un très grand nombre de genres fort nombreux en espèces (4.000), pour la plupart de très petite taille.

Les brachélytres ont le corps étroit et allongé, leur tête est ordinairement grande et aplatie, leurs mandibules sont fortes, leurs antennes courtes ; leur corselet est aussi large que l'abdomen, et leurs élytres, quoique tronqués, recouvrent des ailes d'une grandeur ordinaire.

En courant, ou lorsqu'on les touche, ils redressent leur abdomen d'une manière menaçante. Ils vivent pour la plupart dans la terre, le fumier et les matières animales en décomposition ; quelques petites espèces se trouvent sur les fleurs. Ils sont très vifs, courent et volent avec beaucoup d'agilité et se nourrissent de proie.

Leurs larves se achent dans une sorte de canal, la tête seule dehors, cachée par de la terre, et elles attendent, dans cette position, que quelques insectes viennent à passer pour s'en emparer et les dévorer. Ces larves sont très voraces, elles se nourrissent de chenilles assez grosses, et, dans l'intérieur des charognes, des larves des diptères.

C'est principalement vers la fin de l'automne et au commencement de l'hiver que l'on en voit un plus grand nombre à l'état parfait ; ils vivent surtout dans les matières putréfiées, dans les fumiers, les végétaux en putréfaction, principalement dans les bolets. Quelques-uns se rencontrent dans les cadavres et les excréments des animaux. Beaucoup, comme les carabiques, vivent sous la mousse ou les pierres des bois où ils se tiennent cachés tout le jour : ce n'est que la nuit qu'ils sortent pour aller à la recherche de leur proie.

Le genre principal est celui des staphylins dont les espèces les plus communes sont : le staphylin maxillaire, le staphylin bourdon, le staphylin odorant, le staphylin nébuleux, le staphylin gris de souris, le staphylin pubescent, le staphylin à élytres rouges et une foule d'autres, dont quelques-unes sont extrêmement petites.

Toutes ces espèces sont utiles et doivent être conservées.

4° Famille. — Les Serricornes
(*Antennes en scie*).

Cette famille renferme 6 genres : 1° les buprestes ; 2° les taupins ; 3° les lampyres ; 4° les téléphores ; 5° les malachies ; 6° les vrillettes.

Chez les buprestes ou richards, le sternum, partie qui chez les insectes remplace l'os du milieu de la poitrine de l'homme, avance jusque sous la bouche et se termine postérieurement en une pointe ayant deux rainures pour loger les antennes. Leur tête est engagée dans le corselet jusqu'aux yeux.

Ces insectes, ainsi que l'indique leur surnom, sont remarquables par les belles couleurs dont ils sont parés ; ils marchent lentement mais ils volent très bien.

Les espèces les plus communes sont : le bupreste de la chicorée, le bupreste du saule et le bupreste nitidule qu'on trouve sur la fleur de l'églantier.

Tous vivent aux dépens de ces plantes ; mais sont peu nuisibles.

Les taupins ou élaters sont vulgairement nommés scarabées à ressort, maréchaux, saute-marteaux. Lorsque ces insectes, qui sont longs et étroits, se trouvent sur le dos, la brièveté de leurs pieds les empêche de se retourner ; mais ils ont la faculté de sauter verticalement au moyen de la pointe élastique qui termine leur sternum, pointe qu'ils enfoncent brusquement dans un trou situé en avant de leur poitrine jusqu'à ce qu'ils soient retombés sur leurs pieds.

On les trouve sur les arbustes, les fleurs, le gazon, la terre et même sous l'écorce des arbres. Leurs larves vivent sur les plantes et dans le tronc des arbres : à l'état d'insectes parfaits ils ne font pas de mal sensible ; mais à l'état de larves ils commettent de grands dégâts.

Ce genre renferme un grand nombre d'espèces dont les plus communes sont : le taupin sanguin, le taupin allongé, le taupin ceint, le taupin harnaché, le taupin brun, le taupin soyeux, le taupin nébuleux, le taupin noir, le taupin bipustulé, le taupin porte-croix.

Les larves d'élater ont une certaine ressemblance avec les vers de la farine. Elles sont jaunâtres, coriaces. On les nomme *vers jaunes, cordes à boyaux*, et quand on les rompt, il sort de leur corps un liquide laiteux ; elles paraissent rechercher les plantes maladives, tantôt les céréales qui occupent des terrains trop humides, tantôt des plantes de jardin qui ont été repiquées récemment et qui souffrent en attendant la reprise.

Les taupes font une chasse active à ces larves. Les lampyres, vulgairement connus sous les noms de vers-luisants, mouches à feu, mouches de Saint-Jean, lucioles, ont une partie de l'abdomen qui est lumineuse et brille avec plus ou moins d'éclat pendant la nuit. Il paraît qu'ils peuvent à volonté augmenter ou diminuer cette singulière lumière qui disparaît après leur mort, mais seulement lorsque leur corps est desséché.

L'espèce commune est le lampyre verluisant : la femelle qui n'a pas d'ailes se traîne dans le gazon, où on la voit briller par les chaudes nuits d'été. Sa lumière est si faible, qu'elle ne sert à rien. Il y a loin, bien loin de notre ver-luisant au *fulgore porte-lanterne* de l'Amérique tropicale. Un seul fulgore répandait assez de lumière pour qu'à Surinam, Sybille de Mérian pût lire ses journaux ! (*Vogt*).

Aux Antilles, on trouve un taupin phosphorescent qui fait également la clarté dans les ténèbres. A Cuba, les femmes en mettent quelquefois dans des cages de verre pour éclairer leurs appartements. Des ouvriers s'en servent pour leurs travaux du soir ; des voyageurs, engagés la nuit dans des chemins difficiles, en attachent sur leurs chaussures afin d'y voir clair et d'avoir le pied sûr ; des créoles en mettent dans les boucles de leur chevelure et des négresses en parent leurs robes de bal (*Vogt*).

4e Genre. — Les téléphores (*porte-lumière*) ont le corps allongé, les élytres mous, le corselet carré, à angles arrondis.

Ces insectes, vulgairement désignés sous le nom de moines, se trouvent au printemps sur les fleurs et les feuilles des arbres et des arbustes.

Leurs larves vivent dans la terre humide, où elles se nourrissent de petits insectes. Ce sont des insectes utiles qu'il ne faut jamais écraser si on les rencontre sur son chemin.

Les espèces les plus communes sont : le téléphore ardoise, le téléphore thoracique, le téléphore fusicorne, le mélanure, le téléphore livide.

5e *Genre.* — Les malachies ont le corps très mou et leurs élytres excessivement flexibles. Sur les côtés de leur corps se trouvent quatre vésicules rouges rétractiles qu'elles font sortir et rentrer à volonté.

On les trouve sur les fleurs, où elles sont peu nuisibles.

Les espèces communes sont : la malachie bronzée, la malachie sanguinolente, la malachie verte, la malachie marginelle, la malachie bipustulée.

6e *Genre.* — Les vrillettes sont ainsi nommées, parce qu'elles percent le bois de trous semblables, mais plus petits, à ceux que ferait une vrille.

Elles ont la tête plus ou moins enfoncée dans le corselet qui est arrondi, en forme de capuchon; leur corps est arrondi ou convexe en dessus, ordinairement ferme et de couleur obscure.

Beaucoup de ces insectes se trouvent, au printemps, dans nos maisons, où ils échappent à notre attention par leur petitesse. Ils se contractent quand on les touche et font les morts. Leurs larves font beaucoup de dégâts, en attaquant et rongeant les draps, les pelleteries, etc.; d'autres percent le bois et détruisent en assez peu d'années les plus belles menuiseries. Quand ces insectes sont parvenus à l'état parfait, le mâle, pour appeler la femelle, frappe plusieurs fois de suite et rapidement sur la boiserie où il se trouve; la femelle lui répond de la même manière et tous deux ne cessent de battre jusqu'à ce qu'ils se soient rejoints. Telle est la cause du petit bruit semblable au battement d'une montre, que l'on entend au printemps dans les meubles des appartements, et qui a reçu des personnes superstitieuses le nom vulgaire de « Horloge de la mort ». Les principales espèces sont : la vrillette damier ou marquetée — la vrillette opiniâtre — la vrillette marron — la vrillette de la farine, qui ronge les pains à cacheter. La larve colle ensemble plusieurs de ces pains et creuse une galerie dans leur épaisseur.

4e Famille. — Les Clavicornes
(*Antennes en massue*).

Cette famille renferme 6 genres :

Les clavicornes. 4e Famille :	1er *genre.*	— Clairons.
	2e —	— Escarbots ou Histers.
	3e —	— Anthrènes.
	4e —	— Nécrophores.
	5e —	— Boucliers.
	6e —	— Dermestes.

1er *Genre.* — Les clairons ont le corps presque cylindrique, velu, et la tête enfoncée dans le corselet.

Ces insectes, ordinairement de couleur assez variée, se trouvent sur les fleurs, et cependant leurs larves sont carnassières; elles se nourrissent de celles des autres insectes, particulièrement des hyménoptères.

Les espèces principales sont : 1° le clairon des ruchers qui fait un grand tort dans les ruches en détruisant les larves et les nymphes des abeilles; 2° le clairon alvéolaire; 3° le clairon violet; 4° le clairon rufipède.

Ils sont nuisibles parce qu'ils mangent les larves des abeilles si utiles.

2e *Genre.* — Les escarbots ou histers ont le corps plus ou moins carré, quelquefois presque gobuleux; tête dans une échancrure du corselet; élytres tronqués, jambes larges et épineuses, les quatre derniers pieds écartés entre eux à leur naissance, antennes terminées par une massue solide. On trouve ces insectes dans les charognes ou les excréments, les champignons, les fumiers; quelques-uns habitent sous les écorces d'arbres. Ils sont très lents, et se contractent lorsqu'on veut les prendre.

Les espèces les plus communes sont : l'escarbot quadrimaculé; — l'escarbot noir; — l'escarbot des cadavres; — l'escarbot des excréments; — l'escarbot stercoraire; — l'escarbot quadrinoté; — l'escarbot bimaculé; — l'escarbot à 12 stries; — l'escarbot carré; — l'escarbot pygmée.

Tous sont utiles, ils digèrent les matières nauséabondes et nous en débarrassent; mais ils ne sont pas assez nombreux et sont trop peu ragoûtants pour qu'on les protège. Mieux vaut éviter leur formation et leur développement par des soins de propreté.

3e Genre. — Les anthrènes ont le corps court, ovoïde, ordinairement coloré par une poussière légère, écailleuse; tête enfoncée verticalement dans le corselet; antennes en massue presque solide.

Ces insectes sont très petits. A l'état de larves, ils rongent les matières animales et principalement les collections d'insectes. A l'état d'insectes parfaits on les trouve sur les fleurs, où ils sont quelquefois en très grande quantité.

Ils sont aussi connus sous le nom vulgaire d'artisons.

Les espèces communes sont :
1° l'artison de la scrofulaire.
2° — brodé.
3° — destructeur.

4e Genre. — Les nécrophores ont les antennes droites, brusquement terminées en une massue grosse et courte; les élytres courts, tronqués à l'extrémité, le corps aplati, allongé.

Les nécrophores ne se rencontrent qu'au milieu des cadavres; ils enfouissent ceux des petits mammifères : taupes, rats ou souris, après y avoir déposé leurs œufs; aussi les appelle-t-on vulgairement fossoyeurs ou enterreurs.

Espèces : nécrophore inhumeur; — nécrophore mortuaire; — nécrophore germanique.

5e Genre. — Les boucliers diffèrent des précédents par la massue de leurs antennes, qui est allongée et fermée presque insensiblement; leurs élytres dépassent le corps qui est aplati, souvent ovale.

Les boucliers vivent pour la plupart dans les cadavres, mais ils ne les enterrent pas comme font les nécrophores. Les espèces principales sont :

1° le bouclier littoral; 2° le bouclier thoracique; — 3° le bouclier rugueux; — 4° le bouclier sinué; — 5° le bouclier raboteux; — 6° le bouclier disparate; — 7° le bouclier à 4 points; — 8° le bouclier réticulé; — 9° le bouclier obscur; — 10° le bouclier lisse.

Plusieurs de ces espèces grimpent sur les tiges de blé pour s'emparer des petites espèces du genre Hébi dont elles font leur nourriture.

6e Genre. — Les Dermestes, dont le nom signifie mangeurs de peau, ont les antennes terminées par une grande massue ovale; le corps épais, ovale, convexe en dessus; corselet large, sinué postérieurement, tête inclinée; élytres légèrement rebordés, œil lisse ou ocelle sur le front.

Ces coléoptères, soit à l'état parfait, soit à l'état de larves, se nourrissent de toutes les substances animales; ils les attaquent en grand nombre, les coupent, les réduisent en parcelles et les détruisent entièrement. Aussi sont-ils les plus grands destructeurs des cabinets d'histoire naturelle; leur petite taille leur permet de se glisser par les plus petits trous et d'échapper aux recherches les plus minutieuses.

Comme on le voit, ces insectes sont nuisibles à l'homme; mais par contre ils sont d'une utilité incontestable dans l'économie de la nature, qui les a principalement destinés à compléter la destruction des cadavres dont ils font des squelettes, conjointement avec les silphes.

On connaît plus de 200 espèces de dermestes; les plus nombreuses existent en Europe, surtout dans les grands centres civilisés. Nous en connaissons cinq espèces qui sont désignées sous le nom générique d'artisons.

Ces espèces sont : le dermeste pelletier; — le dermeste du lard; — le dermeste de l'âtre; — le dermeste souris; le dermeste renard.

5e Famille. — Les Palpicornes (*Antennes en massue perfoliée*).

Cette famille renferme deux genres principaux :

1° Les hydrophiles (qui aiment l'eau); 2° les sphérides (en forme de sphère).

Les hydrophiles ont le corps ovale, bombé en dessus, les pattes en forme de rames, propres à nager, les postérieures comprimées et garnies de poils nombreux, le sternum se prolonge souvent sur l'abdomen en une pointe longue et aiguë.

Ces insectes habitent les eaux. Leurs larves, qui vivent aussi de mollusques d'eau douce, font beaucoup de dégâts dans les étangs en dévorant le frai de poisson.

Elles se métamorphosent dans des trous qu'elles se creusent dans la terre sur le bord des eaux. L'insecte parfait ne conserve pas les habitudes carnassières de sa larve, il se nourrit de végétaux aquatiques.

Espèces : Hydrophile brun; — hydrophile caraboïde; — hydrophile fuscipède; hydrophile grisâtre.

Les sphéridies sont des insectes terrestres, dont le corps est hémisphérique.

Ces coléoptères se trouvent plus particulièrement dans les excréments des animaux herbivores où ils se cachent, lorsque le danger se présente.

Ils se montrent dès les premiers jours chauds du printemps, et tout l'été, dans le milieu du jour et dans les soirées chaudes; pour les découvrir, il suffit d'enlever l'enveloppe sèche des bouses où l'on voit une grande quantité de trous, par lesquels ils entrent et sortent. Les principales espèces, toutes utiles, sont :

1° Sphéridie scarabéïde; — 2° sphéridie margine; — 3° sphéridie hémorrhoïdale; — 4° sphéridie anale; — 5° sphéridie aquatique; — 6° sphéridie lugubre; — 7° sphéridie uniponctuée; — 8° sphéridie atome.

6e Famille. — Les Lamellicornes (*Antennes en massue feuilletée*).

Cette famille renferme sept genres et un grand nombre d'espèces dont les principales sont indiquées dans le tableau suivant :

	GENRES.	ESPÈCES.	
6e Famille : **Lamellicornes.**	1° Bousiers	1° Ateuche ou bousier sacré.	
		2° Sisyphe.	Chameau ovale.
		3° Onthophage.	Taureau, Lémur.
		4° Aphodie.	Cénobite Schreiber
			Mubicorne.
	2° Géotrupes	1° Stercoraire.	
		2° Printanier.	
		3° Phalangiste.	
	3° Trox	1° Perlé.	
		2° Hispide.	
		3° Sabuleux.	
		4° Sillonné.	
	4° Hannetons	1° Ordinaire.	
		2° Du marronnier d'Inde.	
		3° Solsticial.	
		4° Chorticole.	
		5° Estival.	
		6° Noirâtre.	
		7° Roussâtre.	

	GENRES.	ESPÈCES.
6e Famille : **Lamellicornes.** (*suite*).	5o Trichies	1o Noble. 2o Ermite. 3o Gauloise. 4o Hémiptère.
	6o Cétoines	1o Dorée. 2o Métallique. 3o Drap mortuaire.
	7o Lucanes	1o Cerf-volant. 2o Parallélipipède.

1o Les Bousiers; — 2o Les Géotrupes; — 3o Les Trox; — 4o Les Hannetons; — 5o Les Trichies; — 6o Les Cétoines; — 7o Les Lutanes.

1er Genre. — Les bousiers à chaperon en croissant, se trouvent d'ordinaire dans les excréments des animaux herbivores, d'où leur nom.

Ce genre comprend plusieurs sous-genres, dont les espèces les plus communes sont :

L'ateuche ou bousier sacré, qui était adoré des Égyptiens, l'ateuche pilulaire.

Le sisyphe de Schæffer.

L'onthophage chameau, taureau, cénobite, lémur, oval, de Schreider, aphodie errant, fossoyeur, grenaille, fétide ou puant, souterrain, sordide, bimaculé, triste, quadrimaculé, des excréments, sillonné.

Beaucoup de ces espèces n'existent pas sous notre latitude.

2e Genre. — Les géotrupes ont un chaperon en losange; leur nom signifie « qui perce la terre », parce que, vivant dans les excréments d'animaux herbivores, ils pratiquent dans la terre placée au-dessous de ces matières, des trous cylindriques où ils se reposent pendant le jour et où ils déposent leurs œufs avec une nourriture appropriée aux larves qui doivent en éclore. Celles-ci vivent d'abord de cette nourriture, puis elles s'enfoncent assez profondément en terre, et se nourrissent des racines des plantes, à la manière des hannetons.

Les géotrupes portent souvent sur leur corps une espèce parasite de mite, appelée gamase des coléoptères, qui paraît les incommoder beaucoup. Ils ont encore pour ennemi la pie-grièche, écorcheur qui les emporte en grand nombre, les embroche aux épines des prunelliers pour les retrouver au besoin quand la faim se fait sentir.

Les espèces stercoraire — printanier — phalangiste — seules nous sont connues.

3e Genre. — Les trox ont pour caractères distinctifs : les antennes de 10 articles, dont le premier très velu, la tête cachée par les hanches des deux pieds antérieurs, la surface des élytres et du corselet très raboteuse.

Ces insectes se trouvent dans les lieux secs et sablonneux, ainsi que sous les cadavres; ils marchent lentement et contrefont le mort à la moindre apparence de danger. On ne connaît dans nos climats que les espèces perlé — hispide — sabuleux — sillonné.

Il en existe près de soixante autres, communes surtout en Afrique et dans l'Amérique du Sud.

4e Genre. — Les hannetons ou mélolonthes, à chaperon carré, large et court, sont malheureusement trop connus par le tort qu'ils font aux végétaux, soit à l'état de larves en rongeant les racines, soit à l'état d'insectes parfaits en dévorant les feuilles, pour que j'en donne les caractères. Leurs larves, connues sous les noms vulgaires de vers blancs, turcs, mans ou mâcons, vivent jusqu'à quatre ans dans la terre au pied des arbres et des autres plantes, qu'elles épuisent et dévorent. Les espèces principales sont :

1o Hanneton ordinaire; — 2o hanneton du marronnier d'Inde; — 3o hanneton solsticial; — 4o hanneton chorticole; — 5o hanneton estival; — 6o hanneton noirâtre; — 7o hanneton roussâtre.

Toutes ces espèces vivent dans notre département. Pas n'est besoin de les décrire, car tout le monde les connaît trop; je dirai seulement que la larve met quatre années pour devenir insecte parfait, en Allemagne et en France.

Pendant toute leur vie de larves ou d'insectes parfaits, les hannetons causent de grands dégâts, et là où ils s'abattent, les arbres sont en plein été ce qu'ils étaient au milieu de l'hiver.

Beaucoup de moyens ont été indiqués pour essayer de les détruire. Des primes ont été données aux enfants qui en ramassaient. Mais la difficulté n'était pas de les ramasser; il fallait pouvoir s'en débarrasser. Les écraser était dégoûtant et peu praticable. Les poules et les cochons, dans les années d'abondance se dégoûtent d'en manger; c'était jeter le poison dans l'eau que de les noyer. Dans le canton de Berne, dit Carl Vogt, on les pilait dans une huilerie, pour en faire un bon engrais, qui doit être assez abondant dans certaines années, puisqu'en 1841, au mois de mai, les ponts sur la Saône à Mâcon étaient impraticables le soir, tant la masse de hannetons était forte. Les moyens de détruire les hannetons sont donc la plupart du temps insuffisants surtout ceux qui sont employés contre le ver blanc enfoncé dans le sol. Les corbeaux, les corneilles, les perdreaux (quand il y en avait encore) qui suivent avec tant d'ardeur les sillons que fait le laboureur, pour se régaler des gros, gras et dodus vers blancs que la charrue met à découvert sont de grands destructeurs de ces larves. Les poules, les canards et les oies viendraient aussi compléter ce travail dans les terres labourables. Mais comment faire s'il y a des vers blancs dans les prés et les bois? Le froid le plus rigoureux ne les atteint pas, et ils résistent même à une inondation qui met les prés un mois sous l'eau. Je ne connais en réalité qu'un seul moyen : c'est la multiplication des taupes. Selon moi, dit Carl Vogt, déjà cité, la question se pose ainsi : Qu'est-ce qui coûte le plus, de retourner de temps en temps tout un pré et de perdre une certaine quantité de fourrage; ou de répandre les buttes des taupes pendant environ un mois au printemps? Si on établit le compte par doit et avoir, on saura ce que l'on doit faire; en définitive, c'est de multiplier les taupes.

Contre le hanneton lui-même, il n'y a pas d'autres moyens que la récolte de l'insecte encouragée par l'Etat. Cette opération se pratique mieux le matin, de bonne heure, au lever du soleil, quand l'insecte est engourdi : il tombe si on le secoue.

Les ennemis des insectes et parmi eux, les oiseaux insectivores, n'ont pas la même périodicité dans leur développement et ne peuvent pas suffire à beaucoup près, même avec les plus grands efforts, à la tâche que leur impose la quantité innombrable de hannetons. Les dispositions qu'il faut prendre et qui consistent principalement en une somme payée, par mesures de hannetons recueillis, doivent venir de l'autorité, car le mal est général; il ne s'attaque pas à une seule localité, mais à de grandes étendues de pays. A quoi bon, par exemple, qu'un particulier ramasse les hannetons sur ses propriétés, si son voisin les laisse circuler en liberté?

On le voit, dans ces années d'abondance des hannetons, il faut que l'administration départementale, que le conseil général donne une prime et indique les moyens de destruction. Alors, nous ne redouterons plus les grands ravages qu'ils causent soit à l'état de larves, soit comme insectes parfaits.

5e Genre. — Les trichies, à chaperon carré long et étroit.

Les espèces, toutes connues chez nous, sont :

Trichie noble;
— ermite;
— gauloise;
Trichie hémiptère.

6e Genre. — Les cétoines à chaperon de même forme, à corselet en triangle isocèle, tronqué antérieurement à sa pointe.

Ces insectes sont pour la plupart très brillants, et se trouvent, ainsi que les trichies, sur les fleurs dont ils sucent la liqueur mielleuse.

Leurs larves ne sont pas aussi voraces que celles des hannetons : elles se trouvent dans la terre ou le terreau humide.

Les espèces de cétoines sont les suivantes : dorée, métallique, drap-mortuaire. — Elles sont employées, en Russie, principalement la cétoine dorée, comme un remède efficace contre la rage. — On l'administre en poudre sur une tartine de beurre. Ce remède serait-il véritablement efficace? On serait plutôt tenté d'en douter; mais les paysans de Therségof et de Sarate ont en lui une confiance absolue.

7e *Genre.* — Les lucanes ou cerfs-volants ont la massue des antennes composée d'articles disposés en forme de peigne, dont les lames ou dents sont d'un seul côté, en dedans.

Quelques-uns de ces insectes sont remarquables par le développement extraordinaire que prennent les mandibules chez les mâles. Les femelles sont appelées biches.

On trouve ces coléoptères dans les forêts de chênes, leurs larves vivent dans les bois qu'elles rongent, pendant quatre ou cinq ans, avant de passer à l'état d'insectes parfaits.

Les espèces sont :

Le lucane cerf-volant et le lucane parallélipipède.

2e SECTION. — *Les hétéromères* (5 articles aux 4 premiers tarses et 4 aux derniers).

Cette section renferme 3 familles principales :

1° Les mélasomes (à corps noir), à antennes terminées en chapelet;

2° Les sténélytres (élytres étroits, tête ovoïde, sans cou, les antennes de grosseur égale dans toute leur longueur);

3° Les trachélides (dont la tête se rétrécit en forme de cou).

1re Famille. — LES MÉLASOMES.

Cette famille comprend trois genres principaux :

1° Les blaps;
2° Les opâtres;
3° Les ténébrions.

1er *Genre.* — Les blaps, à élytres soudés, sans ailes sous les élytres, corps terminé en pointe, antennes en fil.

Ces insectes marchent très lentement, habitent les lieux sombres et humides des appartements et des caves, ils répandent une odeur fétide qui reste longtemps après qu'on les a touchés.

On en connaît plus de cent espèces qui vivent surtout dans les contrées chaudes et tropicales. Chez nous on connaît surtout le blaps mucroné, que, sans raison, on nomme vulgairement *annonce-mort* ou *porte-malheur*, *sonneur de la mort.* — On le trouve surtout dans les endroits souterrains; il se cache pendant le jour et ne marche que la nuit; il n'est ni nuisible, ni utile.

2e *Genre.* — Les opâtres ont le corps ovale, les antennes moniliformes, grossissant insensiblement. Ces insectes sont très lents, volent rarement et se trouvent sur le sable ou sur la terre. Ils sont indifférents.

L'espèce opâtre du sable vit seulement en Afrique; quelques rares espèces vivent dans l'Europe méridionale.

3e *Genre.* — Les ténébrions, à élytres non soudés, avec des ailes sous les élytres, à antennes grossissant un peu vers leur extrémité, sont ainsi nommés, parce qu'ils ne sortent de leur retraite que vers le soir. Ils se trouvent dans les boulangeries, greniers à blé, etc.; quelques espèces vivent sous les écorces ou dans les trous des vieux arbres vermoulus.

Leurs larves sont longues, cylindriques, très lisses, fort luisantes, d'un jaune pâle; elles vivent dans le son et la farine; on les donne en nourriture aux rossignols élevés en cage sous le nom vulgaire de : vers de la farine.

2e Famille. — LES STÉNÉLYTRES.

Cette famille renferme 4 genres :

1° Les hélops;
2° Les cistèles;
3° Les lagries;
4° Les œdémères.

Les hélops ont le corps épais, couvert ou arqué et oblong, les antennes filiformes à corselet presque carré, échancré en avant.

Ces insectes vivent sous les vieilles écorces et dans le bois; leurs larves, que les fauvettes et les rossignols recherchent avec avidité, se trouvent dans le terreau que ces insectes forment au pied des arbres. On en connaît plus de cent espèces. Les deux principales, qui vivent chez nous, sont :

L'hélops larripède;

L'hélops âtre.

Les cistèles et les lagries ont beaucoup d'analogie avec les hélops et ont à peu près les mêmes mœurs.

Les œdémères à antennes en scie, à élytres étroits et séparés ont les cuisses souvent très grosses. On trouve ces insectes sur les fleurs. On en connaît environ trente espèces dont la plupart vivent en Asie et sur le littoral de la Méditerranée.

Les espèces d'Europe sont :

L'œdémère goutteuse, marginée, bleue, laride.

3e Famille. — Les TRACHÉLIDES.

Cette famille renferme quatre genres :

1° Les pyrochres;

2° Les mordelles:

3° Les méloès;

4° Les cantharides.

1er Genre. — Les pyrochres ont le corps plat, les élytres minces et flexibles. On les trouve sur les plantes et sous les écorces d'arbres, où vivent également leurs larves.

Sur les douze ou quinze espèces décrites, les pyrochre cardinale et pyrochre écarlate ont seules été vues chez nous.

2e Genre. — Les mordelles ont le corps finissant en pointe. Les femelles de ces insectes ont le dernier anneau de l'abdomen prolongé en une queue pointue qui leur sert à enfoncer leurs œufs dans les cavités du vieux bois, où vivent leurs larves.

Ces insectes sont indifférents, parce qu'ils vivent surtout de bois mort. On en connaît plus de cent espèces qui vivent en Europe. Dans notre département on connaît surtout les espèces *à tarière* et *fasciée*.

3e Genre. — Les méloès ont les antennes de la même grosseur ou amincies vers le bout, moniliformes, droites ou sans coude remarquable, irrégulières dans les mâles, au moins de la longueur de la tête et du corselet; point d'ailes membraneuses sous les élytres: ceux-ci très courts, croisés dans une partie de leur bord, ne recouvrant qu'une partie de l'abdomen qui est très gros et comme vésiculeux.

Ces insectes sont remarquables par leur pesanteur ; ils se traînent dans l'herbe, dont ils se nourrissent et, lorsqu'on les touche, ils font sortir, des articulations de leurs pattes, une liqueur âcre, jaunâtre ou roussâtre. On les regardait autrefois comme un très bon remède contre la rage. Ces insectes sont peu connus dans la Meuse.

4e Genre. — Les cantharides ont le corps cylindrique, allongé, les antennes droites, filiformes. Ces insectes volent bien, se trouvent sur les arbres, principalement sur les frênes dont ils dévorent les feuilles; ils pondent leurs œufs dans la terre, dit-on, où leurs larves vivent et se métamorphosent.

Réduites en poudre, les cantharides ont la propriété de faire lever l'épiderme quand on les applique sur la peau; aussi les emploie-t-on comme vésicatoires.

La seule espèce qui se trouve dans nos parages est la cantharide à vésicatoire, d'un vert doré. Elle paraît vers le mois de juillet et se jette parfois en quantité considérable sur les frênes, qu'elle dépouille de leurs feuilles. En 1880, tous les frênes qui bordent le canal de la Marne au Rhin en étaient criblés. Lorsqu'au mois de juillet et d'août en allant au loin, nous en trouvions sur la chaussée, beaucoup étaient accouplées. Lorsque je les prenais dans la main, beaucoup de mes amis s'éloignaient parce qu'elles étaient vives et répandaient une odeur caractéristique due à une sécrétion particulière essentiellement vésicante que l'on emploie souvent, et toujours avec raison, en médecine humaine comme en médecine vétérinaire, contre des coups sans lésion de la peau ou comme dérivatifs dans le cas d'affections de poitrine, gourmeuses, ou d'angines.

Il est à remarquer, que la femelle va pondre et déposer ses œufs dans un petit trou qu'elle fait avec ses pattes et sa bouche. Au bout de quinze jours, les larves éclosent. Comment vivent-elles, se métamorphosent-elles? Jusqu'à présent, c'est un mystère.

On a vu beaucoup de ces larves accrochées au corps et aux ailes des guêpes et de certains bourdons, et l'on a supposé qu'elles se faisaient transporter dans les guêpiers souterrains pour vivre des petites guêpes ou bourdons, et qu'elles sortaient de là par troupes après leurs métamorphoses. Mais ce n'est qu'une supposition.

On récolte peu de cantharides en France, quoiqu'elles y soient souvent très communes. La plupart de celles que l'on utilise nous viennent d'Espagne, parce qu'on attribue à celles de ces derniers pays, mais bien à tort, plus de vertu médicinale qu'aux autres).

La présence de ces coléoptères se manifeste par l'odeur de souris qu'ils répandent autour d'eux. Quand à l'aide de cette odeur on a découvert un arbre, ordinairement un frêne, sur lequel ils sont réunis en plus ou moins grand nombre, voici le procédé le plus simple et le moins dispendieux pour les récolter. Après avoir étendu au pied de ces arbres, et de très grand matin, une toile d'un tissu clair, on secoue fortement les branches, pour en faire tomber les cantharides, qui, engourdies par le froid de la nuit, ne cherchent ni à s'enfouir ni à s'envoler ; lorsqu'on juge qu'elles sont à peu près toutes tombées sur la toile, on relève celle-ci par les quatre coins, avec son contenu, et l'on plonge le tout dans un baquet rempli d'eau vinaigrée. Cette immersion suffit pour faire périr ces insectes ; on les transporte ensuite dans un grenier ou sous un hangar bien aéré, pour les faire sécher sur des claies couvertes de toile ou de papier. Quand elles sont bien sèches on les conserve dans des pots en faïence hermétiquement fermés, à l'abri de l'humidité. Elles peuvent ainsi conserver leur propriété vésicante pendant plusieurs années.

3e Section. — **Les Tétramères**
(4 articles à tous les tarses).

Cette section renferme 5 familles.

1° Les rhincophores ou porte-becs, dont la tête se prolonge en forme de bec ou de trompe.

2° Les xylophages (mangeurs de bois). Tête noire prolongée en bec; antennes plus grosses vers leur extrémité.

3° Les longicornes (longues antennes). Antennes longues, filiformes, les yeux embrassant leur base.

4° Les eupodes (bons pieds). Corselet cylindrique, plus étroit que les précédents.

5° Les cyclides (corps arrondi). Antennes un peu plus grosses vers le bout; corps arrondi en demi-sphère.

1re Famille. — Les Rhincophores.

Cette famille renferme trois genres principaux :

1° Les bruches;
2° Les attelabes;
3° Les charançons.

1er *Genre.* — Les bruches ont les antennes filiformes, et les pieds postérieurs ordinairement très grands.

Ces insectes, que l'on trouve sur les fleurs, dans leur état parfait, sont très nuisibles à l'état de larve ; ils dévorent plusieurs espèces de graines et particulièrement celles des plantes légumineuses.

Les espèces sont :

La bruche du pois ;
— de la vesce;
— des graines ;
— des semences;
— marginale.

Toutes existent chez nous.

2e *Genre.* — Les attelabes ont les antennes droites et insérées sur la trompe. Ces insectes rongent les feuilles et autres parties des végétaux ; les femelles roulent les feuilles en cornet pour y déposer leurs œufs.

Les espèces sont :

L'attelabe (tête écorchée ou du noisetier);
L'attelabe Bacchus (cette espèce nuit à la vigne, on la nomme vulgairement bêche);
L'attelabe du peuplier;
— du bouleau;
— cuivreux ou du zinc, vivant de la même manière aux dépens de la chlorophylle des feuilles et de la pomme, dont il ronge la pulpe.

3e *Genre.* — Les charançons ont les antennes en massue perfoliée ; ils comprennent un grand nombre de sous-genres. Parmi les innombrables espèces de ce genre, les unes se nourrissent des feuilles ou du bois des végétaux ; les autres de graines. On en connaît des milliers d'espèces dont presque toutes sont étrangères à nos pays. Les plus connues et les plus remarquables sont :

1° La calandre ou charançon du blé, le charançon de la livèche, l'argenté, le bordé, le ruficorne, le morco, le charançon du chou ou Contorhinque.

Le lixe de la bardane, le lixe ascanoïde;

Le rhynchêne colon, binoté, bec noir, du prunier, du sapin, de la noisette, des baies, vorace.

Le cosson linéaire et ferrugineux.

Le rhynchêne des noisettes ou balanin des noisettes, se reconnaît au long bec très mince et fortement recourbé, au duvet gris jaunâtre qui recouvre l'insecte parfait.

C'est tout au plus, si cet insecte boit quelques gouttes du suc de la noisette : mais ce bec, cette trompe, agit comme une vrille pour perforer la noisette ou du moins son enveloppe encore molle et y déposer son œuf. La larve s'y développe au bout de quinze jours à trois semaines, devient grasse et dodue en se nourrissant de l'amande. La noisette tombe, la larve sort, s'enfonce en terre pour se métamorphoser au retour de la belle saison.

Pour débarrasser les noisetiers des attelabes ou des charançons il faut recueillir les noisettes véreuses et les brûler, car si elles tombent, le trou est fait à la noisette et la larve s'enfonce sous terre pour exercer ses ravages l'année suivante.

Nous pourrions encore citer comme très nuisible le charançon, ou l'anthonome du pommier, car il est le plus répandu. Il est brun, avec une petite bande blanche, bordée de noir, placée obliquement au bout de chaque élytre.

Dès le mois d'avril, il se répand sur les pommiers et perfore de son bec les fleurs encore en boutons. Dans chacun des trous ainsi faits, il dépose un œuf. Une semaine après la larve est éclose. Le petit ver se met à ronger tout aussitôt la fleur, ne respectant que l'enveloppe. Les boutons rongés, en dedans seulement, conservent leur forme et prennent en se desséchant l'aspect de clous de girofle (fleurs non épanouies du giroflier) qui servent à aromatiser le pot-au-feu.

Le charançon du blé, mangeur de blé ou calandre, n'a pas d'aile membraneuse sous les élytres; c'est pourquoi il ne peut voler; mais en revanche il trotte assez bien et se cramponne fortement; il a quatre millimètres de long, est brun-noir avec une tête terminée par un long museau, ou trompe allongée, avec lequel il entame légèrement le grain de blé. La femelle dépose dans la cavité un seul œuf qu'elle fixe au moyen d'une sécrétion visqueuse particulière.

Elle passe ainsi d'un grain à l'autre jusqu'à ce qu'elle ait épuisé sa provision d'œufs.

« Ce travail est fait si délicatement, que l'œil le plus exercé ne pourrait découvrir cette piqûre. Cependant, la calandre reconnaît très bien le grain fécondé, soit par elle, soit par une autre ; elle ne se trompe pas : à chaque grain sa larve, à chaque larve son grain, pas plus ; 8 ou 15 jours après les œufs éclosent. Le tout petit ver perce l'enveloppe, s'introduit dans la partie farineuse par un trou presque invisible. Là il est chez lui pour se livrer à la bombance ! A lui tout un grain de blé. Il devient gros, gras et dodu. En 5 à 6 semaines la farine est achevée : mais le son reste, car l'adroite larve se garde bien de l'entamer ; elle en a besoin comme d'un berceau pour se métamorphoser. Le grain paraît tout intact alors qu'il est creux et loge un charançon. Dans cette cachette, la larve devient nymphe et la nymphe insecte parfait. La calandre déchire alors l'enveloppe du son et quitte la demeure, pour explorer le tas de blé, choisir les grains non rongés et leur confier ses œufs, qui doivent donner une nouvelle population de ravageurs » (C. Vogt).

On reconnaît ces grains attaqués à leur légèreté et à leur écrasement facile entre le pouce et l'index. Un moyen simple est tiré de cette observation pour reconnaître en quel état est le blé. On en jette une poignée dans l'eau. Tout ce qui est sain descend au fond ; ce qui est attaqué surnage.

Un seul charançon produit de 8.000 à 10.000 œufs, d'où proviennent autant de larves, rongeant chacune un grain. Un litre contient environ 10.000 grains. Un seul charançon peut le détruire, 1.000 charançons détruiront donc en peu de temps 10 hectolitres de blé. On comprend après cela combien on doit chercher à les détruire s'ils attaquent un champ de blé !

Le moyen le plus employé est de remuer fréquemment le tas de blé, car il est à remarquer que, comme beaucoup de coléoptères, les charançons aiment le repos ; c'est pourquoi ils décampent vite si on les dérange. Mais il faut alors les empêcher de revenir. On sacrifie un tas d'orge voisin de leurs grains favoris ; ils y restent à demeure. On peut aussi employer le lin ou le chanvre, les labiées odoriférantes, qui, placées sur les tas de blé, font fuir les insectes. Mais ils laissent toujours des œufs ou des larves. Le meilleur moyen à employer est le sulfure de carbone qui s'évapore vite et tue infailliblement les charançons. Pour cela faire, on met le froment attaqué dans des tonneaux aussi grands que possible, que l'on remplit aux trois quarts seulement, ensuite, dans chaque tonneau, on verse un demi-litre environ de sulfure de carbone pour mille kilogrammes de blé. Le tonneau étant bouché, on le roule pour bien répartir le liquide. On laisse ensuite reposer pendant vingt-quatre heures. Alors, calandres, œufs, larves, nymphes sont morts. On retire le blé, on l'expose à l'air en le remuant à la pelle et tout danger a disparu.

2e Famille. — Les Xylophages.

Les larves de ces insectes vivent dans le bois et font souvent de grands ravages dans les forêts, les plantations d'arbres d'avenue, les pins, les sapins et les oliviers.

Cette famille renferme les quatre genres principaux suivants :

1° Les scolytes;
2° Les bostriches;
3° Les cérylons;
4° Les mycétophages.

1er Genre. — Les scolytes ont les antennes en massue solide, le corps cylindrique et souvent coupé obliquement à son extrémité postérieure, les élytres ont de petites dents et des aspérités à cette partie de la troncature. Ils se nourrissent tous de bois, c'est ce qui leur a fait donner par Latreille, le nom de xylophagiens. On en connaît plus de trois cents espèces et une vingtaine de genres. Mais nous ne parlerons que de quelques-unes des plus importantes.

Toutes sont nombreuses comme sujets : elles semblent très nuisibles par leur nombre, et surtout par leurs larves, qui se creusent presque toutes des galeries entre l'écorce et l'aubier, quelquefois même dans l'aubier.

On remarque que tous les arbres dépérissent et on attribue ce dépérissement à la nuée des larves de scolytes qui les couvrent. Il n'en est rien cependant, dit M. Perris, qui avait fait de l'étude des scolytes, la préoccupation de toute sa vie. Il le formule de la manière suivante :

Les insectes en général (je ne parle pas de ceux qui ne s'en prennent qu'au feuillage), n'attaquent pas les arbres en bonne santé, ils ne s'adressent qu'à ceux dont le bien-être et les fonctions ont été altérés par une cause quelconque.

Si on les examine bien, on voit que ces arbres ont souffert et souffrent dans leurs racines, comme ont souffert les ormes de notre belle grande rue de la Rochelle, qui sont plantés dans une terre peu convenable, trop maigre; habituellement couverts d'une poussière fine, provenant du quartz, que l'on met sur la chaussée, les stomates ou orifices respiratoires cessent de fonctionner : les feuilles des arbres dépérissent et ceux-ci finissent par se couronner de branches mortes. Alors le cossus ligniperda vient pondre ses œufs à la base, préparant ainsi les voies aux nombreux xylophages dont les milliers de larves sillonnent en juillet et août les trottoirs et les murs des maisons.

Les espèces principales sont :

1° Le scolyte destructeur;
2° — pygmée;
3° — à plusieurs stries;
4° — du prunier;
5° — du frêne;
6° — du sapin, de l'orme, du pin, du tilleul, du chêne etc., de presque tous les arbres.

2e genre. — Les bostriches ont les antennes en massue de trois articles perfoliés ou en scie; corps cylindrique, étroit et allongé, corselet globuleux ou cubique. Nous ne connaissons chez nous, que les espèces :

Bostriches capucin, sutural, bicolore, mographe.

3e genre. — Les cérylons ont les antennes terminées en massue solide, presque globuleuse, le corps allongé, aplati, presque de la même largeur partout.

Les espèces cérylon atténué, picipède, du noyer, tarsin, luisant, vivent chez nous et sont nuisibles, comme les précédentes, par leurs larves.

4e genre. — Les mycétophages ont le corps ovale, les antennes quelquefois terminées en massue. Ils sont noirs ou brun-foncé.

Ces insectes vivent à l'état parfait et à celui de larve dans les champignons. On connaît les larves d'une quinzaine d'espèces de ce genre. Toutes sont herbivores, quelques-unes sont cependant carnivores.

Les espèces principales sont :

Les mycétophages à quatre pustules, lunaires, ponctués, fulvicoles, multiponctués.

Toutes sont indifférentes.

3e Famille. — Les LONGICORNES.

Cette famille comprend 10 genres :

1° Les spondyles;
2° Les priones;
3° Les capricornes ou cérambyx ;
4° Les callidies;
5° Les clytes;
6° Les molorgues;
7° Les lamies;
8° Les saperdes;
9° Les rhagies;
10° Les leptures.

1er Genre. — Les spondyles ont les antennes grenues et courtes, le corps convexe, cylindrique, le corselet arrondi, sans épines ni rebords.

Leurs larves vivent dans le tronc des pins. On ne connaît que l'espèce spondyle bupréstoïde, que l'on trouve dans les forêts de pins sylvestres. Les larves vivent dans l'aubier de mai à juin et se métamorphosent en juillet.

2e Genre. — Les priones ont les antennes en scie et le corselet épineux.

Ces insectes se tiennent sur les arbres et ne volent que le soir; leurs larves vivent dans le tronc des vieux arbres. On connaît l'espèce prione du tanneur ou du corroyeur.

3e Genre. — Les capricornes ou cérambyx ont le corselet épineux, le corps un peu aplati, allongé.

Ces insectes volent assez bien, et surtout le soir. Dans le jour, on les trouve sur les plaies des arbres, dont ils sucent la sève. Leurs larves vivent dans l'intérieur des arbres où elles font des trous gros et profonds.

Les espèces sont :

Le capricorne héros;
— savetier;
— musqué.

4e Genre. — Les callidies, à corselet non épineux, circulaire, aplati, sont de jolis coléoptères à éclat métallique semblable au saphir ; on les rencontre dans les bois, sur les troncs d'arbres pourris, dans les chantiers et jusque dans les maisons. Leurs larves vivent dans le bois dont elles font leur nourriture. Les espèces principales sont :

La callidie porte-faix;
— sanguine;
— de l'aune;
— variable;
— fémorale;
— humérale;
— testacée.

Toutes sont peu connues dans notre pays.

5e Genre. — Les clytes, dont le corselet sans épine, est élevé et presque globuleux, ont les mêmes mœurs que les callidies et vivent sur les fleurs, surtout sur les ombellifères, volant avec facilité et produisant un son aigu par le frottement de leur corselet. On en connaît environ vingt espèces françaises, dont les principales sont :

Le clyte usé;
— arqué.
— bélier;
— gazelle;
— à 4 points;
— marseillais;
— mystique.

6e Genre. — Les molorques ont les élytres beaucoup plus courts que l'abdomen.

L'espèce molorque des ombellifères se trouve surtout à la Grande-Chartreuse.

7e Genre. — Les lamies, à corselet court, muni d'épines fines, sont noirs et vivent, surtout en été, sur les saules des environs de Paris.

Les espèces sont :

La lamie fuligineuse;
— textor;
— nébuleuse;
— hispide;
— poilue.

8e Genre. — Les saperdes à corselet non épineux, cylindrique, allongé, vivent aussi dans le bois et, à l'état parfait, se trouvent sur les fleurs ou contre les troncs d'arbres.

Les espèces sont :

La saperde chagrinée ;

La saperde du peuplier;
— effilée;
— précesta;
— cylindrique;
— verdâtre;
— du tremble qui a 0m,015 de longueur et sa larve 0m,008.

9e *Genre.* — Les rhagies, à élytres plus étroits à l'extrémité postérieure, à corselet épineux, d'une couleur nébuleuse, vivent sur les bois et les troncs coupés.

Trois espèces seulement sont connues :

1re La rhagie mordante;
2e — inquisiteur, larve nuisible aux pins et sapins;
3e La rhagie chercheuse, scrutateur, dont la larve est nuisible aux chênes et châtaigniers.

10e Genre. — Les leptures ne diffèrent du genre précédent que par leur corselet uni, et par leurs longues antennes.

Ces insectes vivent à l'état de larves dans le bois pourri et à l'état parfait, sur les arbres et les fleurs. Treize espèces vivent en France. Les principales sont :

1o La lepture hastée;
— cotonneuse;
— livide (long. 0m,012 à 0m,016).
— à pieds rouges;
— lisse;
— ovale;
— brûlée.

4e Famille. — Les Eupodes Chrisomélides (Brehm).

Cette famille comprend deux genres :

1o Les donacies;
2o Les criocères.

1er Genre. — Les donacies, lepture de Linné, sténocorus de Geoffroy, ont les antennes à articles cylindriques allongés. Ces insectes se trouvent sur quelques plantes aquatiques; leurs couleurs sont brillantes. On en connaît plus de soixante-dix espèces, qui vivent surtout en Asie et en Afrique. Chez nous on ne rencontre que les espèces suivantes :

1o La donacie de la sagittaire;
2o — rayée;
3o — linéaire;
4o — discolore;
5o — soyeuse.

Toutes ces espèces sont indifférentes.

2e *Genre.* — Les criocères ont le corselet cylindrique, étroit, à antennes filiformes dont les articles sont courts. Ils rongent les feuilles des végétaux, particulièrement celles des liliacées, et leurs larves se recouvrent de leurs excréments, soit pour dégoûter les oiseaux qui voudraient s'en nourrir, soit pour se préserver de l'ardeur du soleil. On en connaît soixante espèces. Les principales sont :

Le criocère du lys;
— à douze points;
— de l'asperge;
— brun, qui se trouve sur le muguet.

Toutes ces espèces sont nuisibles. Pour débarrasser les lys et surtout les asperges des larves de criocères, M. A. Vendel de Nancy, nous dit de faire une forte eau savonneuse avec du savon gras, d'en imbiber une grosse éponge, puis de laver les tiges de bas en haut. Au bout de huit jours on doit recommencer la même opération pour se débarrasser complètement de ces larves.

5e Famille. — Les Cyclides.

Cette famille renferme 5 genres :

1o Cassides;
2o Gribouris;
3o Chrysomèles;
4o Galéruques;
5o Altises.

1er Genre. — Les cassides ont le corps déprimé, presque rond, en forme de bouclier ou de petite tortue, tête cachée sous le corselet; antennes grossissant insensiblement vers le bout.

Ces insectes se nourrissent de végétaux et se rencontrent vers le mois de juillet sur les artichauts, les chardons, les menthes, etc. Ce genre renferme plus de 500 espèces dont quelques-unes seulement vivent en Europe. Celles que l'on trouve chez nous sont au nombre de 4 seulement, savoir :

1o La casside verte, longueur, 0m,005;
2o — équestre;
3o — noble;
4o — sanguinolente.

2e *genre.* — Les gribouris cryptocéphales ont le corps cylindrique, la tête enfoncée verticalement, dans le corselet, les antennes filiformes. Ils rongent surtout les jeunes bourgeons des plantes et sont très nuisibles.

On en connaît plus de deux cents espèces, qui vivent en Europe et en Amérique. Toutes sont très remarquables, par leur belle couleur dorée. Les principales espèces de notre département, sont :

1° Le gribouri du noisetier;
2° — cordifère
3° — à 6 points;
4° — variable;
5° — brillant;
6° — de morée;
7° — flavipède;
8° — biponctué;
9° — bipustulé;
10° — pygmée;
11° — histrion;
12° — de la vigne, dont la larve ronge souvent les boutons à grappes qu'elle fait couler ou dessécher. Il est noir avec les élytres d'un brun rouge (1).

3e *genre.* — Les chrysomèles ont le corps plus ou moins ovale. Ces insectes sont souvent ornés de brillantes couleurs métalliques. Ils vivent sur diverses plantes, auxquelles ils font souvent un grand tort. On en connaît en Europe près de 200 espèces, toutes très belles. Les principales sont :

La chrysomèle ténébrion;
— de Gottingue;
— violette;
— du peuplier;
— viminale;
La chrysomèle du tremble;
— céréale ou arlequin;
— sanguinolente;
— fastueuse;
— de la menthe, qui est d'un beau vert doré et que l'on trouve en abondance sur la lisière de nos bois.

4e *genre.* — Les galéruques ont les antennes à articles en cône renversé. Ces insectes se réunissent quelquefois en grand nombre sur les végétaux, en rongent les feuilles et font presque autant de dégâts que les chenilles. On en connaît 500 à 800 espèces qui vivent en Europe et en Amérique, variant de 0m,003 à 0m,015 de longueur sur 0m,009 à 0m,0015 de largeur. Ils sont très petits mais causent néanmoins beaucoup de dégâts par leur nombre. Nous ne citerons pour mémoire, que les espèces :

Galéruque nigricorne;
— rustique;
— de la tanaisie;
— de l'aune;
— du saule;
— bordée.

5e *genre.* — Les altises, à antennes filiformes, à corselet aplati, avec les cuisses de derrière renflées et propres au saut sont en général, de très petits insectes ornés de brillantes couleurs, mais très nuisibles dans les jardins et dans les champs, où ils rongent et criblent de trous les plantes potagères, et les crucifères principalement. Leurs larves prennent aussi la même nourriture et font de grands dégâts.

On en connaît aujourd'hui plus de 1.000 espèces variant de 0m,001 à 0m,013 de longueur.

On les appelle aussi vulgairement pucerons et puces de terre.

Les espèces les plus connues sont :

L'altise potagère ou puce des jardins;
— du chou;
— des bois;
— striée;
— testacée;
— ruficorne;
— du navet.

Toutes ces espèces vivent au détriment de nos légumes délicats. Il est difficile de s'en débarrasser. Le meilleur moyen serait

(1) Ce coléoptère est le fléau de toutes les vignes. On l'appelle *Diableau, pique-broe, vendangeur, coupe-bourgeons, écrivain*, à cause des impressions linéaires qu'il laisse sur les feuilles et qu'on a comparées à des caractères d'écriture. Il a 8 millimètres de longueur, sur 6 de largeur. Il pique le raisin au moment de la maturité, pour y déposer ses œufs, d'où sortent des légions de larves, qui causent la pourriture de la graine et détruisent ainsi les plus belles espérances au moment de la vendange. Cette larve est de couleur obscure, de forme ovale; elle a 6 pattes; la tête est ornée de deux fortes mâchoires. Elle passe l'hiver, dans la terre où elle creuse des tranchées, pénètre jusqu'aux racines qu'elle ronge et fait périr. Dès les premiers jours du printemps, la larve devient nymphe et peu après, insecte parfait. On détruit la larve par les labours et l'écobuage. Quant aux insectes parfaits, qui font les morts lorsqu'on les touche, il faut les faire tomber sur des feuilles de carton et les écraser.

de creuser, là où l'on doit mettre la planche de choux ou d'autres légumes, un trou de la profondeur d'un fer de bêche seulement, puis de placer dans ce trou une couche de quelques centimètres de suie de cheminée. On recouvre avec la terre et on cultive sans coup férir et sans craindre les pucerons.

Les altises craignent aussi l'eau et on arrive à les chasser en arrosant souvent; mais on ne peut pas toujours avoir l'arrosoir à la main. M. Malagutti rapporte que dans le Midi, les semis de choux, de radis et de navets *terreautés* ne sont jamais visités par les altises. Le *terreautage* consiste tout simplement à étendre sur les semis, une légère couche de terreau ou de paille aux trois quarts consommée, ou de crottin de cheval frais et bien divisé. En peu de jours, si l'on arrose, le plant sort de terre et n'est jamais attaqué par l'altise. Poiteau conseille pour éloigner les altises de tremper les graines, pendant quelques heures, dans une forte saumure.

4e SECTION. — **Les Crimères** (3 articles à tous les tarses).

Ces insectes ont beaucoup de rapports avec ceux qui terminent la section précédente. Leurs antennes sont en massue, plus grosses à leur extrémité, et leur corps est hémisphérique ou ovale.

Une seule famille compose cette section:

Les aphidifages (ou mangeurs de pucerons).

Cette famille ne renferme que le genre coccinelle.

Ces petits animaux, ordinairement striés ou ponctués de couleurs fort vives, paraissent les premiers au printemps et habitent les plantes et les arbres de nos jardins. On les rencontre aussi quelquefois dans nos maisons où on les a désignés sous les noms d'agathes ou bêtes à Dieu. Lorsqu'on les saisit, ils font sortir de leurs cuisses une liqueur jaunâtre, d'une odeur très désagréable. Ils se nourrissent de pucerons et sous ce rapport sont très utiles à l'agriculture, par la destruction prodigieuse qu'ils en font.

Les espèces, très nombreuses, se divisent en un grand nombre de variétés dont les plus communes sont :

La coccinelle à sept points;
— biponctuée;
— à dix-neuf points;
— à vingt-deux points;
— à quatorze pustules;
— hiéroglyphique ;
— à cinq points
— à dix-huit mouchetures;
— à quatorze mouchetures;
— à douze mouchetures.

2e ORDRE. — **Orthoptères** (ailes droites).

Cet ordre renferme des insectes dont le corps est généralement peu dur. Leurs élytres sont à demi membraneux; leurs mâchoires terminées par une pièce dentelée et cornée, recouverte d'une galète.

En sortant de l'œuf, leurs larves ne diffèrent de l'insecte parfait que parce que les ailes et les élytres ne sont point encore développés.

Tous sont terrestres, et la plupart se nourrissent de végétaux : très peu sont carnassiers.

On les divise en 2 familles : 1° les coureurs; 2° les sauteurs.

Les coureurs se subdivisent eux-mêmes en deux genres : les forficules ou perce-oreilles; les blattes des cuisinières.

1re Famille. — LES COUREURS.

1er genre. — Les forficules ont 3 articles aux tarses, les ailes plissées en éventail et se repliant en travers sous des étuis crustacés, très courts et à suture droite; le corps linéaire se termine par deux pièces mobiles, grandes et écailleuses, formant une pince à l'anus.

Ces insectes, vulgairement connus sous les noms de perce-oreilles, pince-oreilles, fourche-oreilles, ou fourchettes, se trouvent dans les endroits humides, dans les fentes de murailles, sous les vieilles écorces, etc., où souvent ils se réunissent en grand nombre. Si ce rassemblement a lieu en automne, il présage, pour bien des personnes, un hiver humide. Ils se nourrissent de substances végétales et attaquent souvent les fruits dans les jardins. Les amateurs d'œillets les redoutent beaucoup, parce qu'ils détruisent les boutons de ces fleurs. On a remarqué que la femelle veille avec le plus grand soin sur ses petits, qui la suivent comme les poulets suivent leur mère.

Pour se débarrasser des forficules, les fleuristes attachent, à la tombée de la nuit, des onglons frais de veaux ou des cornes de bœufs ou de vaches, aux tuteurs des œillets. Le lendemain, dès que le jour se montre, les perce-oreilles se cachent dans ces refuges où il est aisé de les prendre et de s'en défaire.

Quant à celles du prunier, on peut les détruire de la même manière en suspendant dans les branches, des pots de fleurs remplis de mousse et placés le fond en haut. Mais le moyen le plus sûr est l'écobuage, ou brûlure de la terre au dessous des arbres. Pour ce faire, on bêche, on enduit de pétrole les morceaux, on mélange avec des ramilles et de la paille, et on met le feu. Aucune larve ne peut résister au feu.

C'est à tort qu'on a cru que ces insectes, comme leur nom semblerait l'indiquer, cherchent à pénétrer dans les oreilles de l'homme pour les percer. Quelques-uns ont pu y entrer par hasard, mais ils n'ont pu percer la membrane qui tapisse le fond de l'oreille. Ils ne sont nullement dangereux pour l'homme.

2ᵉ *genre*. — Les blattes ont le corps aplati, 5 articles aux tarses, le corselet large, couvrant la tête; elles ont à l'anus deux appendices coniques et articulés. Ces insectes sont nocturnes, très agiles, habitent pour la plupart les maisons, et se nourrissent de toute sorte de comestibles; on les redoute, autant à cause des dégâts qu'ils font dans les maisons, qu'à cause de la mauvaise odeur qu'ils exhalent.

Leur nom signifie tort, dommage.

L'espèce commune dans nos pays est la blatte des cuisines, qui attaque toutes nos provisions de vivres, nos vêtements de laine, de fil, de cuir, etc.

2ᵉ famille. — Les sauteurs.

Cette famille se divise en quatre genres principaux :

1° Les courtilières
2° Les grillons;
3° Les sauterelles;
4° Les criquets.

1ᵉʳ *genre*. — Les courtilières ont les ailes horizontales, les pattes antérieures élargies en mains.

Les courtilières se creusent des habitations dans la terre et font beaucoup de mal aux cultures, en coupant avec leurs mains en scies, les racines des plantes qu'elles rencontrent sur leur passage.

Pendant le jour elles restent cachées au fond de leur retraite; mais dès le soir elles en sortent pour se promener et chercher leur nourriture, qui consiste en matières végétales, limaces et vers blancs. Elles se dévorent entre elles.

L'espèce de notre pays, la courtilière commune, est vulgairement désignée sous le nom de taupe-grillon. Ce surnom lui vient de ce qu'elle ressemble aux grillons, et qu'elle creuse des galeries sous terre comme la taupe. Elle est nuisible à toutes les plantes et surtout au froment.

Pour détruire les courtilières, il faut découvrir la galerie où elles travaillent. « Je la suis, dit M. Vendel de Nancy, jadis Messin, avec le doigt jusqu'à ce que j'aie trouvé un trou à direction verticale; je tasse alors, en appuyant le doigt en tous sens, la terre à l'entrée du trou pour éviter un éboulement qui donnerait l'alarme à l'insecte; je mets dans le trou un petit entonnoir et j'y verse une ou deux gouttes d'huile (usitée dans les Flandres). Puis, avec l'arrosoir, je verse sur l'huile un ou deux litres d'eau qui, descendant avec force pousse l'huile jusqu'au fond du trou où est tapie la courtilière. L'insecte enveloppé d'huile et par conséquent asphyxié, remonte péniblement au jour et y crève ». M. Vendel ajoute qu'il faut avoir une bêche avec soi, car souvent la courtilière incomplètement barbouillée d'huile remonte sur l'eau, une fois l'entonnoir enlevé, et veut disparaître lorsqu'elle l'aperçoit. Avec ce moyen il dit avoir tué, dans un jardinet près de Metz, jusqu'à vingt-cinq courtilières dans trois quarts d'heure. Au matin, la taupe-grillon repue est dans son trou.

2ᵉ *genre*. — Les grillons ont les ailes horizontales, les pattes antérieures non élargies. Ils habitent les champs et les foyers de nos maisons, vivent de substances végétales et d'insectes, et font entendre un bruit répété et fort monotone qu'on nomme vulgairement leur chant.

On en connaît environ vingt espèces : celles de nos pays sont :

Le grillon des champs, le grillon domestique et le grillon des bois.

Ils sont tous plutôt utiles que nuisibles. Dans les villages de notre chère Moselle on les appelle vulgairement cri-cri. C'est aussi dans ces mêmes villages qui bordent la Moselle et l'Orne qu'on va chercher le grillon champêtre, comme amorce, pour prendre le haucon.

3e *genre.* — Les sauterelles ont les ailes en toit et le corselet court. Ces insectes sont herbivores; ils sont ordinairement d'un beau vert, et la longueur de leurs pattes postérieures, de leurs tarses, leur donne une grande facilité pour sauter. Leur vol est peu rapide et de peu de durée. Le chant des mâles est produit par le frottement de leurs élytres l'un contre l'autre et ne se fait entendre que dans les espèces qui ont au bas de l'élytre un espace sec, décoloré et transparent. Les femelles ne produisent aucun bruit. Elles ont au bout de l'abdomen une longue tarière en forme de sabre, qui leur sert à enfoncer leurs œufs dans la terre.

On connaît beaucoup de variétés de sauterelles qui ont permis d'en faire des tribus et des genres.

Les espèces principales sont :

1° La sauterelle très verte ou grande sauterelle;

2° La sauterelle tachetée;

3° La sauterelle grise;

4° La sauterelle mélangée ;

5° La sauterelle brunâtre;

6° La sauterelle feuille-de-lys.

Toutes sont nuisibles.

4e *genre.* — Les criquets (acridiens) ont les ailes en toit, le corselet prolongé en écusson, la tête assez grosse, les antennes courtes; leurs ailes sont grandes et souvent colorées. Les femelles n'ont point de tarières; elles déposent leurs œufs sur les tiges des herbes.

Les criquets sont répandus dans toutes les parties du monde; ils ne sont pas excessivement nombreux en espèces, mais très abondants en individus qui, lorsqu'ils se développent dans une contrée, la ravagent complètement. Ils attaquent surtout les légumineuses et en particulier les luzernes.

On en connaît trois espèces qui sont :

1° Le criquet germanique;

2° Le criquet bleuâtre ;

3° Le criquet émigrant, vulgairement la sauterelle de passage, mentionnée dans l'Écriture comme un fléau de Dieu, l'une des dix plaies d'Égypte.

Leurs dévastations s'étendent quelquefois jusque dans le midi de la France ; mais c'est surtout en Algérie, en Russie, en Pologne et en Hongrie que les criquets se montrent le plus souvent; ils y causent des dégâts tellement effrayants, que les contrées les plus fertiles se changent subitement en un désert aride où règne la disette la plus affreuse; leur mort même n'est pas un bienfait, car leurs corps, amoncelés et échauffés par le soleil, ne tardent pas à entrer en putréfaction, et leur exhalaison occasionne parfois des maladies contagieuses qui achèvent de détruire une population que la famine avait épargnée.

En présence de fléaux semblables, qui heureusement ne se rencontrent pas souvent, nous sommes heureux de dire que les criquets voyageurs ne séjournent ni ne passent chez nous. Nous n'en sommes pas moins atteints et fortement impressionnés lorsque nos compatriotes de l'Algérie ou du Midi ont à subir ces invasions de barbares d'un autre genre, moins sanguinaires, c'est vrai, que les Huns ou les Teutons, mais aussi dangereux.

Les milliards d'infiniment petits détruisent en désordre, tandis que les milliers d'envahisseurs Teutons, détruisaient en 1870-71, de néfaste mémoire, en brûlant et assassinant. Quelle petitesse dans les grandeurs despotiques!

Les Arabes, les Tartares, les Égyptiens, etc., mangent les criquets avec beaucoup de plaisir; aussi en trouve-t-on en tout temps sur leurs marchés. Les uns les font sécher, les réduisent en poudre et en pétrissent une espèce de pain; d'autres les mangent grillés, bouillis ou frits. Pour les conserver, ils les plongent dans de la saumure et les mangent en guise de sardines.

3e ORDRE. — **Hémiptères** (demi-ailes).

Ces insectes n'ont ni mandibules ni mâchoires; leur bouche se compose de pièces soudées entre elles, formant une espèce de bec replié sur la poitrine, et faisant l'office d'un suçoir. Leurs élytres sont coriaces ou crustacés, avec l'extrémité membraneuse comme les ailes inférieures ; c'est ce qui leur donne l'apparence de moitié d'ailes. Leurs larves naissent semblables aux insectes parfaits, à cette différence près que leurs ailes ne sont pas développées.

On les divise en cinq familles :

1° Les géocorises ou punaises de terre;
2° Les hydrocorises ou punaises d'eau;
3° Les cicadaires, analogues aux cigales;
4° Les pucerons ou aphidiens ;
5° Les gallinsectes ou cochenilles.

1re famille. — LES GÉOCORISES.

Cette famille renferme sept genres :

1° Les scutellères ;
2° Les pentatomes ;
3° Les corées;
4° Les lygées;
5° Les punaises;
6° Les reduves;
7° Les hydromètres.

1er *genre*. — Les scutellères, ont la gaine du suçoir composée de quatre articles distincts et découverts, le labre très prolongé au delà de la tête en alène, strié en dessus, les antennes filiformes, de cinq articles, le corps ordinairement court, ovale ou arrondi ; un écusson couvre l'abdomen.

Les scutellères vivent sur les plantes, dont elles sucent les sucs en enfonçant leur trompe dans les feuilles; quelquefois aussi, elles attaquent les insectes, et particulièrement les chenilles. Leurs larves ne diffèrent des insectes parfaits que parce qu'elles n'ont ni ailes, ni élytres; à l'état de nymphes, elles en ont les rudiments.

3 espèces : les siamoises, les maures et les rayées de jaune.

2e *genre*. — Les pentatomes. Ces insectes ne diffèrent des précédents que par leur écusson, qui ne couvre qu'une partie de l'abdomen, et par les élytres entièrement découverts.

4 espèces : la pentatome verte; la pentatome ornée, ou *punaise du chou*, d'un rouge clair, vivant au détriment des légumes; la pentatome des potagers, la pentatome morio.

3e *genre*. — Les corées, ont les antennes composées de quatre articles, dont le dernier est plus court et plus gros que celui qui le précède, le corps oblong ou ovale.

Ces insectes ont les mêmes mœurs que les précédents et vivent de même sur les végétaux.

4 espèces : la corée bordée, la corée carrée, la corée hirticorne, la corée clavicorne.

4e *genre*. — Les lygées, ont la gaine du suçoir et le labre comme les précédents; quatre articles aux antennes, mais le dernier long et pas plus gros que l'avant-dernier, le corps oblong ou ovale. Leurs mœurs sont les mêmes que celles des genres précédents.

3 espèces : le lygée chevalier; le lygée damier; le lygée aptère.

5e *genre*. — Les punaises, ont la gaine du suçoir composée de deux ou trois articles apparents; le labre court, sans stries, le bec droit; pas de cou, les antennes brusquement terminées en scie, le corps très plat sans ailes.

Nous n'entrerons dans aucun détail sur ces insectes malheureusement trop connus; nous nous bornerons à dire que le meilleur moyen d'en débarrasser les appartements est d'entretenir constamment une scrupuleuse propreté.

Espèces : La punaise des lits. On prétend qu'elle était inconnue en Angleterre avant 1666 et qu'elle y fut apportée d'Amérique dans des cargaisons de bois.

Il existe pour les détruire une multitude de recettes. Les principales et les plus sûres sont l'hygiène et la propreté.

6e *genre*. — Les reduves, ont le bec découvert, court, très aigu, le labre saillant, la tête rétrécie par derrière en forme de cou, les antennes très déliées vers le bout ou en forme de scie.

Ces insectes vivent de proies.

2 espèces : la reduve à masque, ou punaise-mouche; la reduve ou rabir-guttula.

7e *genre*. — Les hydromètres habitent les lieux aquatiques et se tiennent à la surface des eaux, qu'ils parcourent avec beaucoup d'agilité en se servant de leurs longs pieds pour marcher.

Ils ont le corps très étroit, menu et linéaire; leurs yeux gros et globuleux sont situés vers le milieu des côtés du museau. Espèces : L'hydromètre des étangs. On l'appelle dans nos pays, *fourmi ou araignée des étangs.*

2e famille. — LES HYDROCORISES.

Cette famille renferme trois genres :
1° Les Népes;
2° Les Ranâtres;
3° Les Nautonectes.

Tous les insectes de cette famille sont aquatiques et habitent les eaux des lacs, des étangs, des marais et autres eaux dormantes. Les uns se traînent lentement dans le fond sur la vase, les autres nagent avec vitesse à la surface, et quelques-uns ont la singulière habitude de se tenir et de courir constamment sur le dos. Ils plongent avec beaucoup de vivacité quand on veut les saisir et piquent assez fortement. Ils sont très carnassiers et se nourrissent de petits insectes auxquels ils font sans cesse la chasse et sont utiles.

Les principales espèces qui vivent dans nos eaux sont :

La Nèpe cendrée, la Rânatre linéaire et la Nautonecte glauque.

3e famille. — LES CICADAIRES.

Cette famille renferme quatre genres :
1° Les cigales;
2° Les fulgores porte-lanterne;
3° Les cercopes;
4° Les centrotes.

Les insectes de cette famille ont trois articles aux tarses, les antennes ordinairement très petites, coniques ou en forme d'alène, de trois à six pièces, avec une soie très fine au bout de la dernière; les élytres non croisés peu transparents.

1er genre. — La cigale commune, que nous connaissons tous, par la belle fable de La Fontaine, est un insecte que les anciens considéraient comme le symbole de la musique, à cause du son très aigu que l'on peut entendre de loin, lorsque le mâle appelle sa femelle, pendant les fortes chaleurs de l'été.

Elle est très nuisible; mais la grosse espèce nuisible n'existe pas, fort heureusement, chez nous.

2e genre. — Les fulgores ou porte-lanterne, sont des insectes de la Guyane, qui répandent une lumière très abondante : réunis à plusieurs dans une chambre, ils donnent assez de lumière pour permettre de lire pendant la nuit.

3e genre. — La cercope sanguinolente ou la cercope écumeuse, dont la larve, pour se garantir de l'action desséchante du soleil, se couvre tout le corps d'une liqueur écumeuse et blanche, qu'on nomme vulgairement crachat de grenouille ou écume printanière.

Elle est très commune sur un grand nombre de plantes dont elle se nourrit, principalement sur les tiges de luzerne; mais elle est peu nuisible.

4e genre. — La Centrote cornue et la centrote du genêt. Toutes deux noires à corselet muni de deux cornes le long de l'abdomen.

4e famille. — LES PUCERONS OU APHIDIENS.

Cette famille se compose de deux genres :
1° Les Psylles;
2° Les Pucerons.

1er genre. — Les psylles ont le corps court, la tête large et bifide en avant, avec deux yeux saillants et trois petits yeux lisses; leur bec court, paraît naître de la poitrine; les élytres et les ailes sont transparents et en toit; leur abdomen est pourvu d'une tarière à l'extrémité inférieure. Quelques espèces piquent les végétaux pour en sucer la sève et occasionnent des monstruosités connues sous le nom de galles.

Espèces : Les psylles du buis, de l'aune, du sapin, du frêne, du poirier, du genêt et le Psylle rouge.

Ce sont toutes ces espèces qui occasionnent ces énormes tubérosités rugueuses que nous voyons sur beaucoup d'ormes des rues de la Rochelle et de la Banque.

2e genre. — Les pucerons ont les antennes plus longues que le corselet, non terminées par deux scies; les élytres et les ailes ovales ou triangulaires, inclinés en forme de toit; le bec très distinct, fort allongé dans quelques espèces; les tarses terminés par deux crochets; deux cornes ou deux mamelons à l'extrémité de l'abdomen.

Les pucerons sont connus de tout le monde par la rapidité avec laquelle ils se propagent en nombre prodigieux sur les plantes qu'ils épuisent; mais beaucoup de personnes ne connaissent pas leur mode de multiplication qui est tout à fait particulier.

Chez la plupart des espèces, et elles sont nombreuses, deux modes de génération se présentent, à l'aide d'individus femelles différents; les uns mettent au monde des petits vivants sans accouplement; les autres au contraire, s'accouplent avec les mâles plus petits et pondent des œufs qui sont destinés spécialement à continuer l'espèce après les froids d'hiver. Les mâles ont *toujours* des ailes, tantôt les femelles en ont aussi, tantôt elles en sont privées suivant les espèces, sans qu'on puisse établir une règle fixe.

On a observé avec beaucoup de patience la durée des générations du puceron.

Schmitberger a remarqué qu'une femelle *après douze jours de naissance* se mettait à pondre et faisait *de trente à quarante petits en huit jours*, ce qui porte à plus d'un million de petits pour une seule femelle vivipare.

C'est avec leur bec qu'ils pompent le suc des végétaux. Quelques espèces vivent même dans l'épaisseur des feuilles et leur présence y occasionne des boursouflures, des vessies ou excroissances qui sont remplies de ces petits animaux et souvent d'une liqueur sucrée assez abondante. Cette espèce de miel est produite par deux petits tubercules situés au bout de l'abdomen.

La maladie de certains arbres, connue sous le nom de miella, est produite par ces animaux.

Les fourmis sont très friandes de cette liqueur sucrée; on les voit la lécher au moment où elle sort du corps des pucerons.

Les pucerons étant extrêmement nombreux en espèces portent presque tous le nom de la plante sur laquelle ils vivent habituellement; nous allons indiquer les espèces les plus remarquables.

1° Le puceron lanigère ou du pommier; 2° le puceron de l'écorce du chêne; 3° le puceron du chêne; 4° le puceron de l'orme; 5° le puceron du peuplier; 6° le puceron du sureau; 7° le puceron du hêtre; 8° le puceron du laitron; 9° le puceron du rosier; 10° le puceron de l'artichaut ou casside verte.

Toutes ces espèces sont nuisibles aux arbres qui sont destinés à les nourrir. Le plus dangereux à coup sûr est le puceron lanigère qui, dans certaines années, occasionne en Normandie et quelquefois à Brillon et Ancerville de grands dégâts dans les plantations de pommiers, et qui est d'autant plus difficile à détruire qu'il est recouvert d'une matière cotonneuse, le protégeant de l'action de la pluie. Aussitôt qu'il fait mauvais temps, la larve descend et se cache au pied des arbres, sous l'écorce ou dans la terre. C'est là qu'il faut l'attaquer par l'écobuage (1). Il faut également détruire le puceron noir et la casside verte de l'artichaut, dont les larves vertes se nourrissent du parenchyme des feuilles d'artichaut où elles forment une masse noire. Pour s'en débarrasser, il importe de visiter les feuilles une à une, d'écraser les pucerons, ou bien d'arroser l'artichaut avec de l'eau savonneuse ou phéniquée.

Tous ces pucerons se comptent par légions; mais ils ont beaucoup d'ennemis, heureusement, qui nous viennent en aide pour les détruire. Ce sont : les bêtes à Bon Dieu que l'on doit multiplier le plus possible, les mites rouges, les larves syrphes des bombyles et des néméroles, les punaises, la petite fauvette et le roitelet.

5° famille. — Les gallinsectes.

Cette famille comprend 2 genres :

1° Les cochenilles;

(1) M. Lusseau, de Bourg-la-Reine, ayant remarqué qu'un pommier chargé de pucerons lanigères en avait été complètement débarrassé, après une friction avec une poignée de feuilles d'oseille, essaya avec l'acide oxalique. Il en fit dissoudre 16 grammes par litre d'eau et badigeonna ses arbres avec une brosse trempée dans la dissolution. Tous les pucerons touchés, disparurent; 8 ou 10 jours après il recommença l'opération et ne vit plus de pucerons. Une troisième opération est rarement nécessaire.

M. Lusseau affirme même que les excroissances produites par ce puceron disparaissent complètement.

2° Les kermès.

Les gallinsectes n'ont qu'un article aux tarses, terminé par un crochet; les mâles, sans bec, ne portent que deux ailes qui se recouvrent horizontalement sur le corps, et ont l'abdomen terminé par deux scies; les femelles aptères ont un bec, les antennes filiformes ou cétacées et ordinairement composées de sept articles.

Ces insectes ont le corps ovale ou arrondi en forme de bouclier; ils se tiennent ordinairement appliqués contre les végétaux, dont ils sucent la sève au moyen de leur trompe. Leur multiplication est digne de remarque. « Si on observe les femelles au printemps, dit le célèbre Latreille, on voit que leur corps acquiert peu à peu un grand volume, et qu'il finit par ressembler à une galle, tantôt sphérique, tantôt en forme de rein, de bateau (etc.). La peau des unes (les kermès) est très lisse; celle des autres offre des lignes creuses, ou des vestiges d'anneaux ou segments (les cochenilles). C'est dans cet état qu'elles pondent leurs œufs, dont le nombre est très considérable.

« Elles les font passer entre la peau du ventre et un duvet cotonneux qui revêt intérieurement la place qu'elles occupent. Leur corps se dessèche ensuite et devient une coque solide qui recouvre les œufs. D'autres femelles les enveloppent d'une matière cotonneuse et très abondante qui les garantit. Celles qui sont sphériques leur forment, de leur corps, une sorte de boîte ».

Plusieurs espèces de cochenilles fournissent une couleur rouge fort estimée en teinture, et malheureusement délaissée aujourd'hui pour les couleurs si belles, obtenues par la distillation de la houille.

Les principales espèces de cochenilles sont :

1° La cochenille du Nopal; 2° la cochenille farineuse (se trouve sur l'aune).

On connaît aussi le kermès polonais, le kermès panaché et le kermès des orangers.

4e ORDRE. — Les Névroptères.

Les névroptères ont les ailes supérieures membraneuses, ordinairement nues, transparentes, absolument de même nature que les inférieures; leur bouche est pourvue de mandibules et de mâchoires; presque toujours l'abdomen est dépourvu d'aiguillon et de tarière. Quelques-uns ne subissent qu'une demi-métamorphose avant de parvenir à l'état parfait.

Ils forment 3 familles :

1° Les sabulicornes;

2° Les planipennes;

3° Les plicipennes.

1re famille. — Les SABULICORNES (antennes en alène).

Cette famille renferme 4 genres :

1° Les libellules;

2° Les œshnes;

3° Les agrions;

4° Les éphémères.

1er genre. — Les libellules ont les ailes étendues horizontalement dans le repos; la tête presque globuleuse; les yeux très grands, très rapprochés; la bouche et les mâchoires distinctes; l'abdomen aplati ou en forme d'épée.

Ces insectes, connus vulgairement, ainsi que les genres voisins, sous le nom de demoiselles, sont de jolis insectes, qu'on voit voltiger à la surface des eaux, et poursuivre les insectes dont elles se nourrissent. Leurs larves, carnassières aussi, se tiennent au fond de l'eau et n'en sortent que pour passer à l'état de nymphes. L'une et l'autre sont utiles à tel point que Réaumur qui avait une prédilection pour ces insectes et a étudié leurs mœurs, les appelait Lions des Pucerons.

Dans le fait, elles rampent sur les feuilles au milieu des pucerons qui n'en prennent point souci; elles plongent tout à coup dans le corps d'une victime leurs mâchoires acérées, sucent l'intérieur et rejettent l'enveloppe. Elles détruisent de la sorte une masse de pucerons et, dans leur œuvre de destruction, l'emportent de beaucoup sur les bêtes à bon Dieu et les syrphes.

On connaît beaucoup d'espèces de libellules; les principales sont :

1° La libellule très commune ou la Justine; — 2° la libellule aplatie ou l'Éléonore; — 3° la vulgaire; — 4° la jaunâtre; — 5° la bronzée; — 6° la libellule à 4 taches ou la Française.

2e *genre*. — Les œshnes ressemblent aux libellules par la manière dont elles portent leurs ailes et par la forme de leur tête; l'abdomen est étroit, allongé et cylindrique. Généralement les œshnes sont de plus grande taille que les libellules et ont les mêmes mœurs.

Espèces : 1° L'œshne grande ou la Julie; 2° l'œshne à tenailles ou la Caroline.

Toutes ces espèces ainsi que les *agrions* sont utiles.

3e *genre*. — Les agrions ont les ailes élevées perpendiculairement dans le repos; la tête transversale, les yeux écartés, l'abdomen menu ou même filiforme.

Ils ont les mœurs des précédents; mais se tiennent plus constamment au bord des eaux à l'état d'insectes parfaits.

Les espèces du genre agrion sont :

1° L'*agrion vierge*. — Louise; — Ubrique; — Félicie; — Hélène.

2° La *Jouvencelle*. — Amélie; — Dorothée; — Sophie.

Ces noms des saintes les plus en renom qu'on leur donne, indiquent assez leurs beautés et leurs qualités pour que je n'en dise rien.

4e *genre*. — Les éphémères, ne vivent qu'un jour. Ils ont le corps long, effilé et très mou. Leurs larves habitent l'eau et vivent 2 ou 3 ans. Les poissons en sont avides; aussi les pêcheurs s'en servent-ils comme d'appât et les désignent sous le nom de manne.

Les espèces principales sont :

1° L'éphémère commun; — 2° l'éphémère vespertin; — 3° l'éphémère marginé; — 4° l'éphémère jaune; — 5° l'éphémère à queue courte.

Toutes se font remarquer à l'état d'insectes parfaits voltigeant au-dessus des eaux, en nombre innombrable, montant et descendant et servant de nourriture à nos poissons; les truites en sont très friandes. Ils vivent d'insectes, de larves et sont utiles.

2e famille. — Les Planipennes.

Cette famille renferme 7 genres qui sont :

1° Les panorpes;

2° Les fourmis-lions;

3° Les hémérobes;

4° Les raphidies;

5° Les termites;

6° Les perles;

7° Les psoques.

1er *genre*. — Les panorpes ont les tarses composés de cinq articles, les antennes en fil, la bouche en bec.

L'abdomen des mâles est terminé par une queue articulée, imitant celle des scorpions, avec une pince au bout. Ces insectes volent assez lourdement, et vivent aux dépens des petits insectes qui se trouvent à leur portée.

L'espèce unique est la panorpe commune ou mouche-scorpion, inconnue de nous.

2e *genre*. — Les fourmis-lions ont les tarses composés de cinq articles, les antennes renflées en fuseau, la tête verticale ne se prolongeant pas en forme de bec, les ailes en toit, allongées, égales, les pieds courts, l'abdomen ordinairement long et cylindrique.

Ces insectes sont célèbres par l'industrie de leurs larves, qui se creusent dans le sable un entonnoir, au fond duquel elles vivent cachées pour saisir les insectes qui tombent dans le précipice. Cette larve est deux ans à se développer. L'insecte parfait ressemble assez à une petite libellule, mais il ne vit que quelques jours sous cette dernière forme.

L'espèce commune est le fourmi-lion ordinaire qui est très utile.

3e *genre*. — Les hémérobes ont les tarses de 5 articles et les antennes en crin. Ces insectes sont très petits, ordinairement verts, très jolis; leurs ailes sont gazées, leurs yeux d'un beau rouge métallique et luisant.

Les hémérobes volent peu facilement; elles se nourrissent de pucerons et en détruisent beaucoup, surtout à l'état de larves; on les nomme vulgairement : Petits lions ou lions des pucerons; elles sont utiles.

Les principales espèces sont : 1° l'hémérobe perle; — 2° l'hémérobe dorée; — 3° l'hémérobe tachetée et celle du houblon.

4e *genre*. — Les raphidies ont les tarses de 4 articles, le corselet long, étroit, en forme de cou; le premier segment du corps, qui est grand, a la forme d'un corselet. Leur tête allongée et rétrécie en arrière imite celle du serpent; c'est ce qui a valu à cet insecte son nom de raphidie serpentine.

Les raphidies se trouvent sur les arbres et sont carnassières dans tous les états. Il n'y a qu'une espèce : la raphidie commune.

5e *genre*. — Les termites ou fourmis blanches, ont les tarses de 3 articles et l'abdomen sans filet.

Ces insectes qui habitent l'Afrique et l'Inde sont célèbres par leurs mœurs; ils vivent en société comme les fourmis et construisent des nids dont la forme rappelle celle d'un pain de sucre.

Les termites ne se montrent guère là où domine l'industrie de l'homme ; pour cette raison, comme pour celle du climat surtout, il semblait que l'accès de l'Europe leur fût interdit à jamais; cependant, il y a quelques années, arrivés en France à bord de quelque navire du Sénégal, ils ont essayé de s'y établir, et le trésor des archives de la Rochelle, dévasté par les fourmis blanches, gardera un triste souvenir de leur visite.

6e *genre*. — Les perles ont les tarses de 3 articles; l'abdomen terminé par des filets très apparents.

Leurs larves vivent dans l'eau et s'enveloppent d'un fourreau formé avec les débris qui les environnent. L'insecte parfait est commun au printemps au bord des eaux.

Espèces : la perle brune, la perle jaune et la perle à pattes jaunes.

Ces espèces habitent surtout les environs de Paris et le Midi.

7e *genre*. — Les psoques ont les tarses de 2 articles seulement. Ils ont le corps mou, court, souvent renflé, la tête grande, les ailes en toit. Ces insectes, très petits, rongent les matières animales et végétales; ils ne vivent point en société et se trouvent communément sous les vieilles écorces, dans les livres et les collections de plantes ou d'insectes. Ils courent vite, et font de petits sauts pour échapper au danger.

On en connaît une vingtaine d'espèces, toutes européennes; mais beaucoup d'entre elles ont échappé aux observations par leur petitesse.

3e famille. — Les Plicipennes
(ailes plissées).

Cette famille ne renferme qu'un seul genre : celui des friganes.

Caractères. — Pas de mandibules, ailes inférieures plus larges que les supérieures et plissées dans leur longueur; corps hérissé de poils, formant avec les ailes un triangle allongé; les ailes ordinairement colorées, très peu transparentes, soyeuses ou velues, feraient prendre au premier coup d'œil, ces insectes pour des phalènes (lépidoptères). Leur tête est petite, munie d'antennes ordinairement fort longues et avancées, leurs yeux sont arrondis et saillants; les pieds allongés, garnis de petites épines, avec 5 articles à tous les tarses.

Ce sont de petits insectes aquatiques, qui se tiennent pendant le jour sur les joncs ou sur les arbres, et ne volent que le soir ou la nuit.

Leurs larves connues sous le nom de charées, *cisaille*, dans le département de Meurthe-et-Moselle, *saget*, dans la Meuse, sont employées pour la pêche du blanc et de la truite même. Elles vivent sous les eaux et se logent dans des fourreaux de soie, couverts de débris de plantes, de coquilles ou de petits grains de gravier. Elles traînent ce fourreau partout avec elles, et en bouchent l'entrée lorsqu'elles se changent en nymphes.

Les friganes sont vulgairement appelées mouches-papillons. On connaît les espèces : frigane striée; frigane maculée et frigane vulgaire.

5e ordre. — **Hyménoptères.**

Ces insectes sont ainsi nommés, parce que le plus souvent leurs ailes inférieures sont attachées aux supérieures, de manière que les deux sortes d'ailes suivent le même mouvement.

Ils ont quatre ailes nues et membraneuses dont les supérieures, plus grandes, ne sont que veinées. Leur corselet se compose de trois segments réunis en une seule masse; leurs ailes horizontales, sont croisées sur le corps, et, pour l'ordinaire, leur abdomen ne tient au corselet que par un pédicule fort mince; tous ont les tarses composés de cinq articles entiers. Les femelles portent à l'extrémité de l'abdomen une tarière ou un aiguillon dont la piqûre est douloureuse.

Le plus grand nombre construit un nid avec beaucoup d'art; d'autres vivent en société.

Ordinairement ils se nourrissent du pollen des fleurs; cependant plusieurs espèces sont carnassières.

Cet ordre se divise en deux sections :

Les térébrants et les porte-aiguillons.

1re section. — La 1re section renferme deux familles :

1° Les porte-scies;

2° Les pupivores.

1re famille. — LES PORTE-SCIES.

La famille des porte-scies comprend quatre genres :

1° Les cimbex;

2° Les hylotomes;

3° Les tenthrèdes;

4° Les urocères.

1er genre : Les cimbex. — Leur tête vue en dessus paraît plus large que longue; les antennes de 5 à 7 articles, sont terminées en boutons ou en massue, épaisse et presque ovoïde; leur tarière n'est pas saillante.

Ils ont quelque ressemblance avec les abeilles, et font entendre un léger bourdonnement. On les trouve sur les fleurs, près des murs, dans les chemins.

Les larves rongent les feuilles du saule, du peuplier, de l'aune (etc.). Dans l'état de repos, elles sont roulées en spirales. Plusieurs d'entre elles ont la faculté de lancer, par un jet continu, quand on les inquiète, un liquide transparent, verdâtre, que sécrètent des glandes placées au-dessous de chaque stigmate.

Lorsque la larve a atteint son entier développement, elle s'enfonce au pied des arbres, s'y construit une coque d'une soie grossière, imperméable à l'humidité. Elle reste ainsi une partie de l'hiver, se métamorphose, au printemps, en nymphe, et quelques jours après devient insecte parfait.

On connaît les espèces suivantes :

Le cimbex à grosses cuisses; le cimbex du saule; le cimbex luisant; le cimbex jaune; le cimbex marginé; le cimbex à épaulettes.

Toutes les espèces ont à peu près les mêmes mœurs et sont plutôt indifférentes que nuisibles ou utiles.

2e genre. — Les hylotomes ont les antennes de trois articles, en massue grêle ou en fourche dans les mâles; leur tarière n'est pas saillante.

Les espèces de ce genre, ainsi que celles des deux genres suivants ont les mêmes mœurs que les cimbex.

3e genre. — Les tenthrèdes ont des antennes de 9 à 11 articles, filiformes ou grossissant légèrement vers le bout, la tarière non saillante.

Les espèces principales sont :

1° La tenthrède guêpe;

2° La tenthrède de la scrofulaire;

3° La tenthrède verte;

4° La tenthrède rustique.

Toutes ces espèces sont plutôt indifférentes que nuisibles.

4e genre. — Les urocères ont des antennes filiformes de 10 à 25 articles, la tête presque globuleuse, la tarière saillante, l'abdomen terminé par une pointe aiguë. Ces insectes sont d'assez grande taille; leurs larves vivent dans le bois.

L'urocère géant, l'urocère spectre, l'urocère corne brune sont les espèces connues dans nos pays.

2e famille. — LES PUPIVORES (qui dévorent les larves).

Cette famille comprend trois genres :

1° Les ichneumons;

2° Les cynips;

3° Les chrysis.

1er genre. — Les ichneumons ont des antennes de 20 articles et davantage; leur abdomen comprend au moins cinq ou six anneaux apparents ou allongés; leur corps est ordinairement étroit et allongé; à l'extrémité se trouve une tarière tantôt cachée dans un pli de la peau, tantôt longuement saillante, dont le rôle est, non de piquer pour venger l'insecte offensé, mais d'introduire des œufs en un des points où les larves trouvent la nourriture qui leur convient. Ces insectes assez généralement laids, déposent leurs œufs, ou du moins, un œuf sur chaque larve, qu'elle soit cachée sous l'écorce ou en plein air; cet œuf éclôt et la larve qui en provient se nourrit au détriment de l'autre, qu'elle finit par épuiser et par tuer, lorsqu'elle est devenue insecte parfait.

Ce sont ces petits amis qui souvent nous permettent de manger notre pain quotidien, en nous débarrassant de la *cécydomie* du froment, de la psylle, de l'oscène du seigle (etc.).

Ces insectes sont très utiles à l'agriculture, par le nombre considérable d'insectes et surtout de larves qu'ils font périr, maintenant ainsi les espèces envahissantes dans de justes limites.

Je ne ferai que citer les quelques espèces suivantes, parce qu'on en connaît beaucoup.

Toutes sont très utiles, indispensables presque pour l'existence de l'homme, qui, malgré son génie et son intelligence, ne pourrait jamais se substituer au laborieux travail des ichneumons.

Espèces : 1° l'ichneumon suspenseur; 2° l'ichneumon piqueur; 3° l'ichneumon émigrant; 4° l'ichneumon pédiculaire; 5° l'ichneumon joyeux; 6° l'ichneumon allongeur.

2e *genre*. — Les cynips ont le corselet globuleux, plus élevé que la tête, l'abdomen ovale, comprimé, le dos épais; les antennes à articles cylindriques au nombre de treize au plus.

Les cynips se servent de leur tarière pour piquer les végétaux afin d'y placer leurs œufs, ce qui occasionne des excroissances de formes variées auxquelles on a donné généralement le nom de galles.

Les espèces les plus remarquables de ce genre sont : Le cynips de la galle à teinture. On appelle aussi, dans le commerce, *noix de galle*, l'excroissance que forme ce cynips sur une espèce de chêne du Levant, surtout dans l'Asie mineure. Cette galle est fort employée dans les arts; elle entre dans la composition de plusieurs teintures. Elle doit ses propriétés à un acide particulier qu'elle contient et qu'on nomme acide gallique.

Il n'est pas rare de trouver l'insecte desséché dans les noix de galle que vendent les épiciers.

Le cynips du rosier est commun dans nos campagnes; il produit sur l'églantier et diverses espèces de rosiers sauvages des excroissances chevelues, assez semblables à de la mousse, qu'on nomme bédéquars.

Le cynips des feuilles de chêne forme des galles arrondies et lisses comme des cerises ou de petites pommes.

3e *genre*. — Les chrysis ont l'abdomen concave en dessous, se recourbant vers le thorax, le corps brillant et métallique.

Ces insectes, appelés vulgairement guêpes dorées, sont extrêmement vifs et agitent sans cesse toutes les parties de leur corps.

On les voit voltiger dans les lieux exposés au soleil, sur les murs et sur les vieux bois.

Ils ne sont pas nuisibles.

Les principales espèces sont :

Le chrysis éclatant; le chrysis bleu; le chrysis brûlant; le chrysis enflammé; le chrysis pourpre; le chrysis bandé.

2e *section*. — Les porte-aiguillons renferment quatre familles :

1° les hétérogynes;

2° les fouisseurs;

3° les diploptères;

4° les mellifères.

1re famille. — Les Hétérogynes.

La famille des hétérogynes renferme deux genres :

1° les fourmis;

2° les mutilles.

1er *genre*. — Les fourmis, dont la plupart des espèces n'ont pas d'aiguillons, ont le pédicule de l'abdomen formé d'une seule écaille ou d'un seul nœud; ces insectes vivent en sociétés innombrables, et se font des habitations souvent immenses qu'on appelle fourmilières, où plusieurs milliers d'individus travaillent en même temps.

Les fourmilières sont de véritables maisons, avec compartiments et couloirs disposés les uns au-dessus des autres, et communiquant entre eux par des passages verticaux. Il y aurait des volumes à écrire sur les mœurs des fourmis, mais ce n'est pas un ouvrage complet d'histoire naturelle que je fais. Je me contenterai de dire qu'elles forment république qui pourrait servir de modèle à bien d'autres.

Elles sont divisées en ouvrières ou femelles avortées; en femelles pondeuses, fécondées en l'air, par des mâles très nombreux qui meurent après la fécondation.

Les ouvriéres seules sont chargées du soin de la progéniture et de la nourriture des femelles exclusivement occupées à la reproduction.

Dans toutes les espèces de ce genre, les femelles, surtout lorsqu'elles sont sur le point de faire leurs œufs, sont beaucoup plus grosses que les neutres, appelés aussi mulets et ouvrières. A cette époque, elles sont tellement lourdes que leurs ailes leur deviennent inutiles; aussi les détachent-elles avec leurs pattes avant de rentrer en terre.

On connaît un grand nombre d'espèces, toutes très utiles par la destruction considérable qu'elles font, de pucerons, surtout de ceux qui sécrètent du miel dont elles sont très friandes.

Les principales espèces connues sont :

La fourmi fauve. — La fourmi sanguine. — La fourmi noir-cendré. — La fourmi brune. — La fourmi jaune. — La fourmi noire. — La fourmi mineuse.

2e *genre*. — Les mutilles sont des insectes vivant solitaires, et parmi lesquels on ne trouve que deux sortes d'individus : des mâles ailés et des femelles aptères armées d'un fort aiguillon. Leurs antennes sont filiformes et insérées vers le milieu de la tête, qui est assez grosse.

Les mâles se trouvent sur les fleurs; les femelles, plus grosses que ceux-ci, courent avec rapidité sur la terre, dans les lieux sablonneux, où on les trouve ordinairement.

Ces insectes sont peu nombreux et très petits chez nous. Ils se nourrissent d'insectes, dit-on; mais on n'en est pas certain.

On connaît les espèces : mutille tricolore; mutille rufipède; mutille maure.

2e famille. — Les Fouisseurs.

Elle renferme les trois genres, — pompiles; — sphex; — crabons.

Les caractères généraux sont les suivants: Un aiguillon; tous les individus ailés, de deux sortes, vivant solitairement; pieds exclusivement propres à marcher, et à fouir, dans quelques-uns; ailes toujours étendues.

Les femelles se creusent ordinairement une petite habitation dans la terre ou dans le bois, pour y déposer leurs œufs, à côté desquels elles entassent des provisions, afin que les larves trouvent, en naissant, de la nourriture à leur portée. Ces provisions consistent en insectes, larves, araignées (etc.). Dans leur état parfait, ces insectes vivent ordinairement sur les fleurs. Leur piqûre est très douloureuse.

L'insecte parfait vit du suc des fleurs; il est nuisible, tandis que les larves sont carnassières et vivent de mouches.

Parmi les espèces nous citerons :

Le pompile voyageur ou des chemins. — Le pompile brun. — Le pompile bigarré. — Le sphex des sables, seule espèce qu'on rencontre dans notre pays. — Le crabon pelté. — Le crabon à bouclier. — Le crabon des murs. — Le crabon des souterrains.

3e famille. — Les Diploptères (ailes doubles).

Cette famille ne renferme qu'un genre remarquable : celui des guêpes.

Les guêpes ont les antennes coudées au second article, leur corps est ordinairement noir et jaune, leur abdomen, ovoïde, conique, tronqué à sa base.

Les guêpes forment des sociétés composées de mâles, de femelles et de neutres ou mulets. Ces trois sortes d'individus prennent part aux travaux du guêpier; on nomme ainsi le nid que ces insectes construisent avec une industrie vraiment remarquable.

Les guêpes sont très voraces à l'état parfait et nuisibles, car elles ravagent les vergers, dont elles rongent et sucent les fruits; elles s'attaquent également aux viandes dans les boucheries et les maisons; leur piqûre cause une vive douleur; celle des grosses espèces est même dangereuse.

Un moyen de les détruire, est d'introduire dans le guêpier des mèches soufrées tout allumées; la vapeur du soufre ne tarde pas à les étouffer; on peut aussi se servir de pétrole auquel on met le feu, quand le guêpier en a été arrosé, ou d'essence de térébenthine.

Les espèces sont :

1° La guêpe frelon qui fait son nid dans le creux des vieux arbres et des rochers et forme des sociétés de 100 à 150 individus.

2° La guêpe commune que nous connaissons tous. Elle fait son nid dans la terre; ce nid renferme de 15 à 16 gâteaux ou étages de cellules dont chacun contient un millier d'individus.

3° La guêpe française ou poliste qui est plus petite que la précédente. Son nid est fait d'une sorte de papier grisâtre suspendu aux branches d'arbres au moyen d'une espèce de support ou pied.

4° La guêpe des murailles ou odynère.

Les guêpes ont surtout pour ennemis les mouches à 4 ailes qu'on appelle volucelles. « J'ai pris, dit Joigneaux, 2 ou 3 volucelles adonées, dans un guêpier détruit par de l'essence de térébenthine. Elles étaient logées dans les alvéoles et operculées comme si elles eussent été de la maison ».

Les volucelles sont de la famille des syrphides; or les syrphes sont des insectes à ménager parce qu'ils mangent les pucerons, les guêpes (etc.).

4e famille. — Les Mellifères (portant du miel).

Cette famille renferme les cinq genres principaux suivants :

1° Les eucères.
2° Les andrènes.
3° Les xylocopes.
4° Les bourdons.
5° Les abeilles.

1er genre. — Les eucères ont les antennes plus longues que la tête et le corselet réunis.

2e genre. — Les andrènes ont les antennes moins longues que la tête et le corselet, le premier article des tarses postérieurs est cylindrique.

Les eucères, les andrènes et autres genres de la famille des mellifères, ont les mêmes mœurs. Ces insectes creusent dans la terre, sur le bord des chemins, des trous au fond desquels ils déposent, auprès de leurs œufs, un miel grossier, destiné à nourrir les larves qui doivent naître de ces œufs; puis ils bouchent exactement le trou, pour empêcher les fourmis d'y pénétrer. Les eucères sont surtout remarquables par la longueur de leurs antennes qui, dans les mâles, dépassent souvent celle du corps.

Parmi les espèces de ces différents genres nous citerons :

L'*eucère antennée;* les *andrènes vêtues, cendrées, très noires, des murs,* etc.

Toutes sont indifférentes.

3e genre. — Les xylocopes (coupe-bois) ressemblent à de gros bourdons tout noirs; avec les ailes d'un violet foncé.

L'espèce commune dans nos pays est la xylocope violette, qui creuse dans les vieux bois un canal assez long divisé en plusieurs loges dans chacune desquelles elle dépose un œuf et une portion de miel.

4e genre. — Les bourdons ont, comme les insectes du genre précédent, le corps très gros, velu, de couleurs variées. Ils sont ainsi nommés à cause du bruit sourd et continu qu'ils font entendre en volant, et qui provient du mouvement de leurs ailes. Ils font leurs nids dans la terre, en sociétés composées de 30 à 200 individus de trois sortes (mâles, femelles et neutres) qui périssent chaque année, à l'exception de quelques femelles destinées à reformer de nouvelles colonies au printemps suivant.

Les principales espèces sont :

1° Le bourdon souterrain; 2° le bourdon des rochers et le bourdon des mousses (1).

Toutes ces espèces sont utiles, comme les abeilles qui se nourrissent du pollen des fleurs, et contribuent à leur fécondation par le transport du pollen avec leurs pattes.

Le grand Darwin, l'auteur de la théorie du transformisme, rapporte à ce sujet et à propos de l'enchaînement qui relie entre elles les diverses espèces, un exemple que je ne puis m'empêcher de citer. « Beaucoup de nos

(1) Nous pourrions ajouter qu'il existe dans nos vignes une quatrième espèce, que j'appellerai ***bourdon des vignes*** ou des *escargots*.

Ce petit mellifère est très connu des vignerons de nos pays et de leurs enfants.

C'est un solitaire qui dépose un ou deux œufs dans la coque des petits escargots jaunes, au fond de laquelle il a déposé au préalable une certaine quantité de bon miel, pour nourrir sa ou ses larves; la coque de l'escargot est ensuite obstruée avec de la terre et recouverte d'un amas de petites pailles courtes qui la masquent entièrement.

Quand un enfant aperçoit un de ces petits tas de paille arrangés en dôme, il est certain de rencontrer un *escargot à miel*, dont il s'empresse de sucer le contenu. Par les années sèches on en trouve en abondance dans les vignes du Barrois.

Ce bourdon est de petite taille; son corselet est noir et velu; son abdomen rouge rouille est également velu; sa forme se rapproche beaucoup de celle de l'abeille.

orchidées, dit-il, ont absolument besoin d'être visitées par des mouches qui portent leur pollen et les fécondent; j'ai de même bien des motifs pour croire que les bourdons sont nécessaires à la fécondation de la pensée (viola tricolor) puisqu'on ne voit jamais aucun autre insecte se poser sur cette fleur. Des expériences m'ont démontré que la visite des abeilles était nécessaire pour la fécondation de plusieurs espèces de trèfles. 100 tiges de trèfle blanc m'ont ainsi donné 2.290 graines pendant que 20 autres pieds de cette espèce, qui avaient été rendus inaccessibles aux abeilles, ne produisirent pas une seule graine! De même 100 tiges de trèfle rouge me donnèrent 2.700 graines et je n'en récoltai pas une sur un égal nombre de pieds défendus contre les abeilles.

« Les bourdons visitent seuls le trèfle rouge, les autres abeilles ne pouvant pas atteindre le suc de ces fleurs.

« Je suis convaincu que la pensée et le trèfle rouge deviendraient très rares, ou disparaîtraient même entièrement en Angleterre, si l'on y détruisait les bourdons; or, le nombre des bourdons de terre est généralement en raison inverse de celui des souris de la contrée, qui pénètrent dans leurs nids, et mangent leurs larves et leurs provisions.

« Newmann qui a longtemps observé les mœurs des bourdons, croit que plus des deux tiers de leurs nids sont détruits en Angleterre par la souris des champs.

« Comme chacun sait, le nombre des souris est en raison inverse de celui des chats; aussi Newmann dit avoir trouvé le plus grand nombre de nids de bourdons dans le voisinage des villages et des hameaux, ce qu'il attribue à la destruction plus complète des souris par les chats. Ceci porte à croire que la présence de nombreux animaux ayant les instincts du chat, peut avoir dans une contrée de l'influence sur l'abondance de certaines plantes par l'intermédiaire des souris et des abeilles ».

Carl Vogt ajoute : « L'énorme production de viande à laquelle les Anglais sont contraints — on pourrait en dire autant des Français — pour l'entretien de leur industrie et de leur marine, n'est rendue possible que par l'emploi d'une culture rationnelle et principalement par la production des plantes fourragères, parmi lesquelles le trèfle joue un rôle important. Sans trèfle pas de bœuf; sans bœuf pas de roast-beef; sans roast-beef pas d'Angleterre. On voit donc que la libre vieille Angleterre doit à tout prix protéger le libre travail des bourdons et laisser carrière aux chats! ».

5e *genre*. — Les abeilles ont les mêmes caractères que les précédents, seulement leur corps est moins gros, plus allongé et moins velu.

Les abeilles, vulgairement appelées *mouches à miel*, vivent en sociétés composées d'une femelle qu'on nomme reine, de 600 à 1.200 mâles ou faux-bourdons et de 15 à 30.000 ouvrières ou neutres. Les mâles seuls n'ont pas d'aiguillon.

Les neutres sont divisés en cirières et en nourrices. Les cirières fabriquent la cire, qu'elles tirent avec les crochets, formés par les tarses, des plis formés par les anneaux de l'abdomen; elles la préparent ensuite avec la bouche avant de l'employer à la construction des gâteaux. Les nourrices, sont exclusivement occupées à soigner et à nourrir les larves.

On sait que les abeilles sont élevées et exploitées par l'homme dans des endroits *ad hoc* dits *ruches*, où elles travaillent en paix, à la confection de la cire et du miel, qui leur sert de nourriture pour l'hiver et que l'homme enlève, pour la sienne propre.

Quelquefois il arrive qu'une mère abeille meurt de sa belle mort ou par accident. C'est alors un deuil dans la colonie, qui ne saurait durer sans sa pondeuse de profession.

Lorsque les circonstances s'y prêtent, c'est-à-dire quand la saison est favorable, les ouvrières qui n'ont plus leur mère prennent le parti d'en fabriquer une autre. A cet effet, elles commencent par choisir une larve d'ouvrière et a allonger sa cellule en hauteur, de façon à avoir un grand logement. Elles y nourrissent grassement la larve de leur sorte, qui se développe, grandit plus que les autres et devient une mère.

Il suit de là qu'une abeille-mère est tout bonnement le produit d'une larve d'ouvrière, logée, nourrie et soignée d'une manière exceptionnelle.

Il suit de là aussi que les ouvrières ou neutres ne sont que des femelles avortées, arrêtées dans leur développement, tout à fait impropres à la reproduction de leur espèce.

La mère pond; les ouvrières travaillent et sont les nourrices des petits.

On parle pourtant d'ouvrières qui pondent des œufs de faux-bourdons; mais celles-là sont nées dans le voisinage des mères et ont bien vécu dans leur enfance.

Les abeilles ont de nombreux ennemis; les hirondelles, les moineaux, les frelons et les guêpes détruisent un grand nombre de celles qui volent dans la campagne. Le mulot s'introduit dans la ruche et la ravage entièrement. Les larves de la teigne de la cire rongent et bouleversent leurs travaux.

6e ORDRE. — **Les lépidoptères** (à ailes écailleuses) **sont des papillons.**

Ces insectes ont quatre ailes recouvertes, sur les deux surfaces, de petites écailles semblables à une poussière fugace et colorée; leur bouche est une trompe ou langue roulée en spirale, et placée entre deux palpes hérissées de poils ou d'écailles. C'est à l'aide de cette trompe, qu'ils puisent le nectar des fleurs dont ils se nourrissent à l'état parfait.

Ils sont souvent utiles alors, pour féconder les espèces et faciliter la création de nouvelles variétés; mais à l'état de larves, ils sont tous très nuisibles.

On peut donc dire en thèse générale que les lépidoptères ou papillons qui renferment une quantité innombrable d'espèces, sont tous indifférents à l'état d'insectes parfaits; mais très nuisibles à l'état de larves, que nous sommes obligés de poursuivre pour notre propre conservation (excepté la larve du ver à soie).

Ce qui prouverait une fois de plus, que tout ce qui existe devait exister : les uns sont utiles à certaines espèces, les autres nuisibles; soit qu'ils détruisent en conservant, soit qu'ils annihilent en fécondant.

Les œufs, qui montrent souvent des formes toutes particulières aux différentes espèces et sont généralement enveloppés d'une épaisse coque, sont pondus par la femelle, tantôt un à un, tantôt en paquets ou en amas tout à fait caractéristiques sur les plantes qui doivent servir de nourriture aux chenilles après leur éclosion. Dans beaucoup d'espèces les œufs passent l'hiver : les chenilles naissent aux premières chaleurs du printemps et peuvent tomber de suite sur les jeunes et tendres pousses qui forment leur premier aliment. Dans d'autres cas exceptionnels les chenilles passent les froids d'hiver dans le gazon ou en terre, enveloppées dans un tissu qu'elles se filent elles-mêmes; d'ordinaire c'est à l'état de chrysalides que les nouvelles générations passent la période du froid.

La structure des chenilles et principalement celle de leurs pieds est d'une importance capitale. Toutes ont à la partie antérieure du corps de véritables pieds cornés, formés de plusieurs articulations; elles possèdent en outre ce qu'on appelle de faux-pieds, ou pieds abdominaux dont le nombre varie suivant le genre (au maximum cinq paires.)

J'aurais encore beaucoup à dire, mais plusieurs volumes ne suffiraient pas pour donner une étude complète de cet ordre. Je me contenterai donc de citer les caractères des principales familles et le nom des espèces.

Les lépidoptères se divisent en trois familles :

1° Les diurnes;
2° Les crépusculaires;
3° Les nocturnes.

1re famille. — Les DIURNES
(papillons de jour).

Cette famille se divise en 9 genres :

1° Les satyres;
2° Les nymphales;
3° Les vanesses;
4° Les argynnes;
5° Les papillons;
6° Les parnassiens;
7° Les piérides;
8° Les polyommates;
9° Les hespéries.

Ces papillons sont toujours pourvus d'une trompe longue, ne volent que le jour, et leurs ailes sont aussi vivement colorées dessous que dessus; leurs chenilles ont seize pattes, et leurs chrysalides sont rarement enveloppées dans une coque; le plus ordinairement elles sont nues, anguleuses et suspendues par l'extrémité postérieure. Parmi ces papillons, nous n'avons qu'un petit nombre d'ennemis dont les dégâts se remarquent surtout dans les jardins.

1er genre. — Les satyres ont les antennes terminées en bouton ou en massue, très sensibles; les palpes inférieures très comprimées, avec la tranche antérieure presque aiguë ou fort étroite; les ailes inférieures presque toujours soudées.

Ils ont le vol peu élevé et vacillant et se tiennent ordinairement sur les buissons et dans les prairies.

Les chenilles des différentes espèces de satyres vivent sur les graminées.

Les principales espèces sont :

1° Le Satyre ermite, en juillet et août, sur les coteaux des terrains calcaires.

2° Le Satyre agreste, en juillet et août dans les endroits secs et arides.

3° Le Satyre phèdre; se trouve pendant l'année dans les terrains marécageux, landes ou bruyères; cependant on le trouve aussi sur les coteaux des contrées sèches.

4° Le satyre demi-deuil est commun en juillet et août dans les clairières des bois, dans les prairies (etc.).

5° Le Satyre bacchante, en juin et juillet dans les endroits ombragés des bois; rare.

6° Le Satyre mirtil, en juillet et août dans les prairies; commun.

7° Le Satyre procris ou pamphile, est commun partout pendant tout l'été.

8° Le Satyre céphale, en juin-juillet, dans les bois.

Toutes ces espèces sont peu nuisibles à l'agriculture.

2e genre. — Les nymphales ont les palpes inférieures courtes, les antennes terminées plutôt en massue allongée qu'en bouton ou en tête. Leurs ailes grandes et fortes, font voir que ces papillons sont destinés à vivre au sommet des plus grands arbres des forêts. Ils sont généralement de couleur noire ou d'un brun foncé en dessus, avec une large bande, composée de taches blanches, qui s'étend en travers sur les deux ailes.

On les trouve en juin et juillet dans les grands bois; ils se posent sur les terres fraîches et les excréments.

Les principales espèces sont :

1° Le Nymphale de l'érable; chenille en juillet, sur l'orobe printanier.

2° Le Nymphale lucille; chenille en mai, sur la spirée à feuilles de saule.

3° Le Nymphale sibylle ou petit sylvain et nymphale camille; chenilles en mai, sur le chèvrefeuille.

4° Le Nymphale olie ou le petit mars et nymphale du peuplier ou *grand sylvain*; chenille en mai, sur le saule Marceau;

Sont peu nuisibles, à moins bien entendu qu'ils ne soient trop nombreux.

3e genre. — Les vanesses ont les antennes brusquement terminées par une tête ou un bouton, les palpes inférieures contiguës à leurs extrémités, et formant, ainsi réunies, une pointe ou une sorte de bec.

On les trouve de mai à octobre dans les jardins, champs, bois (etc.); ils se nourrissent du suc des fleurs et des fruits, ainsi que de la sève des arbres.

Les principales espèces sont :

1° La Vanesse morio, à partir de juillet, chenille sur les saules et les bouleaux.

2° La Vanesse paon du jour, à partir de juillet, chenille en mai et juin sur l'ortie.

3° La Vanesse petite tortue, à partir de juillet; chenille en juin et juillet sur l'ortie.

4° La Vanesse gammia ou Robert-le-Diable, en mai puis en août et septembre; chenille en juin et pendant l'automne sur le houblon et les différentes espèces de groseilliers.

5° La Vanesse, ver blanc, en septembre, chenille en juillet et août sur le tremble.

6° La Vanesse carte géographique brune, chenille en juin, août et septembre sur l'ortie. Cette espèce donne plusieurs générations pendant l'année et les papillons qui en proviennent offrent diverses variétés.

7° La Vanesse vulcain, de juillet à octobre; chenille en mai et juin sur l'ortie.

8° La Vanesse grande tortue, à partir de juillet; chenille en juin sur les ormes où elle est très commune.

9° La Vanesse belle-dame, au printemps et à partir de juillet; chenille pendant l'été, sur le chardon et l'ortie.

Toutes sont nuisibles lorsqu'elles sont légionnaires; elles sont toutes chargées de nombreuses épines.

4e *genre*. — Les argynnes ont les palpes inférieures écartées à leur extrémité, et terminées brusquement par un article grêle en forme d'aiguille.

Les argynnes se trouvent pendant l'été, dans les bois et se posent sur les fleurs.

Les chenilles paraissent dès le mois d'avril sur la violette et autres plantes de la famille des violacées.

On les a divisées en espèces ayant en dessous des taches argentées :

1° L'Argynne nacrée.
2° L'Argynne petite nacrée.
3° L'Argynne collier argenté.
4° L'Argynne tabac d'Espagne.

Espèces sans taches argentées :

1° L'Argynne damier.
2° L'Argynne délie.
3° L'Argynne athalie.

Toutes sont nuisibles.

5e *genre*. — Les papillons (proprement dits) ont les palpes inférieures très obtuses, très courtes, atteignant à peine le chaperon, et ayant leur troisième article presque nul ou très peu distinct.

Les papillons se rencontrent dans les champs et les bois et se posent sur les fleurs et sur la terre dans les endroits bourbeux.

Espèces : Papillon machaon ou grand porte-queue, en mai, juillet et août; chenille, en juin et août, sur l'aneth fétide; la carotte commune; le boucage ou pimpinelle saxifrage.

Papillon flambé ou podalice; comme le précédent.

6e *genre*. — Les parnassiens. Les différentes espèces de ce genre vivent dans les Alpes et les contrées méridionales.

Nous citerons simplement les espèces :

Parnassien apollon, petit apollon, semi-apollon.

7e *genre*. — Les piérides ont les palpes velues, couvertes d'écailles dans toute leur longueur.

Les différentes espèces de piérides se trouvent surtout dans les bois, jardins et champs; quelques-unes sont très communes; beaucoup sont nuisibles.

On connaît presque autant d'espèces que de légumes.

Les principales sont :

1° La piéride de la moutarde, en mai, juillet et août; chenille en juin et pendant l'automne, sur le lothier corniculé et la gesse des prés qu'ils dévorent;

2° La piéride gazée en juin et juillet; chenille en mai, sur l'aubépine et les arbres fruitiers;

3° La piéride du chou;

4° La piéride de la rave;

5° La piéride du navet, pendant l'été; chenille pendant la croissance des plantes dont les papillons portent le nom;

6° La piéride daplidice, en mai, août et septembre; chenilles en juin et pendant l'automne sur le réséda et les différentes espèces d'alysson;

7° La piéride aurore ou cresson, en avril et mai; chenille en juin et juillet sur la cardamine des prés et cressonnette;

8° La piéride soufre, en juillet et août; chenille, en mai, sur l'airelle fangeuse;

9° La piéride souci, en mai, août et septembre; chenille en juin et pendant l'automne, sur les vesces

10° La piéride citron, en août; chenille de mai à juillet sur l'aubépine, le nerprun, la bourdaine.

Les œufs de tous ces papillons ont la forme d'une petite bouteille à col court; leur couleur est généralement jaunâtre; ils sont placés en amas de plusieurs centaines à la surface inférieure des feuilles sur les plantes qui les nourrissent et où on peut aisément les détruire.

Pour s'en débarrasser, il faut prendre les feuilles une à une et les écraser.

Les chenilles, qui naissent quinze jours après la ponte, se tiennent ensemble et forment, en entourant les feuilles de leurs fils, un seul nid qu'elles agrandissent et où elles se retirent par le mauvais temps ou par les grandes chaleurs. — A la fin d'avril et souvent même à la fin de mai, suivant l'année, les chenilles sont à leur grandeur et émigrent de tous côtés, notamment celles du chou, pour chercher une place convenable à leurs métamorphoses. C'est à ce moment qu'elles sont le plus désagréables dans les campagnes et les kiosques; elles entrent partout, visitent en tous lieux les coins et recoins pour s'y suspendre et y prendre la forme d'une chrysalide cornue, tachetée de jaune et de noir.

C'est à ce moment qu'on peut voir combien les mouches ichneumon font de ravages parmi ces chenilles, en se nourrissant de leur propre substance, « les tuant par anémie ».

8e genre. — Polyommates, ont les six pieds semblables et ambulatoires dans les deux sexes; le bord interne des ailes inférieures formant un canal pour recevoir l'abdomen.

Certaines espèces ont été nommées argus, à cause du grand nombre de petits points arrondis ou yeux dont leurs ailes sont marquées.

D'autres ont les ailes postérieures terminées par une petite queue, ce qui leur a valu le nom de porte-queue.

Ces papillons se trouvent sur les fleurs.

Les espèces sont :

1° Le Polyommate corydon, en mai et juin, sur les terrains calcaires; chenille en mai et juin, sur la cornille bigarée ou faucille.

2° Le Polyommate demi-argus, commun dans les bois en avril et mai; chenille, en mai, juin et août, sur le nerprun.

3° Le Polyommate argus bleu, en juin et juillet; chenille en mai et juin sur le mélilot.

4° Le Polyommate grand argus bronzé, en juin et juillet; chenille en mai et juin, sur la coronille bigarrée.

5° Le Polyommate de la ronce ou porte-queue de la ronce

6° Le Polyommate du prunier ou porte-queue du prunier; en mai et juin, la chenille du premier vit pendant l'été sur le genêt des teinturiers, genestrolle ou herbe à jaunir; celle du deuxième vit en mai sur le prunellier.

7° Le Polyommate du bouleau ou porte-queue du bouleau, de juillet à septembre; chenille, en mai et juin, sur les pruniers et prunelliers.

8° Le Polyommate du chêne ou porte-queue du chêne, de juin à août; chenille en mai sur le chêne.

9e genre. — Hespéries : elles ont les antennes terminées distinctement en bouton ou en massue; les palpes inférieures courtes, larges, très garnies d'écailles en avant.

Ces papillons se trouvent de mai à novembre sur la mauve sauvage, les herbes communes, fraisiers, ronces, polygala, faux-buis, (etc.).

Les espèces sont :

1° L'Hespérie de la mauve;
2° L'Hespérie échiquier;
3° L'Hespérie grisette;
4° L'Hespérie bande noire;
5° L'Hespérie miroir;
6° L'Hespérie plain-chant.

2e famille. — LES CRÉPUSCULAIRES.

Caractères généraux (1).

Ces lépidoptères crépusculaires sont ainsi nommés parce qu'ils ne volent ordinairement que le soir. Pendant le jour, ils restent fixés aux murailles, aux branches ou aux troncs des arbres. Leurs chenilles ont seize pattes.

Elles sont en général peu nuisibles à l'agriculture car, quoique grosses et très voraces, elles ne vivent pas en troupe. Elles atteignent d'ordinaire la longueur d'un demi-pied et la grosseur d'un doigt; mais elles ne se présentent jamais en masse et ne peuvent généralement pas causer de dégâts. Ici aussi, comme dans toute la nature, prévaut cette loi : « Que ce n'est pas la grandeur de l'individu, mais le grand nombre de petits êtres qui remplit le rôle le plus important dans les évolutions de la nature ».

Cette famille se divise en trois genres :

1° Les sphinx; — 2° Les sésies; — 3° Les zygènes.

1er genre. — Les sphinx, à commencer vers le milieu, ont les antennes qui forment une massue prismatique, simplement ciliée ou striée transversalement en manière de râpe sur un côté; la langue est très distincte, le corps est gros, ils volent avec beaucoup de rapidité

(1) Antennes en massue prismatique ou fusiforme, ailes inférieures offrant une soie roide, écailleuses passant dans un crochet qu'on voit aux supérieures et qui sert à les maintenir horizontalement pendant le repos; chrysalides jamais anguleuses, renfermées dans un cocon, dans une feuille enroulée, dans la terre, mais qui ne sont jamais nues.

et font entendre une espèce de bourdonnement très remarquable.

Les papillons du genre sphinx, se nourrissent principalement, du suc des fleurs du chèvrefeuille, de la saponaire, du flox (etc.).

Les espèces principales sont :

1° Le sphinx à tête de mort, en septembre et novembre; chenille pendant l'été et l'automne sur la pomme de terre, le jasmin et le fusain;

2° Le sphinx du liseron, en août et septembre; chenille pendant l'été sur la plante de ce nom;

3° Le sphinx du troëne, en mai et juin; chenille à partir de juillet sur le troëne ou frézillon;

4° Le sphinx cendré en septembre; chenille en juin sur l'épilobe à feuilles de romarin;

5° Le sphinx de l'euphorbe, en juin et juillet; chenille en juillet et août sur l'argousier, faux nerprun;

6° Le sphinx de la garance en mai et juin; chenille en juillet et août sur la garance;

7° Le sphinx de la vigne et le petit sphinx de la vigne, en mai et juin; chenille en juillet et août sur l'épilobe à feuilles de romarin, et du gaillet ou caille-lait sur la vigne;

8° Le sphinx ou smérinthe du tilleul

9° Le sphinx ou smérinthe du peuplier;

10° Le sphinx ou smérinthe du chêne;

Ces trois espèces de mai à juillet; leurs chenilles vivent à partir d'août sur l'arbre dont le papillon porte le nom;

11° Le smérinthe demi-paon, de mai à juillet; chenille à partir d'août sur le saule;

12° Le smérinthe du caille-lait, en mai, puis d'août à octobre; chenille en juin et pendant l'automne;

13° Le smérinthe combyliforme, en mai et juin; chenille en juillet et août sur le caille-lait et le chèvrefeuille.

2e *genre*. — Les sésies ont les antennes sans dentelures, en fuseau, terminées par une petite houppe d'écailles; abdomen terminé par une bosse; ailes horizontales. Ils ressemblent à divers hyménoptères et à quelques diptères.

Ces papillons ne s'éloignent pas des plantes qui ont servi de nourriture à la chenille et volent très vite. On les trouve pendant l'été.

Les chenilles font leurs dégâts en juin et juillet.

Nous connaissons les espèces :

Sésie apiliforme; chenille sur les racines ou le tronc des saules et des peupliers.

Sésie tipuliforme: chenille sur le groseillier.

Sésie culiciforme; chenille sur le tronc des bouleaux, de l'aune et du prunier.

Sésie myopiforme; chenille sur l'écorce du pommier.

3e *genre*. — Les zygènes ont les antennes simples dans les deux sexes, en fuseau ou en corne de bélier, sans houppe à l'extrémité; ailes ordinairement en toit; une langue.

Ces papillons se trouvent de la fin de juin à celle d'août dans les bois, prairies et champs, principalement sur la fleur des chardons et des scabieuses. La plupart des espèces ont les noms des plantes sur lesquelles leurs chenilles vivent de préférence.

On trouve les chenilles en mai et juin.

Les espèces principales sont :

1° Zygène de la filipendule ou sphinx bélier; la chenille vit sur le trèfle et autres plantes basses;

2° Zygène de la scabieuse;

3° Zygène de la bruyère;

4° Zygène de la camomille;

5° Zygène du prunier.

3e famille. — Les nocturnes.

Ces lépidoptères sont ainsi nommés parce qu'ils ne volent que la nuit. Pendant le jour ils se tiennent cachés sous les feuilles ou accrochés au tronc des arbres.

Les caractères généraux sont :

Antennes pectinées, ailes également bridées, chrysalides cylindriques non anguleuses renfermées dans un cocon, genre phalène de Linné.

Leurs chenilles ont de dix à seize pattes.

Cette famille se divise en neuf genres :

1° Cossus; 2° zeuzères; 3° bombyx; 4° areties; 5° phalènes; 6° noctuelles; 7° pyrales; 8° teignes; 9° ptérophores.

1er *genre*. — Les cossus ont les antennes au moins aussi longues que le corselet, dentelées en scie dans les deux sexes; ailes en toit; extrémité de l'abdomen prolongé en forme de queue ou d'oviducte.

Ils vivent très peu de temps à l'état de papillons; aussi n'ont-ils point de trompe pour sucer le miel des fleurs,

L'espèce commune qu'on trouve en juin et juillet est le cossus ronge-bois. La chenille détruit un nombre considérable d'ormes, de frênes et d'autres arbres qu'elle ronge et perce en tous sens pendant les deux années que cet insecte passe à l'état de larve. Il éclôt dans le courant de juillet. On le trouve sur le tronc ou près des racines des arbres où il est alors facile de le détruire.

C'est lui que l'on trouve sous les ormes morts de la rue de la Rochelle. La larve, que nous avons recueillie lors de l'arrachage de quelques ormes morts, est d'un rouge sanguin en dessus et blanchâtre en dessous, a seize pattes, grosse comme un tuyau de plume d'oie et longue d'environ 4 centimètres. Nous en avons recueilli entre les racines et à la naissance du tronc, qui, à cet endroit était criblé de trous et tombait en poussière. Ces larves vivent dans l'intérieur du bois. Elles sont surtout nuisibles aux ormes, aux peupliers et aux saules.

Pour les détruire, il faut surtout, lorsqu'un orme perd ses feuilles ou qu'elles jaunissent trop tôt, bêcher la terre qui se trouve au pied des arbres, jusqu'au collet, opérer l'écobuage, et y mettre par dessus la terre brûlée une bonne couche de fumier.

2e genre. — Les Zeuzères ont les mêmes caractères et les mêmes mœurs que les cossus; elles sont aussi nuisibles.

Le cossus ou zeuzère du marronnier aussi appelé la coquette se rencontre en juillet et août.

La chenille vit dans l'intérieur du marronnier d'Inde, de l'orme, du tilleul, du lilas et même du poirier et du pommier.

Elle est cylindrique, jaune livide, pâle, avec un assez grand nombre de points noirs, surmontés d'un poil, répandus sur tout le corps.

Pour se débarrasser de la zeuzère, il faut surveiller en juillet la coquette, qui pond ses œufs dans les fines crevasses du pommier, du frêne, de l'orme, du cognassier, du sorbier, du houx, du marronnier et probablement de beaucoup d'autres; chacun de ces arbres doit être surveillé, pour surprendre la pondeuse et la détruire, soit en la tuant directement, soit en répandant autour de l'arbre du sulfure de carbone.

Le papillon éclôt entre le 15 juillet et le 15 août.

3e genre. — Les bombyx ont les antennes entièrement ou presque entièrement barbues ou pectinées des deux côtés, soit dans les deux sexes, soit au moins dans les mâles. Les femelles sont d'ordinaire plus grosses que les mâles. Leurs ailes sont d'un jaune roussâtre avec des bandes transversales plus claires sur les inférieures.

Les larves des bombyx sont grosses et longues de plusieurs centimètres. Leur corps est hérissé de houppes de poils roussâtres; il est bariolé de diverses couleurs, disposées en raies bleues, rousses, noires et blanches qui le parcourent d'un bout à l'autre. Sur le milieu du dos, se trouve une raie blanche; puis de chaque côté une bande rousse, une bande noire, encore une bande rousse, puis une bande bleue plus large que les autres, et finalement une troisième bande rousse. La tête est couleur d'ardoise avec deux taches noires.

C'est ce genre qui agglutine ses œufs au mois de juillet, autour des jeunes branches, en forme d'un anneau dur et tellement bien ajusté qu'il forme manchon et résiste à tous les vents et les plus grands froids jusqu'en avril, où la petite larve brise la légère coque sèche, produite par l'enduit, et vient se mettre immédiatement à son œuvre de destruction. De ce manchon d'œufs il sort un grand nombre de larves, qui toutes se mettent hardiment à la besogne pour prendre la force nécessaire à leur seconde transformation.

Les ennemis les plus utiles que nous connaissions aux bombyx sont : les mouches ichneumons qui en dévorent des quantités innombrables, puis les volailles.

Ce genre renferme le plus grand papillon de notre pays (Attacus grand paon) et se divise en plusieurs sous-genres dont les espèces les plus communes sont :

1° Attacus grand paon, en mai; chenille

en juillet et août sur le pommier, le poirier, l'abricotier, le prunellier, l'aune et le frêne.

2° Attacus petit paon, en mai ; chenille en juillet et août sur les prunelliers, les bruyères, la ronce et la pimprenelle.

3° Attacus taona, en mai ; chenille d'avril à juillet sur le hêtre et le charme.

4° Gastropache feuille morte, en juillet et août, chenille en juin sur les arbres fruitiers dans les pépinières.

5° Gastropache feuille de peuplier, en juin ; chenille en mai sur le peuplier et le saule.

6° Gastropache feuille sèche, en mai ; chenille en juillet et août sur le saule Marceau, l'airelle myrtille ou raisin des bois, l'airelle anguleuse.

7° Lasiocampe du trèfle, en juillet et août ; chenille en juin sur le trèfle et les plantes basses.

8° Lasiocampe du chêne en juillet et août ; chenille en juillet dans les bois touffus, bruyères et plantes basses.

9° Lasiocampe de la ronce, en juillet et août ; chenille en juillet, se trouve le plus ordinairement sur les bruyères.

10° Lasiocampe du peuplier et celle à livrée, de juillet à novembre ; chenilles en mai et juin dans les bois touffus et sur les arbres fruitiers.

11° Lasiocampe franconnière, en juillet et août ; chenille en mai et juin sur les plantes basses.

12° Lasiocampe de la jacée, en juillet et août ; chenille en mai et juin sur le calluma bruyère ou bruyère commune et les euphorbes.

13° Bombyx tête bleue en août et septembre ; chenille en mai et juin et sur les pommiers et prunelliers.

14° Bombyx du coudrier en mai ; chenille en juillet et août sur le coudrier.

15° Bombyx anachorète ou cénobite, en mai ; chenille en août et septembre sur les pins.

16° Bombyx zigzag, en avril et mai, puis en juillet et août ; chenille en juin et juillet, puis en septembre et octobre sur les chênes et peupliers.

17° Bombyx processionnaire. Les chenilles de ce bombyx sont remarquables par l'habitude qu'elles ont de descendre le long des troncs des chênes, les unes à la suite des autres, en formant comme une procession.

Il est dangereux de porter les mains au visage après avoir touché ces chenilles, parce que leurs poils s'attachent aux doigts, pénètrent dans la peau du cou ou des joues et y causent une inflammation suivie d'une enflure considérable, qu'on ne guérit qu'en la frottant avec du persil.

18° Bombyx ver à soie ou du mûrier, dans les contrées méridionales, qui sert à faire la soie dont on tisse des étoffes si belles et si recherchées.

On pourrait ajouter : le *Bombyx* de l'*ailante* qui fut acclimaté dans nos pays, par M. Guérin-Malleville. Ce bombyx file aussi un cocon, qui donne une soie presque aussi belle que celle du ver à soie proprement dit. Il se nourrit avec la feuille de l'ailante et l'on a pu en voir de beaux échantillons il y a quelques années à la gare de Bar-le-Duc, que mon ami, M. Hubert, alors chef de section, nourrissait avec des plantations d'ailantes sur les talus du chemin de fer de Blesme à Lérouville. Le papillon est gros, à grande envergure, gris taché de blanc.

4e *genre*. — Les aretie ont les antennes pectinées dans les mâles ; palpes inférieures très velues ; trompe courte.

Les chenilles se trouvent sur les plantes basses.

On connaît chez nous les espèces :

1° Aretie du plantain en juin et juillet ; chenille en mai.

2° Aretie Marte, en juillet et août ; chenille en mai sur le coudrier.

3° Aretie marbrée, en juin et juillet ; chenille en mai, sur les plantes basses.

4° Aretie mouchetée.

5° Aretie angélique.

6° Aretie hébée.

7° Aretie tigre.

8° Aretie mendiante.

5e *genre*. — Les phalènes ont le corps allongé et grêle ; leurs ailes sont souvent grandes, étendues horizontalement, avec les dessins des ailes supérieures se continuant sur les inférieures ; leurs antennes sont ordinairement pectinées.

Les papillons et les chenilles se rencontrent de mai à novembre ; ces dernières marchent comme si elles arpentaient ou mesuraient les distances, c'est pourquoi on les appelle géomètres ; elles sont très nombreuses et très dangereuses, surtout le grand et le petit phalène hiènale (géométra de foléaria et Brumata) dont la dernière apparaît quelquefois en quantités innombrables et, en bien des années, détruit complètement la récolte des fruits.

Les papillons paraissent tard en automne et en hiver; de la fin d'octobre jusqu'en décembre, où on voit les mâles, avec leurs grandes ailes, voltiger de tous côtés dans les jardins fruitiers.

Les femelles dites « *faiseuses de cuillères* », parce que les bourgeons qu'elles piquent prennent cette forme, sont heureusement dépourvues d'ailes ou n'en possèdent que des rudiments.

Parmi les autres espèces nous citerons :

1° Phalène perle; chenille sur le chêne et le hêtre.

2° Phalène de l'aune; chenille sur l'aune, le tremble et le pommier..

3° Phalène linéaire; chenille sur le prunellier et le tilleul.

4° Phalène du lilas.

5° Phalène soufrée ; chenille sur le sureau, le chèvrefeuille et le tilleul.

6° Phalène de l'alisier.

7° Phalène de l'orme.

8° Phalène du groseillier.

9° Phalène papillon.

10° Phalène printanière.

Pour se débarrasser de ces insectes si nuisibles, on gratte sur le tronc, à une certaine hauteur, une bande annulaire sur laquelle on fixe un emplâtre goudronné, qu'on prépare avec du papier imbibé de goudron et qu'on attache fortement avec une corde.

On a soin auparavant de remplir avec de l'argile, de la chaux ou du plâtre tous les vides qui peuvent exister entre le tronc et l'emplâtre, afin que le petit animal ne puisse pas se glisser entre le tronc et le papier. Puis on barbouille cet emplâtre, qui doit avoir au moins la largeur de la main, avec du goudron épais, et on recommence dès que la surface devient sèche.

On pose cet emplâtre en octobre et on l'entretient jusqu'en janvier. On verra alors avec étonnement la quantité d'arpenteurs qui viendront se coller au goudron.

En Afrique on se sert d'une sorte de cuvette en zinc, rendue étanche avec du mastic et remplie d'eau. Les insectes sont arrêtés et se noient.

6e genre. — Les noctuelles ont le dernier article des palpes inférieurs allongé, nu et droit; antennes le plus souvent simples; trompe longue et cornée.

On trouve ces papillons en août et septembre et leurs chenilles en mai et juin; ces chenilles ont la tête petite, enfoncée dans les épaules. Les chrysalides sont généralement sans enveloppe ou entourées seulement d'un léger tissu; elles se développent en terre et ajoutent leur contingent aux armées de nos ennemis.

On connaît un grand nombre d'espèces dont les principales sont :

1° La noctuelle du chou, dont la chenille est connue sous le nom de *Ver de cœur*, parce qu'elle perce le cœur du chou, qu'elle rend immangeable par l'amas de ses excréments infects;

2° La noctuelle des laitues;

3° La noctuelle des prés;

4° La moissonneuse qui apparaît en automne, ravage les jeunes céréales et se cache en terre, dans le voisinage des racines, pour échapper aux recherches;

5° La noctuelle du foin;

6° La noctuelle des petits pois dont la chenille ressemble à la chenille arpenteuse et dévaste les légumes et les champs de chanvre;

7° Noctuelle du frêne;

8° Noctuelle fiancée ou lichénée rouge;

9° Noctuelle déplacée, chenilles sur le chêne;

10° Noctuelle lunaire;

11° Noctuelle mariée, chenilles sur le saule et le peuplier;

12° Noctuelle choisie;

13° Noctuelle du frêne ou lichénée bleue, chenille sur le frêne.

7e genre. — Les pyrales, dont les chenilles ont 16 pattes, roulent les feuilles pour y placer leurs chrysalides, c'est ce qui leur a fait donner le nom de tordeuses.

Elles se nourrissent des feuilles et des fruits des différents arbres. Leurs ailes supérieures, dont le bord extérieur est arqué à sa base, se rétrécissent ensuite de manière à donner à ces insectes une forme courte et large, en ovale tronqué.

On en connaît des quantités innombrables.

La pyrale de la vigne se nomme pyrale de Pillerius. La cochylis est la pyrale de Roser qui attaque aussi les jeunes grappes de la vigne au moment de la floraison après les avoir enveloppées de soie. Son papillon a les ailes supérieures d'un blanc jaunâtre. La petite chenille, qui, en juillet et août, rend les pois véreux, est la Pyrale des pois.

Les autres principales espèces sont :

1° La pyrale des pommes; 2° la pyrale de la vigne aussi appelée : Ver de la vigne, ver blanc, ver de l'été, ver de la vendange, Couque et Babota.

La larve est très nuisible parce qu'elle vit surtout au détriment des feuilles. Elle naît en mai et devient papillon du 10 au 20 mai. Elle passe l'hiver soit en terre au pied des ceps, mais le plus souvent dans quelques fissures de l'écorce au milieu d'un cocon ovoïde d'environ 3 à 4 millimètres de long. Elles sont dangereuses à cause de leur toile qu'elles filent en enlaçant les feuilles et les grappes qu'elles font dessécher, et lient en poquets pour s'en nourrir.

Pour s'en préserver il faut faire l'inspection de tous les ceps et employer : le sulfure de carbone ou l'écobuage de la terre autour des vignes attaquées. Un moyen aussi très sûr : c'est, à la fin de l'hiver, l'échaudage des ceps et des échalas.

On connaît aussi la pyrale du chèvrefeuille, la pyrale du rosier, et bon nombre d'autres espèces. Toutes nuisibles et à détruire.

Les jeunes chenilles de la pyrale de la pomme, appelées aussi tordeuses des pommes, pénètrent généralement par le haut du calice dans la pomme, jusqu'au cœur, se ménageant en dehors une issue par laquelle elles rejettent leurs ordures. Elles ont un talent tout particulier pour trouver la place, où deux pommes pendent l'une à côté de l'autre, se touchant, pour passer d'un fruit dans l'autre. Ces fruits ainsi attaqués tombent avant les autres ; la chenille les abandonne alors, pour se retirer de préférence dans le bois, y filer un cocon, en attendant le printemps pour, seulement, se métamorphoser.

8e *genre.* — Les teignes sont les plus petits de tous les lépidoptères, souvent parées des couleurs les plus éclatantes. Malheureusement un grand nombre d'espèces sont très nuisibles sous la forme de chenilles.

Elles rongent les étoffes de laine, les fourrures, les crins, ainsi que les plumes et le duvet des oiseaux.

D'autres teignes attaquent le blé en s'établissant dans un tuyau formé par plusieurs grains unis avec de la cire; enfin d'autres percent les rayons de cire dont elles se nourrissent et ravagent ainsi les ruches.

Ces lépidoptères sont aussi connus sous le nom vulgaire d'*artisons*.

On en connaît un grand nombre d'espèces dont les principales sont :

La teigne des tapisseries; la teigne fripière; la teigne des pelleteries; des grains, de la cire; des ails, etc., qui s'ouvre des galeries dans l'intérieur des feuilles de poireau; la teigne de la carotte, qui mange les ombelles des carottes et des panais.

9e *genre.* — Les Ptérophores qui ont les ailes refendues dans leur longueur en plusieurs lanières, barbues sur leurs bords, imitant des plumes; leur corps est étroit et allongé.

Il existe plus de quarante espèces en Espagne.

Le ptérophore monodactyle, dont la chenille vit sur le liseron, et le ptérophore hexadactyle, ou en éventail, dont la chenille vit sur le chèvrefeuille, sont communs partout. On les trouve souvent dans les maisons, aux vitres des croisées, ou au plafond. Ils sont peu nuisibles.

3e Division. — **Les Diptères.**
(2 ailes).

Ces insectes ont à la place des ailes postérieures deux petites pièces mobiles, filiformes et terminées par un petit bouton nommé balancier.

Beaucoup d'espèces ont entre les ailes et le balancier deux petites membranes en forme d'écaille, qu'on nomme cuillerons. Leur tête peut tourner sur leur cou comme sur un pivot. Leur bouche est un suçoir, composé de soies raides, renfermé chez les uns dans une trompe terminée par deux lèvres, ou recouvert chez les autres, par une ou deux lames qui lui servent d'étui.

Les Diptères renferment les cinq familles suivantes :

1° Némocères;
2° Tanistomes;
3° Notocanthes;
4° Athéricères;
5° Pupipares.

1re Famille. — Les Némocères (*Antennes en soie*).

Caractères. — Antennes composées de plusieurs articles, ordinairement de 9 à 16, filiformes, plus longues que la tête; celle-ci petite, ronde, portant deux grands yeux; trompe plus ou moins courte ou saillante, en bec ou en siphon, terminée par deux lèvres, portant à sa base deux palpes ordinairement de quatre à cinq articles; corselet gros et bossu; ailes oblongues, munies en dessous d'un balancier sans cuilleron, abdomen long, terminé en pointe dans les femelles, par des pinces ou crochets dans les mâles; pieds très longs et déliés.

Les larves des uns sont aquatiques, celles des autres sont terrestres. Tout le monde connaît les cousins, si incommodes par leur piqûre et par le bourdonnement inquiétant qu'ils font entendre pendant la nuit.

Cette famille renferme quatre genres et beaucoup d'espèces dont les principales sont :

	Genres.	Espèces.
1re famille : Némocères.	1° Tanypes	1° Tanype maculé.
		2° — annulaire.
		3° — caliciforme.
		4° — varié.
	2° Cousins	1° Cousin commun.
		2° — pulicaire.
		3° — annelé.
		4° — bifurqué.
		5° — jaune.
	3° Tipules	1° Tipule des prés.
		2° — gigantesque.
		3° — jaunâtre.
	4° Bibrions	1° Bibrion de Saint-Jean.
		2° — précoce ou de jardin.

Je ne décrirai pas les caractères particuliers de chaque genre, car la description de leurs mœurs suffira à les faire reconnaître. Du reste tous sont nuisibles.

Je dirai donc que les larves des Tanypes vivent dans les eaux croupissantes, où elles se meuvent en battant l'eau avec leur abdomen qu'elles élèvent et abaissent avec vivacité. Ces diptères entrent le soir dans les appartements, quelquefois en si grande quantité que les vitres des fenêtres et les plafonds en sont tout couverts.

Les larves des cousins vivent aussi dans les eaux croupissantes. Tout le monde connaît ces incommodes diptères par le bruit qu'ils font entendre en volant.

On les voit surtout dans les jours humides et chauds; on les sent encore mieux, c'est à ce moment qu'ils nous piquent, pour sucer notre sang, ainsi que celui des animaux qu'ils attaquent de la même façon, à la manière des punaises.

Dans les pays chauds ils sont plus forts et plus méchants; on les nomme *maringouins* et *moustiques*.

Les tipules sont ces innombrables essaims de moucherons, qu'on voit se balancer dans les airs, montant et descendant pendant la belle saison et surtout à l'approche des orages. Leurs larves vivent dans l'eau, d'autres dans la terre, dans le fumier ou dans les parties gâtées des végétaux.

Parmi les espèces, celle des prés est nuisible par sa larve qui attaque les blés; et le chou, qu'elle fait mourir.

Le 4e *genre*, les bibions sont très faciles à reconnaître. La tête des mâles est plus grosse que celle des femelles. Les bibions font leurs pontes au printemps et en été.

Les mouches du printemps sont appelées: mouche de Saint-Marc, celles de l'été, mouches de Saint-Jean. On les voit s'abattre assez lourdement sur les arbres fruitiers auxquels elles ne nuisent pas. Ils déposent leurs œufs dans la terre; les larves vivent et se développent dans les bouses de vaches.

Les bibions des jardins sont noirs et velus, la femelle a le corselet et l'abdomen rouge de sang.

2e famille. — LES TANISTOMES
(*bouche saillante*).

Les tanistomes ont les antennes composées de deux ou trois articles, la trompe saillant de sa cavité en tout ou en partie, renfermant un suçoir de plusieurs pièces.

Ces insectes varient beaucoup dans la forme de leur trompe; tantôt elle manque absolument, ainsi que le suçoir; d'autres fois elle est écailleuse, tubulaire, cylindrique, conique, cétacée, plus ou moins courte ou allongée, plus ou moins saillante, munie de lèvres à peine visibles ou très apparentes. Quand ils ont un suçoir il se compose de quatre soies.

Cette famille renferme 4 genres et beaucoup d'espèces dont ci-après les principales :

	Genres.	Espèces.
Les Tanistomes.	1° Les asiles	Asile frelon.
	2° Les bombylles	Bombylles ponctués.
	3° Les antrax	antrax Morio.
	4° Les taons	1° Taon des bœufs.
		2° — aveuglant.
		3° — fluvial.

De tous ces diptères, je me contenterai de décrire les taons, si nuisibles en juillet et août, aux chevaux et aux hommes, qu'ils assaillent en nombre considérable, surtout dans les tranchées ou les routes des bois et forêts. Ils ont un vol léger et une trompe tellement forte qu'ils pénètrent le cuir le plus dur pour sucer le sang sous-épidermique.

On en débarrasse difficilement les animaux, cependant quelques gouttes d'huile de cade répandues sur le dos, sous le ventre, autour des oreilles, sur les lèvres, aux flancs et au poitrail des chevaux, les éloignent. Il en est de même des ablutions de tout le corps du cheval, faites au moment du départ, avec une eau dans laquelle on aurait fait bouillir des feuillles de noyer, ou ajouté 5 grammes de lysol par litre d'eau.

3e famille. — LES NOTOCANTHES
(*dos épineux*).

Caractères. — Antennes de deux ou trois articles; suçoir de deux pièces, renfermé dans une trompe très courte avec les deux lèvres grandes et saillantes, ou allongé en siphon, et logé sous un museau avancé en bec et portant les antennes.

Le dernier article des antennes de ces insectes est annelé; le plus ordinairement ces organes sont coniques ou cylindriques, quelquefois en massue; corps déprimé, allongé, yeux très grands, occupant presque toute la tête dans les mâles; celle-ci est globuleuse. Ailes horizontales, longues et croisées, pieds courts, sans épines, à tarses terminés par trois pelotes; abdomen le plus souvent ovale ou arrondi, grand, déprimé.

Les larves de ces diptères sont aquatiques; aussi ne trouve-t-on les notocanthes que sur le bord des eaux.

Cette famille renferme deux genres :

1° Les stratismes.	1° Caméléon.
	2° Rayée.
	3° Des fleurs.
	4° Fourchues.

2° Les Sargies . . { Cuivreuse.

4e famille : 1re section. — Les Athéricères (*antennes à aigrette soyeuse*).

Cette famille est à elle seule plus nombreuse en genres que toutes les autres familles des diptères.

Caractères. — Antennes de deux ou trois articles, quelquefois d'un seul, le dernier sans divisions, en forme de palette ou de massue, terminée par une soie, ou un stylet, trompe entièrement cachée dans la bouche, ou saillante, mais alors en siphon et avec un suçoir de deux pièces seulement.

La trompe des insectes de cette famille est souvent terminée par deux lèvres et ne renferme jamais qu'un suçoir de deux à quatre pièces. On trouve communément l'insecte parfait sur les végétaux.

Cette famille comprend : les Stomoxes.

Caractères. — Trompe saillante et fixe, en forme de siphon écailleux, soit cylindrique, soit conique ou même en forme de filet; suçoir de deux pièces, dont quelques espèces se servent pour percer la peau des animaux et leur sucer du sang.

Cette section renferme le genre stomoxe dont le corps est semblable à celui de la mouche commune, on les appelle vulgairement mouches du cheval.

Espèce : Le stomoxe piquant que l'on confond souvent avec la mouche ordinaire, à laquelle il ressemble, et comme il paraît en très grand nombre à la fin de l'été, cela fait dire : que les mouches d'automne piquent.

On en préserve les chevaux de la même façon que pour les taons.

4e famille : 2e section.

Caractères. — Trompe membraneuse, terminée par deux grandes lèvres susceptibles de gonflement, et renfermant un suçoir de deux à cinq pièces se retirant entièrement dans la cavité buccale, quand elle est contractée.

Cette famille renferme trois genres et beaucoup d'espèces dont ci-dessous les principales :

	Genres.	Espèces.
2e section. 4e famille : Anthéricères . .	1° Volucelles	1° Volucelle bourdon.
		2° — luisante.
		3° — vide.
	2° Éristales	1° Éristales du narcisse.
		2° — bourdon.
		3° — triste.
		4° — abeilliforme.
	3° Syrphes	1° Syrphe du poirier.
		2° — du groseillier.
		3° — du rosier, etc.

Les volucelles vivent, à l'état de larves, dans les nids de guêpes et de bourdons, où elles se nourrissent aux dépens de ces derniers. Elles sont très nuisibles relativement, car les bourdons jouent aussi leur rôle important dans la nature.

Les éristales ont beaucoup de ressemblance avec les volucelles, elles n'en diffèrent que par le dernier article des antennes qui est plus large que long.

Elles sont utiles.

Leurs larves vivent de pucerons et se développent dans des nids d'hyménoptères. D'autres larves de ces diptères, appelées vers à queue de rat, vivent dans les eaux croupissantes des égouts et des latrines. Ces larves sont semblables à de gros vers blancs et mous, terminés par une longue queue qui n'est autre chose qu'un tube respiratoire que la larve placée sous l'eau, élève et prolonge jusqu'à sa surface pour respirer par ce tuyau.

Ces dernières mœurs sont celles de l'*élophile abeilliforme*, grosse mouche de la couleur d'une abeille, qu'on voit très communément sur les fleurs où elle se repose et autour desquelles elle voltige en bourdonnant.

Les syrphes ont les antennes écartées à leur naissance, l'abdomen très déprimé, les ailes écartées.

Les larves de ces insectes vivent de pucerons.

4e famille : 3e section. — ŒSTRES.

Caractères. — Trompe et palpes très peu apparents ou nuls, le plus ordinairement remplacés par trois tubercules.

Cette section ne renferme que le genre œstre.

Ces diptères ont les antennes très courtes, insérées chacune dans une fossette au-dessus du front et terminées en une palette arrondie, portant sur le dos, près de son origine, une soie simple; ailes ordinairement écartées; tarses terminés par deux crochets et deux pelotes.

Ils vivent très peu de temps à l'état d'insectes parfaits. Leurs larves sont parasites sur des mammifères, tels que le lièvre, le cerf, le mouton, le bœuf, l'âne, le cheval (etc.). Elles habitent le cerveau, l'estomac ou la peau, et font beaucoup souffrir ces animaux.

Espèces :

1o L'œstre du bœuf ; 2o l'œstre du mouton; 3o l'œstre du cheval ; 4o l'œstre vétérinaire; 5o l'œstre hémorrhoïdal.

Toutes ces espèces vivent aux dépens des animaux qu'ils occupent et de l'homme quelquefois.

Aucune espèce n'est nuisible à l'état parfait.

L'œstre, mouche, vivant de sa propre graisse, s'accouple; le mâle meurt immédiatement après; la femelle accomplit son œuvre, dépose ses œufs; celle du cheval, dans les poils des membres; aux plis du genou ou de la partie latérale et postérieure de l'épaule, de préférence sur les jeunes chevaux, qui semblent n'en ressentir aucune douleur, sinon une sensation qui leur fait involontairement plisser la peau; ces œufs d'abord aplatis, d'un gris sombre, que l'on voit souvent fin de l'été, attachés aux crins des jeunes chevaux au pâturage, ne tardent pas à grossir, à s'arrondir, puis au bout de vingt-cinq jours, ils éclosent. La petite larve qui en résulte, alors rouge de chair, se cache au fond des poils, occasionne du prurit, qui oblige les chevaux à se lécher et par conséquent à les absorber. Elles pénètrent de cette façon dans l'estomac où elles s'accrochent en nombre considérable et en paquets dans la muqueuse, vivant de mucus et de sang.

Elles subissent alors trois mues : de rouges elles deviennent jaune-brun, mesurant déjà dix-sept à dix-neuf millimètres et composées de treize à quatorze anneaux, puis quelque temps après, moment où la métamorphose étant complète, vers mai et commencement de juin, elles se détachent, suivent le cours des intestins avec les aliments et viennent tomber avec les excréments sur le sol, pour, quelques jours après, se changer, sous les pierres où elles se cachent, en chrysalides, puis en insectes parfaits de juin à juillet. Ces larves restent souvent attachées sur les parois de l'anus, la tête comprimée par le sphincter après la défécation; ce qui fait dire aux cultivateurs que leurs chevaux rendent des vers.

Ils ne sont plus nuisibles alors, mais on doit les détruire pour éviter leur reproduction, et il faut noter que chaque larve que l'on détruit, c'est de 7 à 800 œufs que l'on empêche d'éclore.

L'œstre du bœuf se conduit différemment : la femelle pique la peau, enfonce son œuf dans l'épiderme, s'y enkyste et se métamorphose, de juillet au mois de mai de l'année suivante, en formant des élevures, que tous les cultivateurs de notre arrondissement se rappellent avoir vues, en 1877-1878, couvrir le dos des jeunes génisses qu'on était allé chercher, en grand nombre, dans les pâturages de la Hollande.

A cette époque, toutes celles qui sont assez fortes, se percent un trou, comme à l'emporte-pièce, de 2 à 4 millimètres de diamètre et se transforment en chrysalides puis en insectes parfaits.

L'œstre du mouton est reniflé et se localise dans les sinus frontaux, des cornes ou maxillaires, où elle vit de mucus. Elle prend par deux mues de 22 à 28 millimètres de longueur et compte onze anneaux, sa couleur est brun-jaunâtre. Elle vit de juin ou juillet à avril ou mai de l'année suivante où elles sont expulsées par des ébrouements successifs du mouton. Elles occasionnent quelquefois du vertige et du faux-tournis, qu'on peut guérir par des injections dans les cavités nasales ou des fumigations astringentes.

4e famille : 4e section.

Caractères. — Une trompe, suçoir de deux pièces seulement, des palpes extérieures à la trompe.

Cette section renferme 3 genres :

1o Les echynomies;

3o Les œyptères;

3o Les mouches.

1er *genre.* — Les echinomies ont le second article des antennes sensiblement le plus long de tous; ailes écartées.

Le nom de ces diptères signifie : mouche-hérisson à cause des poils raides dont leur corps est garni.

Leurs larves vivent dans les bouses de vache.

Comme toutes les mouches elles sont très importunes aux animaux.

Espèces :

1o L'échynomie géante; 2o l'échynomie sauvage.

2e *genre.* — Les œyptères ont les ailes écartées comme dans les précédents; mais le second et le troisième articles des antennes allongés, le troisième le plus long.

Espèces :

1o L'œyptère bicolore ; 2o l'œyptère brassicaire ; 3o l'œyptère latérale; 4o l'œyptère arrondi.

Tous ces insectes sont très remarquables par les mœurs de leurs larves qui naissent et se développent dans le corps de certains genres d'hémiptères aux dépens desquelles elles vivent : mais pour vivre ainsi la larve a besoin de respirer. A cet effet, son corps est terminé par un long tuyau remplissant la double fonction d'introduire l'air dans les organes respiratoires et de servir à fixer l'animal dans sa demeure vivante et mobile. Pour trouver l'air extérieur, la larve dirige la pointe de son siphon vers un des stigmates ou trou par lequel l'hémiptère respire. Cette pointe s'accroche à l'aide de deux dents dont elle est armée, sur les bords du stigmate et l'ouverture placée entre ces deux s'adapte justement à celle du stigmate pour inhaler l'air du dehors. Lorsque la larve atteint son complet développement, elle se métamorphose en nymphe et acquiert alors un tel volume que l'hémiptère qui la porte en est incommodée et fait de tels efforts pour s'en débarrasser, que la nymphe perce la membrane qui unit les derniers anneaux de l'abdomen de l'hémiptère et en sort après avoir vécu plusieurs mois, au milieu des viscères d'une pentatoine ou d'une lygie. On ignore par quelle adresse ou par quelle ruse, l'œyptère parvient à insinuer dans le stigmate imperceptible des hémiptères cuirassés de toutes parts, l'œuf ou la larve qui doit reproduire son espèce. Ces larves sont indifférentes.

Nous arrivons maintenant aux mouches, le 3e genre de la 4e section, que nous connaissons malheureusement trop, et qui souvent sont si insupportables aux hommes et aux animaux.

Les mouches sont semblables aux précédents quant aux ailes, mais elles ont les deux articles des antennes beaucoup plus courts que le 3e; celui-ci en palette allongée, prismatique, dont la soie est souvent plumeuse.

Les mouches ont les pattes terminées par deux crochets et deux pelotes à l'aide desquels elles peuvent marcher sur les corps les plus polis, et s'y maintenir dans toutes les positions.

Je ne m'étendrai pas longuement sur les espèces. Je ne citerai que les principales dans le tableau ci-après :

Mouches proprement dites :

1o Mouche domestique Stomoxe.

2o Mouche bleue de la viande, larves dites asticots.

3o Carnassière;

4o Lucilie ou des moutons;

5o Homnivore de l'homme, à Cayenne;

6o Tachetée ou de Kolombaz.

7o Tsetsé ou d'Afrique, de Livingstone; trois ou quatre suffisent pour tuer un bœuf;

8o Debabe ou d'Afrique, espèce de taon ;

9o Céezar ou dorée;

10o Des chenilles.

Il existe encore beaucoup d'autres mouches qui sont appelées ainsi quoique appartenant à d'autres espèces comme les taons qui attaquent surtout les animaux en juillet, août et septembre, que l'on peut faire éloigner, en mettant quelques gouttes d'huile de cade sur le corps des animaux.

Les mouches piquantes.

Les mouches araignées, *hypobosque du cheval*, qui s'attachent surtout sous la queue des chevaux et des bœufs. On en préserve ces animaux avec l'huile de cade.

4° Les cécydomies ou mouches du blé;

5° Les cécydomies noires ou mouches en deuil (sciara pyzé), qui détruisent les bourgeons des poires, en pénétrant dans leur intérieur pour les ronger à l'état de larve, et les faire tomber avant la maturité. Il faut recueillir avec soin ces petites poires, au fur et à mesure de leur chute pour les faire manger immédiatement par les porcs, et éviter que la larve ne s'échappe;

6° La mouche des betteraves.

7° La mouche des oignons;

8° La mouche du chou.

La larve de la mouche des betteraves, perce les feuilles des betteraves et mange la partie verte; celle des oignons les mange, au point qu'ils pourrissent à l'intérieur; celle du chou vit dans la tige et les fait pourrir.

9 La mouche du cerisier, la plus dangereuse, par sa larve qui est un affreux ver blanc jaunâtre, qui creuse la pulpe de la cerise pour en sortir quand la cerise est tombée.

10° La mouche du fromage dont la larve ou ver blanc est ferme; se ploie et saute comme un ressort.

Il faut les éviter, quoi qu'en disent les amateurs de fromages, en couvrant les fromages d'une cloche de verre.

On connaît d'autres mouches qui sont très utiles, ce sont :

1° Les trachines qui ressemblent assez aux mouches de viande, mais plus grosses et plus velues. Elles voltigent de tous côtés dans les jardins, les champs et les bois, déposant leurs œufs sur la peau des chenilles. La larve qui en naît s'introduit dans la chenille, en dévore la graisse, s'y transforme en chrysalide, puis en sort complètement ronde pour se transformer quelques jours après en insecte parfait.

2° Les mouches rapaces, avec de grandes ailes et des couleurs vives, qui font la chasse aux autres insectes.

3° Les Syrphes, dont la larve, aussi appelée sangsue des pucerons à cause de sa forme, se nourrit exclusivement de pucerons. Pour cela faire, elle se tourne, tâte un instant, avec l'extrémité pointue de sa tête, saisit avec ses mâchoires le premier puceron qui se trouve à sa portée, le suce, lâche la dépouille, se repose quelques instants, pour recommencer.

Elle travaille ainsi tout le jour et grossit à vue d'œil. Le petit tonneau, où la larve se fait chrysalide, ressemble à une goutte de verre et se ferme à son extrémité par un couvercle.

Elle reste ainsi seulement quinze jours, ce qui permet à plusieurs générations de se succéder pendant l'été, ce qui est un bienfait pour nous.

5e famille. — Les PUPIPARES (*qui enfantent des nymphes*).

Fabricius les appelait *mouches*. Elles possèdent un suçoir composé de deux pièces, et des antennes courtes.

Ces diptères ont en général le corps large, court, aplati, recouvert d'une peau coriace extrêmement solide; on ne leur voit pas de palpes et leurs pieds robustes et écartés sont terminés par deux ongles forts, munis en dessous d'une ou deux dents.

Ces insectes sont parasites des mammifères et de certains oiseaux. Cette famille renferme les trois genres :

1° Hippobosques ;

2° Ornithomyes;

3° Nyctéribies.

1er Genre : Les *hippobosques* forment le passage des insectes sans métamorphose aux insectes à métamorphose. Ils éclosent parfaits, mais leur suçoir à pour gaîne un bec bivalve. Leur corps est large, court, aplati, recouvert d'une peau coriace. Les femelles produisent leurs petits à l'état de nymphes.

Nous connaissons comme très désagréables aux animaux, auxquels par leur piqûre, ils occasionnent des douleurs tellement violentes, qu'ils finissent par devenir furieux :

1° L'hippobosque du cheval;

2° L'hippobosque du mouton;
3° L'hippobosque de l'hirondelle;
4° L'hippobosque de la chauve-souris.

2e Genre : *Ornithomyes* et 3e genre *nyctéribies* ressemblent aux hippobosques et vivent aussi sur l'hirondelle et la chauve-souris.

Ces animaux terminent le grand embranchement des articulés. Nous allons maintenant étudier les animaux moins parfaits, qui tiennent du végétal et de l'animal : Les *zoophytes*.

4° Embranchement du règne animal.

Les Rayonnés ou zoophytes.

Ils sont aussi appelés radiés. Les zoophytes ont le corps asymétrique, composé de rayons disposés autour de la bouche, ayant la forme d'une étoile. C'est le dernier échelon de la zoologie; ils établissent la transition entre les animaux et les végétaux.

L'appareil digestif, est un sac membraneux, comme on le remarque pour les polypes. Leur bouche est une simple ouverture placée au centre des appendices.

L'appareil respiratoire est nul. Il est remplacé par de petits tubercules en forme de cœcums, munis d'orifices très étroits.

L'appareil reproducteur, est composé de petits germes formés par du tissu cellulaire sans vaisseau qui donne naissance à des œufs.

Le système nerveux est constitué par une petite couronne munie de renflements de distance en distance ; il est un peu plus compliqué chez les helminthes.

Les zoophytes ont été divisés en cinq classes, qui sont :

1° Les helminthes ou vers intestinaux;
2° Les échinodernes;
3° Les acalèphes;
4° Les polypes;
5° Les infusoires.

1re Classe. Helminthes ou entozoaires. Cette classe renferme des animaux de forme variable. Les uns sont sphéroïdes, contenant un liquide; les autres ont une forme globuleuse ou allongée, comme le tœnia; d'autres sont aplatis ou foliacés.

L'appareil digestif a deux ouvertures : une bouche et un anus; les organes de préhension sont des ventouses, des cils ou des crochets qui se meuvent.

L'appareil reproducteur est différent suivant les individus.

Les uns sont *agames*, sans organe reproducteur, les autres ont les sexes séparés (ascarides). Les femelles sont grandes et nombreuses, les mâles petits; on en voit enfin, comme le tœnia, qui sont *hermaphrodites*. Ces animaux donnent naissance à des œufs ou à des petits.

Leur habitation est variée. Les uns vivent dans les parties externes, comme dans les branchies des poissons; d'autres vivent entre les paupières et le globe de l'œil, comme les filaires; d'autres dans l'estomac du cheval, l'intestin grêle ou le côlon, le cœcum ou le gros côlon. D'autres vivent dans les sinus respiratoires (les pentastomes); d'autres dans les bronches du mouton (les phylaires), ou le poumon (strougle); le cœur, le pancréas et les reins en renferment aussi.

On les a divisés en deux groupes qui sont :

1° Les cavitaires.
2° Les parenchymateux (Cuvier). Dujardin en a fait 5 ordres, qui sont :

1° Acanthothèques; — 2° Nématoïdes; — 3° Trématodes; — 4° Acanthocéphales; — 5° Cestoïdes.

Premier ordre. — *Acanthothèques.*

Les animaux de cet ordre ont été placés par les uns dans les arachnides; d'autres les ont placés dans les crustacés. Nous dirons simplement qu'ils éprouvent les métamorphoses.

Nous citerons le genre *Linguatule* ou *Pentastonia* dont une espèce vit dans le cerveau du chien et du cheval, que Chabert appela *Toenia lancéolé*. Les autres espèces du même genre sont :

1° Le P. tintulatum qui vit dans le foie des nègres.
2° Le P. Cératum qui habite dans le foie du lièvre.
3° Le P. Subsylindriscum.
4° Le P. Pédagonum dans le foie de la tortue.

5° Le P. Proclosidum dans le poumon du serpent.

6° Le P. Mésentérique dans les ganglions du mésantère du bœuf.

2e *Classe.* — NÉMATOÏDES (Cavitaires de Cuvier).

Ces animaux sont des vers filiformes, à bouche terminale, intestin rectiligne, sexes séparés; l'organe d'accouplement est un *spicule*, entouré par une bourse caudale, semblable à un éventail. Les organes femelles sont des tubes flexueux.

On a divisé les nématoïdes en deux groupes :

1° Ceux qui habitent dans la terre humide, les eaux douces, le vinaigre, la colle de farine et les céréales ; c'est ce nématoïde qui occasionne la maladie du froment appelée *charbon*.

2° *Ceux qui sont parasites de l'homme et des animaux.*

On les a divisés en outre, en cinq tribus, savoir :

1re Tribu. — *Trichina* (*trichine*). C'est un ver roulé en spirale, qui vit chez le rat, le lapin, dans les muscles à fibres striées du cochon.

Lorsqu'on prend la viande trichinée de ce dernier animal au bout de quelques jours, ou desséchée au bout de 3 ou 4 mois, on obtient dans l'estomac, lorsque cette viande est mangée crue, un petit disque qui indique la présence du ver, qui ne tarde pas à devenir libre et à se répandre dans les muscles sous-lombaires, puis partout.

La trichine n'est point un ver inoffensif comme on le supposait autrefois. Aujourd'hui, grâce au microscope, on sait que ces vers peuvent produire la mort en présentant auparavant les symptômes de la typhoïde. Donc, il ne faut jamais oublier que la *trichine* occasionne une maladie grave, la *trichinose* chez l'homme qui se nourrit de certains porcs crus ou pas assez fumés. La trichine résiste à une température de soixante degrés. Cette maladie est mortelle après un temps qui varie de six mois à deux ans. Pour l'éviter, il ne faut *jamais* manger de porc *saignant*, *ni cru* ou s'il n'est pas *complètement fumé*.

2e Tribu. — *Trichisonia*, qui représente peut-être le développement des trichines. On connaît les espèces :

1° *Trichisonia tricha*, que l'on trouve dans la vessie des loups.

2° *Trichisonia du rat.* — On trouve alors plus de 10.000 œufs de ces animaux qui ne pouvant se développer, mangent le foie.

3° *Trichisonia* des gallinacés.

3e Tribu. — *Trichocéphale* qui renferme un grand nombre d'espèces, vivant chez nos animaux domestiques, dans le cæcum et le côlon.

4e Tribu. — *Philaires.* Ce genre comprend des vers cylindriques, blancs opaques, à bouche ronde, sans crochet muni de papilles. Ils habitent les cavités intestinales.

Je citerai :

1° La *philaire de Médine* qui vit dans le tissu cellulaire.

2° La *philaire popillosa* qui vit dans le péritoine.

3° La *philaire lacrymale* entre les paupières et le globe de l'œil.

4° La *philaire du sang*, découverte par Gruby et Delafond.

On trouve des philaires chez les oiseaux, les reptiles, les grenouilles, les arachnides, et les crustacés. Il y a une *philaire aquatique ou des lacs*.

Les autres tribus non classées sont : 1° les *nématodes*; 2° les *trématodes* ; 3° les *acanthocéphales* et 4° les *cestoïdes.* Mais je ne veux pas faire un cours d'helminthologie, c'est pourquoi je décrirai simplement les nématodes et les cestoïdes qui nous intéressent le plus et que l'on connaît le mieux.

Les *nématodes* sont des vers noirs inarticulés, allongés ou discoïdes, qui vivent dans divers organes de nos animaux domestiques. Les espèces principales sont :

Nématoïdes. . . .
- 1er genre : distôme.
  - 1° *Distôme* ou *douve* du foie, qui vit dans les canaux biliaires du mouton et donne la *cachexie aqueuse ou pourriture*.
  - 2° Distôme lancéolé.
  - 3° Distôme cône — 4° — ovale — 5° — élargi : des volailles.
- 2e — : Amphytôme des ruminants.
- 3e — : Holostôme du chien.
- 4e — : Monostôme du lapin.

La 5e tribu, les *cestoïdes*, renferme : 1° le *toenia*, qui se métamorphose, suivant qu'il habite l'homme, le chien, le mouton et le cochon. Pendant ses migrations, il a des habitats différents, c'est pourquoi il produit des maladies qui, chez le mouton, s'appellent *tournis*, chez le porc *ladrerie*. Le toenia prend alors le nom de *ecenurus cerebralis*, *cernure du cerveau*. Ici encore, il y a grand danger à manger du porc *ladre*, car il occasionne le *toenia solium* de l'homme.

2° Le *toenia echinocoque*, que l'on trouve, sous la forme globuleuse, dans le foie du chien, du lapin et souvent de la vache.

2e classe. — ÉCHINODERMES. — Je ne les décrirai pas, car ils sont inconnus chez nous.

Cependant pour terminer la zoologie, je donnerai le tableau des classes terminales.

2e classe : Échinodermes. .
- 1° Échinodermes pédicellés. : 1° Oursins. 2° Étoiles de mer ou astéries.
- 2° Échinodermes sans pied. : 1° Siponcles. 2° Miniades.

3e classe. — ACALÈPHES OU ORTIES DE MER. — Ainsi appelés à cause de la piqûre brûlante qu'ils occasionnent lorsqu'on les touche. Ce sont des animaux formés d'une substance molle, quelquefois un peu transparente. Les uns sont fixés aux rochers, comme les actinies ou *anémones de mer*; les autres sont libres et flottants dans la mer, comme les *méduses* qui ont la forme d'un parasol. Ces animaux sont très utiles aux habitants des bords de la mer. Ils sont très riches en azote et constituent un très bon engrais.

On les ramasse en grande quantité, sur le sable à la marée basse.

4e classe. — POLYPES. — Ce sont des animaux fixés aux corps qui sont dans l'eau de la mer. Un grand nombre ressemblent aux végétaux (corail).

4e classe : Polypes.
- 1° Bryozoaires . .
  - 1° Escares. Croûte recouvrant tous les corps sous-marins.
  - 2° Filustres.
- 2° Anthozoaires. .
  - 1° Zoanthaires . . : 1° Actinies : anémones de mer. 2° Zoanthes.
  - 2° Alcyoniens. . . : 1° Tubipores. 2° Coraux. 3° Éponges.
  - 3° Sertulariens . . : 1° Sertulaire. 2° Hydre ou polype à bras d'eau douce.

5e classe. — INFUSOIRES. — Ces animaux sont les plus petits de la création ; ils sont aussi appelés *microscopiques*.

Cette classe comprend des milliers de genres d'animaux que l'on ne peut apercevoir qu'à l'aide du microscope. Ils vivent rtout et dans tout; se reproduisent par *mmes* ou par *sections*. On en trouve de utes formes dont les principales sont an-llaires et filiformes.

Tels, par exemple, les vibrions du vinaigre, e la farine, de l'eau croupie, etc., les *mona-s*, qui sont comme de petits points ani-és translucides. On trouve aussi chez nous s *infusoires fossiles* dans les roches d'ori-ne *neptunienne*, du plateau d'Éryze et de dinsseaux.

C'est la fin des êtres animés ; mais d'une ganisation telle qu'on ne peut comprendre ur prodigieuse multiplication, lorsqu'ils développent dans des milieux propices. ls sont infiniment petits et d'autant plus ngereux. Tels la *bactéridie*, ces *bâtonnets vants*, qui infestent le sang des animaux et ent les plus robustes en quelques heures, oire même en quelques minutes. Ils cons-tuent ce que l'on nomme le *charbon*, maladie ropre aux animaux et qui se communique op facilement à l'homme.

D'autres ne tuent pas, mais sont les géné-teurs des espèces.

Ce sont les *infusoires spermatiques* ou *zoospermes*, que l'on trouve en quantité innombrable dans la liqueur fécondante des êtres.

Répétons-le donc, en terminant, l'homme quoique supérieur à tous les êtres créés est moins fort que l'animal microscopique, qui le tue ou le forme en quelques secondes.

Ne cherchons pas à nous rehausser outre mesure; travaillons à rendre notre sort meilleur; en nous aimant et en nous aidant, nous y arriverons. L'existence est trop courte pour croire que l'homme est le roi de la nature. Il n'y en a pas! A chacun son rôle! L'homme et les autres animaux évidemment inférieurs à lui, doivent vivre un certain temps : ils doivent l'un et l'autre remplir leur devoir, inhérent à leur existence même. C'est la loi de la nature. Subissons-la philosophiquement, car le grand comme le petit doivent aboutir... au néant...

Memento, homo, quia pulvis es, et in pulverem [reverteris.

Homme, souviens-toi que tu es poussière, et que tu retourneras en poussière.

TABLE DES MATIÈRES

BAR-LE-DUC. — IMPRIMERIE CONTANT-LAGUERRE.

IMPRIMERIE
CONTANT-LAGUERRE
BAR-LE-DUC

www.ingramcontent.com/pod-product-compliance
Ingram Content Group UK Ltd.
Pitfield, Milton Keynes, MK11 3LW, UK
UKHW012220240726
13966UKWH00003B/860

9 782011 792389